写真で見る バイオミメティクスの世界 *Graphical Abstracts*

Part 1

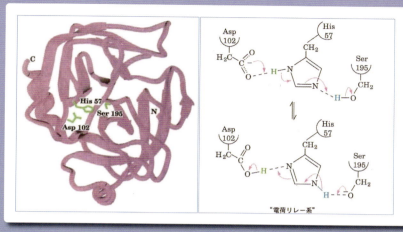

2章1　加水分解酵素トリプシンの三次元構造（左）と活性中心（右）（p.15 参照）

2章2　ナノテクノロジーが拓くバイオミメティクスの新潮流（p.23 参照）

Part 2

1章　バイオミメティクス画像検索（p.38 参照）

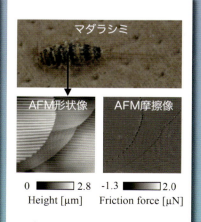

2章　マダラシミの写真とその表面の原子間力顕微鏡形状像および摩擦像（p.47 参照）

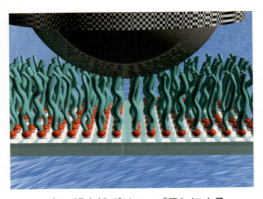

3章　親水性ポリマーブラシによる
　　　水潤滑の概念図（p.60 参照）

4章　マエモンジャコウアゲハ（p.64 参照）
鱗粉の配列（右上）と鱗粉断面のフォトニック結晶構造（右下）

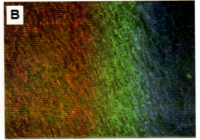

5章　カラフルな構造色を生物模倣：ヤマトタマムシとコロイド結晶のよる
　　　実体顕微鏡によるリング照明観察（p.72 参照）

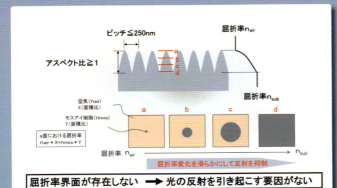

6章　モスアイ構造と無反射性となる理由（p.82 参照）

7章　ナノスーツ法による生きた生物の
　　　電子顕微鏡観察（p.89 参照）

8章 傷を入れても自己修復する超撥水材料（p.95 参照）

9章 ニホンヤモリとヤモリ型接着構造の模式図（p.102 参照）

10章 性フェロモンのブレンド比を嗅ぎ分けるヒメアトスカシバ（♂）（p.111 参照）

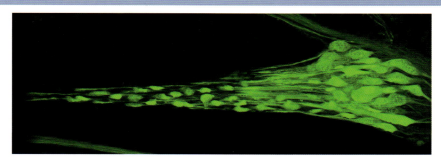

11章 振動受容器としてのマツノマダラカミキリの弦音器官（p.118 参照）

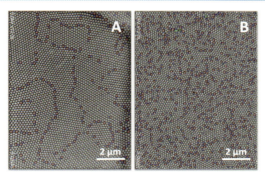

12章 オオタバコガの複眼(A)と，クマゼミの翅(B)（p.129 参照）

13章 生体模倣力学場設計による細胞操作（p.135 参照）

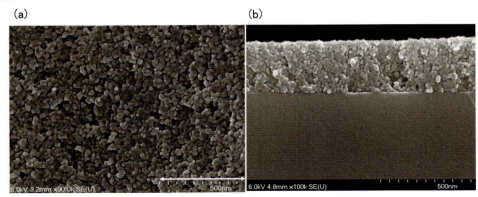

トピックス1 ナノ親水防汚タイルの電子顕微鏡写真 (p.144 参照) (a) 表面, (b) 断面

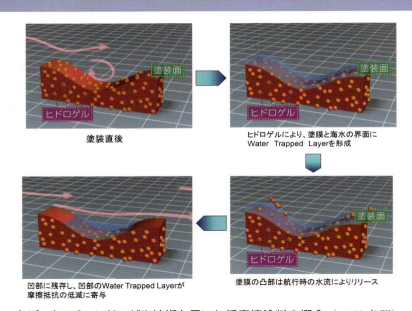

トピックス2 ヒドロゲル技術を用いた低摩擦塗料の概念 (p.146 参照)

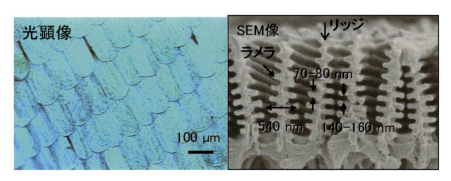

トピックス3 モルフォチョウの翅の鱗粉構造 (p.148 参照)

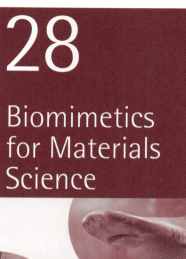

28
Biomimetics for Materials Science

持続可能性社会を拓く
バイオミメティクス

生物学と工学が築く材料科学

日本化学会 編

化学同人

『ＣＳＪカレントレビュー』編集委員会

【委員長】

大 倉 一 郎　東京工業大学名誉教授

【委　員】

岩 澤 伸 治　東京工業大学理学院　教授

栗 原 和 枝　東北大学未来科学技術共同研究センター　教授

杉 本 直 己　甲南大学先端生命工学研究所　所長・教授

高 田 十志和　東京工業大学物質理工学院　教授

南 後　　守　大阪市立大学複合先端研究機構　特任教授

西 原　　寛　東京大学大学院理学系研究科　教授

【本号の企画・編集 WG】

栗 原 和 枝　東北大学未来科学技術共同研究センター　教授

下 村 政 嗣　千歳科学技術大学理工学部　教授

針 山 孝 彦　浜松医科大学医学部　教授

穂 積　　篤　産業技術総合研究所構造材料研究部門　グループ長

総説集『CSJ カレントレビュー』刊行にあたって

　これまで㈳日本化学会では化学のさまざまな分野からテーマを選んで，その分野のレビュー誌として『化学総説』50 巻，『季刊化学総説』50 巻を刊行してきました．その後を受けるかたちで，化学同人からの申し出もあり，日本化学会では新しい総説集の刊行をめざして編集委員会を立ちあげることになりました．この編集委員会では，これからの総説集のあり方や構成内容なども含めて，時代が求める総説集像をいろいろな視点から検討を重ねてきました．その結果，「読みやすく」「興味がもてる」「役に立つ」をキーワードに，その分野の基礎的で教育的な内容を盛り込んだ新しいスタイルの総説集『CSJ カレントレビュー』を，このたび日本化学会編で発刊することになりました．

　この『CSJ カレントレビュー』では，化学のそれぞれの分野で活躍中の研究者・技術者に，その分野を取り巻く研究状況，そして研究者の素顔などとともに，最先端の研究・開発の動向を紹介していただきます．この 1 冊で，取りあげた分野のどこが興味深いのか，現在どこまで研究が進んでいるのか，さらには今後の展望までを丁寧にフォローできるように構成されています．対象とする読者はおもに大学院生，若い研究者ですが，初学者や教育者にも十分読んで楽しんでいただけるように心がけました．

　内容はおもに三部構成になっています．まず本書のトップには，全体の内容をざっと理解できるように，カラフルな図や写真で構成された Graphical Abstract を配しました．

　それに続く Part Ⅰ では，基礎概念と研究現場を取りあげています．たとえば，インタビュー（あるいは座談会），そして第一線研究室訪問などを通して，その分野の重要性，研究の面白さなどをフロントランナーに存分に語ってもらいます．また，この分野を先導した研究者を紹介しながら，これまでの研究の流れや最重要基礎概念を平易に解説しています．

　このレビュー集のコアともいうべき Part Ⅱ では，その分野から最先端のテーマを 12〜15 件ほど選び，今後の見通しなどを含めて第一線の研究者にレビュー解説をお願いしました．この分野の研究の進捗状況がすぐに理解できるように配慮してあります．

　最後の Part Ⅲ は，覚えておきたい最重要用語解説も含めて，この分野で役に立つ情報・データをできるだけ紹介します．「この分野を発展させた革新論文」は，これまでにない有用な情報で，今後研究を始める若い研究者にとっては刺激的かつ有意義な指針になると確信しています．

　このように，『CSJ カレントレビュー』はさまざまな化学の分野で読み継がれる必読図書になるように心がけており，年 4 冊のシリーズとして発行される予定になっています．本書の内容に賛同していただき，一人でも多くの方に読んでいただければ幸いです．

今後，読者の皆さま方のご協力を得て，さらに充実したレビュー集に育てていきたいと考えております．

　最後に，ご多忙中にもかかわらずご協力をいただいた執筆者の方々に深く御礼申し上げます．

2010 年 3 月　　　　　　　　　　　　　　　　　　編集委員を代表して

　　　　　　　　　　　　　　　　　　　　　　　　　大倉　一郎

はじめに

　生物の形態や構造，機能などを模倣し，着想を得て，新しい技術の開発やモノづくりに活かそうとする科学・技術をバイオミメティクス（生物模倣）という．この考え方は古くからあり，海綿を模倣したスポンジや絹糸を真似た合成繊維ナイロン，そしてより最近にはモルフォチョウの構造色を真似て光沢をもつ繊維が発明されている．新幹線の先端もカワセミのくちばしを真似たものである．化学分野では，生体分子の機能を分子レベルで解明・再現しようと，酵素の機能に発想を得たホスト—ゲスト化学や，生体膜の基本骨格を合成分子の自己組織化により再現した合成二分子膜に始まる分子組織化学が生まれた．分子組織化学は，親媒性・疎媒性，水素結合，配位結合を用いる分子組織構造材料へと広がり展開している．

　今世紀に入って，このバイオミメティクスが産業界を取り込んで，より広範な視点から生物の機能に学ぶという次世代バイオミメティクスの機運が世界的に盛り上がっている．カタツムリを模倣した汚れない外壁や，ハスの葉の構造を真似たテフロンを用いない超撥水表面などはよく知られた例である．さらに生物の仕組みの持続可能性・ロバスト性に着目し，形状を真似るのみでなく，その機能ならびにシステムに学び効率的・持続可能な工学プロセスを開発したいという関心も高まっている．生物の光合成における，太陽光のエネルギーのみを用いて特別な資源を使わない物質合成などをヒントとして，持続可能性社会を支える技術を開発しようとするものである．生物の多様性は，進化の過程で環境に適応してきた結果だと考え，その特徴を見いだし工学に活かせれば，従来とはまったく異なる，新しい工学体系ができるかもしれない．また，情報処理を含め工学視点を入れることにより，生物の研究にも新しいものの見方が出てきている．

　本書では，従来の枠を超えた最近のバイオミメティクスの研究動向を紹介する．生物の写真も多く登場する．ぜひ，それらを楽しみながら新しいバイオミメティクスのアイデアを考えていただきたい．

　2018 年 2 月

編集ワーキンググループ

栗原和枝，下村政嗣

針山孝彦，穂積　篤

CONTENTS

Part I 基礎概念と研究現場

1章
002
Interview：
フロントランナーに聞く（座談会）
下村 政嗣教授，長谷山 美紀教授，針山 孝彦教授，
平坂 雅男理事，穂積 篤研究グループ長
聞き手：栗原 和枝教授

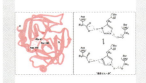

2章

★ *Basic concept-1*
014
バイオミメティック化学の変遷―
世界と日本
國武 豊喜

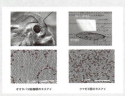

★ *Basic concept-2*
020
バイオミメティクスの新展開
下村 政嗣

3章
033
★ *Activities*
研究会・国際シンポジウムの紹介
下村 政嗣

CONTENTS

Part II　研究最前線

1章 バイオミメティクス画像検索：
038　情報科学が繋ぐ博物学とナノテクノロジー
　　　　　　　　　　　　　　　長谷山 美紀

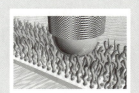

2章 生物体表面のトライボロジー特性と
047　摩擦力測定
　　　　　　　　　　　　　　　平井 悠司

3章 高分子合成化学・表面化学修飾を中心とした
055　表面改質技術の開発とそのトライボロジー特性
　　　　　　　　　　　　　　　小林 元康

4章 生物の構造色とその物理的な仕組み
064　　　　　　　　　　　　　　　吉岡 伸也

5章 自己組織化による構造色材料創成
072　　　　　　　　　　　　　　　不動寺 浩

6章 自己組織化を利用した
082　モスアイフィルムの作製　　魚津 吉弘

7章 バイオミメティック・バイオ
089　フィルムとしてのナノスーツ
　　　　　　　　　　　　　　　石井 大佑

8章 自己修復型撥液材料
095　　　　　　　　　　　　　　　穂積 篤

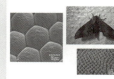

9章 生物から学ぶ接合技術
102　　　　　　　　　　　　　　　細田 奈麻絵

CONTENTS

Part II　研究最前線

10章 化学センシング
111　　　　　　　　　　　　　光野秀文・北條 賢・森 直樹

11章 音響センシング
118　　　　　　　　　　　　　　　　　　　　高梨 琢磨

12章 眼に学ぶ光センシング
125　　　　　　　　　　　　　　　　　　　　針山 孝彦

13章 メカノバイオミメティクスに
　　　よる細胞操作工学
135　　　　　　　　　　　　　　　　　　　　木戸秋 悟

◆応用トピックス

142　①カタツムリに学ぶセルフクリーニング建材
　　　　　　　　　　　　　　　　　　　　　　井須 紀文

145　②低摩擦船底防汚塗料 LF-Sea の開発
　　　〜マグロの皮膚から学ぶもの〜　　　　山盛 直樹

148　③モルフォチョウに学ぶ構造発色繊維と
　　　構造発色フィルム　　　　　　　　　　広瀬 治子

◆コラム

046　Julian　Vincent　　　　　　　　　　　山内 健

150　CEEBIOS：フランスにおけるバイオミメティ
　　　クスのセンターオブエクセレンス（卓越拠点）
　　　　　　　　　　　　　　　　　　　　　　齋藤 彰

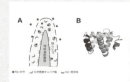

CONTENTS

Part III 役に立つ情報・データ

① この分野を発展させた革新論文 39　　*152*

② 覚えておきたい関連最重要用語　　*163*

③ 知っておくと便利！関連情報　　*165*

索　引　　*168*

執筆者紹介　　*171*

★本書の関連サイト情報などは，以下の化学同人 HP にまとめてあります．
→ https://www.kagakudojin.co.jp/search/?series_no=2773

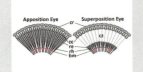

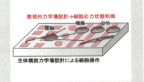

Part I

基礎概念と研究現場

フロントランナーに聞く ▶▶▶▶▶▶ 座談会

（後左より）平坂雅男先生（高分子学会），穂積篤先生（産業技術総合研究所），長谷山美紀先生（北海道大学）
（前左より）栗原和枝先生（東北大学，司会），下村政嗣先生（千歳科学技術大学），針山孝彦先生（浜松医科大学）

環境に優しい
バイオミメティクスを語る

Profile

下村　政嗣（しもむら　まさつぐ）
千歳科学技術大学理工学部教授．1954 年　福岡県生まれ．1980 年九州大学大学院工学研究科修士課程修了．研究テーマは「持続可能社会を実現するための生物模倣技術」

長谷山　美紀（はせやま　みき）
北海道大学大学院情報科学研究科教授．北海道生まれ．1988 年北海道大学大学院工学研究科修士課程修了．研究テーマは「画像・音響・音楽・映像などのマルチメディア信号処理および次世代情報アクセスシステム」

針山　孝彦（はりやま　たかひこ）
浜松医科大学総合人間科学・生物学教授，ナノスーツ開発研究部部長．1952 年東京都生まれ．1989 年東北大学大学院医学研究科博士課程中途退学．研究テーマは「バイオミメティクス」「ナノスーツ」「視覚生理学」「光生物学」

平坂　雅男（ひらさか　まさお）
高分子学会常務理事．帝人知的財産センター取締役を経て 2014 年より現職．1955 年東京都生まれ．1980 年早稲田大学大学院理工学研究科修士課程修了．研究テーマは「バイオミメティクス」「研究開発マネジメント」「電子顕微鏡による構造解析」

穂積　篤（ほづみ　あつし）
産業技術総合研究所構造材料研究部門研究グループ長．1967 年愛知県生まれ．1997 年名古屋大学大学院工学研究科博士後期課程修了．研究テーマは「固体表面の動的濡れ性制御技術」「機能性薄膜コーティング技術」「有機―無機複合材料の開発」

Chap 1　フロントランナーに聞く

情報科学と連携を深める，生物を真似た材料科学

　生物の形態や構造，機能などを模倣してモノづくりに役立てようとする考え方は古くからある．この考え方を学術的に体系化したのがバイオミメティクス（生物模倣）とよばれる分野である．その成果として，私たちの身の回りにはすでにさまざまな製品が存在している．その代表的なものが，海綿を模倣したスポンジや，絹糸を真似た合成繊維ナイロン，そして植物の種子をヒントに創案された面ファスナーなどである．

　今世紀に入って，このバイオミメティクスが産業界を取り込んで，より広範な視点から生物の機能に学ぶという次世代バイオミメティクスの機運が世界的に盛り上がっている．この座談会では，このバイオミメティクス分野を先導する5人（下村政嗣先生，穂積　篤先生，針山孝彦先生，長谷山美紀先生，平坂雅男先生）の研究者にお集まりいただき，最近の産業界の動きなども含めてバイオミメティクス研究の現状を語っていただいた．

1　なぜいま，バイオミメティクスなのか

商品のプロトタイプができることで，生物と工学のウィンウィンコラボレーションが一気に産業界まで広まった．それが，いまのトレンドの背景です

栗原　まずこのバイオミメティック分野の今日的な意義からお話しいただけませんか．中心的な役割を担っている下村先生からお願いします．

下村　バイオミメティクスという概念は古くからあるわけですが，今世紀になって急に，バイオミメティクス・ルネサンスみたいな感じで新しい潮流が始まりました．これには産業界が注目するような，とくに新しい材料系のバイオミメティクスというトレンドが始まったことが大きいです．たとえば，ハスの葉が水をはじく，それを真似て，テフロンを使わずに表面のマイクロ構造で撥水性を出すというような研究だとか，あるいはヤモリを模した粘着剤の要らない接着テープが開発されるというように，産業界での動きがたいへん活発になっています．

栗原　その産業界が注目した背景には何があるのですか．

下村　一つは，現代社会が抱えているエネルギー，環境，資源などの今日的な課題に対応できる新しい技術体系を生み出す可能性がバイオミメティクスにあるからです．企業はそれを大きなビジネスチャンスと捉えている．

　それと根底には，ナノテクノロジー（ナノテク）の進歩が大きくかかわっています．最近20年ナノテクが飛躍的に展開して，とくに電子顕微鏡（電顕）などイメージング技術が格段に進歩しました．電顕の価格が安くなると，生物学者たちが覗いてみようということになる．そういう機運がいろいろなところで起こってくると，生物には意外に面白い構造があり，それはどういう機能をもっているのかを調べるわけですね．こんなことから，ナノテクの研究者が生物学の人と協同しながら構造

●司会　栗原　和枝
（くりはら　かずえ）

東北大学未来科学技術共同研究センター教授．専門は「物質科学のための表面力測定の開発」，「分子組織化学」，「材料科学に基づく摩擦技術の開発」

※1 ジャニン・ベニュス（1958年～）
アメリカのサイエンスライター．

※2 レイチェル・カーソン（1907年～1964年）
アメリカの生物学者，作家．農薬で利用されている化学物質の危険性を取り上げた著書『沈黙の春』（Silent Spring）は，アメリカにおいて半年間で50万部売り上げ，のちのアースディや1972年の国連人間環境会議のきっかけとなり，人類史上で環境問題そのものに人々の目を向けさせた．

の機能解明を行っていきます．そういう異分野連携の潮流が，とくにヨーロッパを中心に始まったことが大きくかかわっています．

栗原 一種の分野融合ですね．

下村 バイオミメティック分野の特徴の一つでしょうね．ヨーロッパでは異分野連携のバリアーが低いという文化的な背景もありました．ナノテクノロジーが生物学をより進めて，生物学から今度はナノテクノロジーに対するフィードバックがあります．まさにナノテクと生物学とのウィンウィンの関係ができた．そうすると今度は，生物学的な知見を工学的にモデル化するという作業に移行します．結果的に商品のプロトタイプができることで，生物と工学のウィンウィンコラボレーションが一気に産業界まで広まりました．それが，いまのトレンドの背景ですね．

栗原 産業界の活発な動きはあるにしても，アカデミックな背景はもちろんあるでしょう．

下村 どうしてみんな注目しているのかといえば，それはもちろん面白いからですね．「生物って，こんなことをやっているの」「だったら新しいパラダイムでいろいろな材料をつくれるよね」という学問的な醍醐味はあります．これがいまのバイオミメティクス研究を推し進める力になっていることは確かです．

もう一つ別な観点からつけ加えると，これはとくにアメリカのジャニン・ベニュス[※1]という学者が言い始めたことですが，彼女はあえてバイオミミクリーという言葉を使って，積極的に環境とバイオミメティクスを関連づける発言をしています．

栗原 環境，それはどういう？

下村 バイオミメティクスの手法を使えば，たとえば今日の気候変動に対しても一定の解決を与えることができるのではないかと．レイチェル・カーソン[※2]の再来みたいな人です．

そういった意味ではヨーロッパ，とくにドイツやフランスなどは，非常に環境意識が高いので，そこにバイオミメティクスの考え方がぴったり当てはまります．生物というのは，地球上で持続可能性を保ちながら36億年も生き続けているわけですから．

栗原 つまり，ずっと生き続けてきた生物のやってきたことを学ぶそのことが，いまの時代の環境学的な課題に重要なヒントを与えると．

下村 そういうことです．ですから環境・エネルギー・資源の，いわゆる持続可能性にかかわる問題が，バイオミメティクスの視点から指摘されているわけです．まさにSDGs（Sustainable Development Goals，持続可能な開発目標）を実現するために．

2 生物のもっている持続可能性に学ぶ

現存している生物をよく学ぶことによって，どのように環境にフィットしているかをしっかり見て，それをモノづくりに役立たせる

栗原 いまのバイオミメティクスの動きについて，生物学者の針山先生はどのようにお考えですか．

針山 生物学者というのは，いつも進化ということを考えています[※3]．進化というのを短く言うと，36億年の生物の歴史ということになります．その36億年のあいだ中，生物は環境に合わせた生き方をしてきているわけですね．同じ材料を使って，同じ設計原理を使って，ずっと環境の変化に合わせて暮らしてきています．同じ素材を使ってはいますが，そのなかでほんの少し改変することで生き残ってきています．つまり，ベストフィットとは限らないけれども，何とか生き残ってきた結果が現存している生物，そのことが一番重要だと思っています．

それは，少なくとも現在の環境に適応しているということです．私たち人間も同じ環境にいますから，その現存している別の生物をよく学ぶことによって，どのように環境にフィットしているかをしっかり見て，それをモノづくりに役立たせる．生物学者の立場からいうと，そういうことになりますね．

栗原 先ほどの持続可能性ということの大きな意義をバイオミメティクスがもっているということですね．

針山 はい，その通りです．もう一つは，この分野の背景を生物学的に言いますと，生物学者は進化だとか，環境適応だとか，そんなことばかり考えています．結果として，たくさんの面白いことが生命現象としてありますが，これまでは，それを「進化で変わってきて，環境によく適応していますね，しゃんしゃん」で終わっていた．

ところが，異分野の工学系や物理系，化学系の先生方とお話をする機会が増えることで，逆に工学で求めているものが実は生物のなかに隠れていることに気づきます．そのことで生物に対しての見方が大きく変わってきた，というのが生物学分野に新たに出てきた流れだと思います．

下村 少し補足すると，工学エンジニアは生物学者と違って，生物多様性というのを進化・適応の結果，いろいろな環境や場所で長い時間をかけて最適化されたものが残っている，と見ます．

別な言い方をすると，再生可能エネルギーである太陽光をベースにして植物が光合成して，それをわれわれが食べているという，完全に環境に負荷をかけない，いわゆる持続可能な循環系をつくっているわけですね．そこに新しい技術の芽を見いだそうとするのが，持続可能性の問題をクリアするための

※3 **生物の進化**
「13章 眼に学ぶ光センシング」を参照．

| Part I | 基礎概念と研究現場 |

一つの方法で，それがまさにバイオミメティクスということです．
栗原 なるほど，よくわかりました．
下村 もう一つ加えておきたいことは，生物を調べることで，実は物理や化学の法則が出てきたということ．生物は，物理や化学の法則を非常に有効に使って生き延びてきています．生物が最適化されて環境に適応している事例というのは，たくさんあるわけです．ですから，「未来は，実はもう回りにすでに存在している」ということになります．そこに，工学をやっている人たちが生物学の知見を取り入れることで新たな展開が期待できる局面が出てきたということ．そこに，ものすごく大きな意味があるのです．

3 産業界の立ち位置

生物学からヒントをもらうことが新たな発想を得る大きなチャンス．そこから新たなイノベーションにつながる技術を開発できる

栗原 冒頭のところで，今日のバイオミメティクスの潮流は産業界抜きには考えられないということでしたね．実際，産業界はどのように捉えていますか．
平坂 産業界の立場でお話をしますと，日本のバイオミメティクスの成果として，一番有名なのがカワセミのくちばしを真似た新幹線，そしてモルフォチョウを利用した帝人のモルフォテックス®※4という繊維でしょうか．新幹線の場合は騒音問題，モルフォテックスの構造発色は，染色を使っていない環境に優しい技術ですね．日本のバイオミメティクスは，製品として結構古くから出ています．

栗原 今世紀になってからではないですよね．
平坂 ええ，ここにきて企業が非常に活発的に動きだした背景には，一つは，先ほどお話がありますように，いままでの生物の構造だけでなく，生物のプロセス，たとえば自己組織化※5であったり，そしていま新たに環境や持続可能性を含めたところで生体系を模倣するような動きが世界的に起こりつつあるからです．バイオミメティクスが今後さらに広がっていき，当然，市場も拡大するだろうと期待しています．
栗原 もう少し具体的に，どんなところに期待しているのでしょうか．
平坂 生物学との合流，もしくは生物学からヒントをもらうことが新たな発想を得る大きなチャンスと捉えています．そこから新たなイノベーションにつながる技術が開発できると考えています．そのためには，新たに生物学者や情報科学者とのコラボレーションを積極的に行うことが非常に重要になってきます．実はバイオミメティクスの分野にはこういう潜在力がすでにあって，企業としては非常に魅力的な分野

※4 モルフォテックス
「トピックス3 モルフォチョウに学ぶ構造発色繊維と構造発色フィルム」を参照．

※5 自己組織化
とくに非平衡な開放系（散逸系）での秩序形成を自己組織化と定義される．簡単にいうと，ある無秩序な状態にある構成要素が，外部から意図的に手を加えることなく，基本的な物理法則に従って，自らある特定の構造を形成する現象．化学分野では，分子が親媒性・疎媒性，配位や水素結合などの特性に従って，自らある特定の構造をとる場合を分子の自己組織性ということが多い．ともにバイオミメティクスにおいて重要である．

Chap 1　フロントランナーに聞く

だと感じています．

栗原　従来のバイオミメティクスは構造模倣ですね．新幹線の形とかモルフォテックスはわかりますが，機能というところになると，これは？

平坂　機能というか生物のプロセスですから，自己組織化です．

栗原　特性よりは，いろいろな機能が出るプロセスですか．

平坂　そうですね．たとえば，リソグラフィーのようなことで，膨大なお金とエネルギーをかけてつくるものよりは，むしろあいまいな状況でも何かできてくるというようなものですね．それが製品に使えれば非常にプロセスコストは安くなる．そういう点での期待は非常にあります．

　もう一つ面白いのが，これまで材料メーカーはあまり関係なかったかもしれませんが，建築メーカーも含めて，街づくりとか住宅設計というところに参入しようとしていることです．そういう分野に材料メーカーとして何が提供できるか．これまでにない，非常に面白い展開ができるという期待感がありますね．

栗原　建築のほうで使うとしたら，どんな使い方がありますか．

平坂　たとえば，カタツムリを模倣した汚れない外壁だとか[※6]，フランスのメーカーの汚れないガラスのようなものもあります．これから出てくる可能性のあるのがエアコンを使わないような住宅設計とか，街づくりでの太陽電池の配置とかですね．そういうものが，たぶん出てきます．ですから，いまこの時流に乗れるかどうかが先端的な企業の勝ち負けを決めてしまう，とさえ

思っています．

栗原　汚れないガラスとかはよくわかりますが，エアコンとか太陽電池の配置は，生物のどういうところに関係しているのですか．

平坂　たとえば，ある建売住宅が，よその建売住宅の影になってしまうようなケースも当然あります．その場合，太陽の移動と適切な住宅配置というのを研究したりします．

栗原　葉っぱが太陽を求めて回るみたいな話ですか．

平坂　そういうことも考えています．日本の建築ではまだほとんど出てきていませんが，多くの建設会社が非常に関心をもっており，きっとこれから新たな分野になっていくでしょうね．

栗原　住宅を設計するときに，生物が日常的に使っている，いろいろな配置とか動きが参考になるという話ですね．

下村　世界のトレンドは，単に材料という枠を超えている．何のためのエコ住宅だとか，そういうことをトータルのシステムとして考えるときに，材料だけではなくて，生体系というかエコシステムというところまで考えないといけない．そこまで世界は進んでいます．

※6　**カタツムリを模倣した汚れない外壁**
「トピックス1　カタツムリに学ぶセルフクリーニング建材」を参照．

4 生き物を飼い始めた工学系研究者

人間の英知をどれだけ加えるかというところが，やはり各研究者のアイデアであり，知恵の見せどころ

栗原 次はアカデミックの立場から穂積先生の仕事について伺います．いまどんなことに興味をおもちですか．

穂積 僕の研究は，ハスの葉を模した超撥水性の研究です．博士課程の学生の時，たまたま実験で失敗したものが，そういう機能をもっていて，それがご縁で20年以上も表面科学の研究を続けています．

表面の科学というのは，非常に実学のサイエンスですから，われわれの日常生活に非常に密着していてわかりやすいのです．アプリケーションとしてもわかりやすいので，アカデミックな論文を書く研究と実際にものをつくる開発研究を両立させることができます．この点が，表面科学に関する研究の非常に面白いところですね．

生物からヒントを得ることはとても大事ですが，工業材料として応用していくには，まだその機能は十分とはいえません．そこに人間の英知を加えるわけですが，どれだけエッセンスを加えるかというところが，やはり各研究者のアイデアであり，知恵の見せどころです．

平坂 穂積先生の凄いところは，ただ構造をつくるだけじゃなくて，それが持続的に，ちゃんと機能が出るような仕組みを研究しているところですね．いままでのように単にバイオミメティックな構造をつくって，それで終わりじゃなくて，永遠に続くというと言い過ぎかもしれませんが，持続的に機能が発現できるようなコンセプトで表面設計をしている．まさに新たな時代を築いているフロントランナーですね．

栗原 最初に生物を観察する面白さがあって，それをもとにアイデアを加えて，まったく新しい形や概念に仕上げていくわけですね．

穂積 はい．ただ，一番難しいところは，やはり生物のように新陳代謝の機能が人工物にはないということです．その点を何とかして，材料に組み込んでいきたいわけです．

自己修復とか自己治癒という概念ですが，そういった機能がないと，なかなか材料としての長寿命化は難しい．長寿命化が実現できれば省資源，省エネルギーにもつながっていきますので，そこがいま一番の課題です．

栗原 自己修復は，材料としては非常に大きな課題ですよね．生物は日常的にやっていることだから，そのなかに必ず何かヒントがあるはずだと．

下村 穂積先生の話を，もう少し具体的に説明しましょう．生物というのは自己修復とか自己防御の際に，いろん

な意味で分泌物をいっぱい出している．じゃあ分泌物を出すことで常に表面にその機能をもたせるにはどうすればいか，そういうことを穂積先生は必死に考えた．そこに人間の英知として入ってきたのが，離漿（りしょう）という現象なのです．

穂積 ヨーグルトを冷蔵庫から出してくると水が浮いていますよね．あれが，まさに離漿です[※7]．

下村 あるいはプラスチックでも，可塑剤が古くなると可塑剤がしみ出てきて，水道のホースが黒くなったりするじゃないですか．ああいう現象を使ってみようというのが，穂積先生の人間の英知としての素晴らしいところです．

栗原 ある機能に着目して，それのエッセンスを取り出すということがバイオミメティクスの大きな特徴ですね．

下村 そこに人間の英知を使って，生物が行っていることを抽象化するわけです．抽象化して今度は，人間の技術で具体化していく．

栗原 なるほど．ところで，このバイオミメティクス研究は，生物とは切り離せませんね．生物とうまくつき合うことも重要でしょうね．穂積先生はどんな生物を．

穂積 研究室でナメクジを飼っていますが（苦笑），われわれ工学者が生物を真剣に飼って育て，観察します．われわれの研究はそこから始まります．この研究をして，初めてそういう習慣を

身につけることができました．それは自分にとっては非常に大きいことですね．

栗原 そうすると，難しさというよりは，そういう生物をミミックするために，いかに身近に感じるかが大事になる．

穂積 まさにその通りです．たぶん生物学者が観察する点とかなり違うところから，工学者は生き物を見ていると思います．あまり言えませんが，ナメクジの他に，アリとかクモも飼っていますよ．

下村 今日では，先端の開発研究を行おうと思うと，工学系の研究者も研究室で生物を飼うことが欠かせませんね．私の研究室でも，たとえばマダラシミ[※8]とか，結構希少動物を飼っています．それからフジツボも．日本でフジツボを飼っているところは少ないので，意外と重要な役割をするかもしれません．

※7 **離漿**
「8章 自己修復型撥液材料」を参照．

※8 **マダラシミ**
「2章 生物体表面のトライボロジー特性と摩擦力測定」を参照．

5 生物と化学をつなぐ情報科学

類似性や関連性を可視化できる情報科学の新しい技術が生まれて，それがバイオミメティクスのニーズとうまく合致した

下村 実際に穂積先生のように研究テーマがあって，わあっと研究が進ん でいる人はいいし，それから先ほどの平坂先生の話のように先導的な開発研

| Part I | 基礎概念と研究現場 |

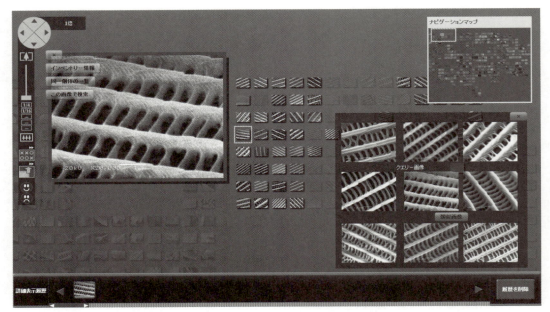

図1　バイオミメティクス画像検索システムの機能の説明

「溝口理一郎，長谷山美紀，"バイオミメティクスデータベースとその革新的検索技法，"国立科学博物館叢書16　篠原現人・野村周平編著　東海大学出版部，生物の形や能力を利用する学問　バイオミメティクス，pp. 124–132, 2016.」より抜粋．
図の左上に示された「ルリボシタテハモドキ」の画像（昆虫・チョウ目・タテハチョウ科，右後翅背面青色鱗粉，20,000倍）を質問画像として，類似画像検索を行った結果が図中右に示されている．

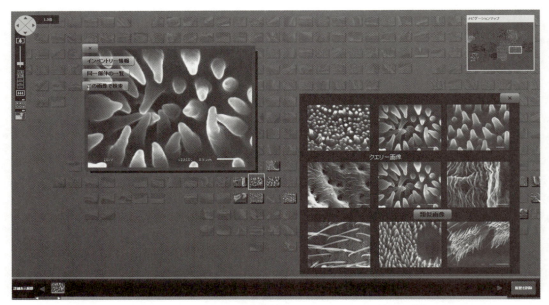

図2　バイオミメティクス画像検索システムを用いた検索の様子

「長谷山美紀，"ものづくりの発想を支援する　−バイオミメティクス・画像検索基盤−，"現代化学，no. 529, pp. 31–34, 2015.」より抜粋．
言葉の代わりに画像を「質問」とした検索を可能とする機能が備えられており，画像による画像の検索が可能である．

10

Chap 1　フロントランナーに聞く

究を行っている企業はよいのですが，そうでない研究者は，ではこれからどうすればよいのか，そういう思いが現実にあります．

　実はいままでのやり方だと何とも心もとないのです．カワセミを真似た新幹線※9の話も個人の偶然のひらめきから生まれました．偶然で終わらせてはダメで，もっとシステマチックな方法が必要になります．

栗原　求められているのは，システマチックにやるための強力なツールですね．

下村　そう，生物と化学を分ける技術移転を，どうシステマチックにやるかということ．そこで登場するのが情報科学です．これは，実は日本が最初に手がけた技術で，そのパイオニアの一人が長谷山先生です．

長谷山　ご紹介ありがとうございます．情報科学における検索手法の研究は，大規模データベースや高速検索技術をもとに，インターネット上の画像検索へと発展し，さらに，リアルデータ（実世界で生まれるデータ）も含めてビッグデータを解析することで，新しい価値を生み出す動きが生まれて加速しました．

　一方で，バイオミメティクスは，異分野が連携することで新しい技術を生み出す科学分野です．情報科学がバイオミメティクスに貢献できるようなったのは，計測機器の発達があったからだと思います．

栗原　それはどのように寄与したのでしょうか？

長谷山　計測機器の発展によって，新材料の表面構造を精緻に観察できるようになりました．具体的に説明すると，走査電子顕微鏡（Scanning Electron

Microscope：SEM）の普及に伴い，表面に形成されたサブセルラー・サイズ構造（細胞内部や表面に形成される数百 nm〜数 μm の構造）の観察が可能となりました．観察を通して，生物の固有の機能が発現する特徴的な表面構造を発見し，新しい材料を生み出すヒントにしようと考えたわけです．情報科学は，大量の顕微鏡像から生物固有の機能が発現する表面構造を発見することを助けることで，バイオミメティクスに貢献することになります．

栗原　その場合，一番重要になるのはどんなことですか．

長谷山　新材料創出のヒントとなる生物の顕微鏡像の検索方法を考えることが，最も重要になります．一般の画像検索はキーワードを使うのですが，生物について深い知識を有していない検索者が，適切なキーワードを思いつくことは困難です．そのうえ，バイオミメティクスでは，世の中に存在しない新しい材料のヒントを大量の生物画像の中から探し出すのですから，キーワードの想定はさらに困難となります．従来の画像検索とは異なる新しいシステムが必要となりました．

栗原　それが，長谷山先生の開発されたバイオミメティクス画像検索システム※10ですね．

※9　カワセミを真似た新幹線
JR 西日本の開発の責任者仲津英治は，バードウォッチングが趣味で日本野鳥の会の会員だった．仲津さんが，たまたまカワセミのくちばしにひらめき，それを真似ることでカワセミのくちばしと新幹線の先頭形状の研究が始まった．最終的に，カワセミのくちばしの鋭い形を模倣した抵抗の最も小さい 500 系新幹線が完成した．

※10　バイオミメティクス画像検索システム
「1章　バイオミメティクス画像検索：情報科学が繋ぐ博物学とナノテクノロジー」を参照．

| Part I | 基礎概念と研究現場 |

長谷山 はい．バイオミメティクス画像検索システムは，大量の生物顕微鏡像を類似性の高い画像をより近傍に配置して提示します．大量の生物顕微鏡画像が，類似画像が集まる領域で表示され，適切なキーワードを選ぶことができない場合でも，材料科学者が開発する材料の表面構造と類似の構造を有する生物を探し出すことができます．

下村 長谷山エンジンのすごいところは，画像であれば何でも検索の対象になるということ．しかも，それによってひらめきを誘発し新しい発想をもたらしてくれます．この検索エンジンを実行することで，単なる"思いつき"や"偶然の発見"ではなく，システマチックな着想が可能になったということです．

針山 長谷山先生の画像検索システムがなかったら，生物学者には生物の細かい機能がもつ生物の種間の関連性までは絶対わかりません．実は，このシステムを使うようになって，生物の構造の見方がだいぶ変わってきました．

「この形って，もしかしたら別の機能があるんじゃないの」というような発想が日常的に出てくるようになりました．結果的に，長谷山先生の情報処理の方法は，バイオミメティクスに特化したプラットフォームとして非常に有効であるということですね．

栗原 新しい学問の活動に，加速するツールとして情報科学が有効に働いているということですね．

長谷山 情報科学の貢献について，もう一つ加えさせていただけるなら，AI（artificial intelligence：人工知能）だと思います．とくに，ディープラーニング（深層学習）は，今後のバイオミメティクスに貢献する可能性があると感じています．囲碁のプロ棋士にAIが勝った[※11]ニュースを覚えていらっしゃるかと思いますが，このシステムはディープラーニングを使用していると言われています．ディープラーニングを用いる利点として，特徴量抽出が不要な点が挙げられます．ディープラーニングには問題も多くありますが，実データを対象とする改良も数多く研究されていますので，バイオミメティクスに貢献する日も近いのではないかと思っています．

平坂 ということは，この検索エンジンにかけたら，ひょっとすると人間の考えが及びもつかない機能をAIが提案してくれる可能性があるということですね．非常に楽しみです．

※11 **囲碁のプロ棋士にAIが勝利**
AlphaGo（アルファ碁）は，Google DeepMindによって開発されたコンピュータ囲碁プログラムである．2015年10月に，人間のプロ囲碁棋士をハンディキャップなしで破った初のコンピュータ囲碁プログラムとなった．

6 バイオミメティックの標準化，その真意は

バイオミメティクスには極めて環境に優しくて，かつ持続可能性を秘めているという強いイメージがある

栗原 非常に面白いお話で，今後に期待しましょう．最後に「バイオミメ

ティクスの標準化」について，ぜひ伺っておきたいですね．なぜいま，標準化などという話がでてきたのですか．

下村 初めにドイツが言いだしたのですが，なぜ標準化かといえば，ドイツが世界の主導権を握ろうとして画策した結果ですね．

栗原 この分野で何を標準化するの？というのが，私の率直な疑問です．

下村 一つ大事なことは，やはりこのバイオミメティクスとは何かという定義です．いままで定義すらなされていませんでした．その定義のなかで明確に言っていることは，この技術は持続可能性に寄与しなければならないと書かれていること．つまり，これはドイツというか，ヨーロッパはバイオミメティクスを環境資源として見ているということです．

長谷山 定義が必要な理由は，バイオミメティクスは環境に優しく，持続可能な開発技術であると期待されている点にもあるように思います．

栗原 それは，意味としてはよくわかるのですが….

平坂 簡単に言うと，たとえば，あるバイオミメティクス製品が市場に出てきたとして，その製品は本当にバイオミメティクス製品とよんでいいかどうか，その基準を設定しようということです．

下村 だから定義をしないといけない．

平坂 ですから，遺伝子工学を使った

ものがバイオミメティクスかというと，やっぱり違うわけです．

栗原 省エネカーとよんでいいかどうかというのと同じことですね．

長谷山 ドイツのBio（ビオ）製品[※12]を見ても，品質や環境への意識を知ることができると思います．

下村 商品イメージがいいですからね．しかも環境とつけると，消費者側に受けがいいので，それを逆に利用して偽バイオミメティクス製品が出てくる可能性は十分あるわけです．

栗原 なるほど．そんな背景だとは思わなかった．学術的な面とはまた違ったところで，いろいろ考慮すべき点があるのですね．それだけ，一般社会に与える影響力が大きいともいえますね．

　まだ話し足りないところがありますが，皆さんの今後のご健闘をお祈りして，今日はこの辺で座談を締めさせていただきます．お忙しいところ，誠にありがとうございました．

※12　**ドイツのBio（ビオ）製品**
ドイツ連邦政府が認定する規格「Bio-Siegel」が付与された製品．

Chap 2
Basic Concept-1

バイオミメティック化学の変遷——世界と日本
Transitions in Biomimetic Chemistry—International and Domestic

國武 豊喜
（九州大学大学院高等研究院）

1 バイオミメティック化学の夜明け

1950 年代はアメリカを中心として有機化学反応のメカニズムに対する研究が爆発的に進んだ時期であった．それは有機電子論，後には物理有機化学とよばれ，反応の過程を電子構造の変化に基づいて説明するものであった．この研究手段はやがて，複雑で解明が困難と考えられていた生体反応のプロセスにも向けられることなった．代表的な例を紹介する（図 1）．

1953 年，シカゴ大学の Westheimer らはニコチンアミドアデニンジヌクレオチド（NAD）を含むアルコール脱水素酵素の酸化還元過程では，4 位の水素の授受がピリジン環の一方の側からだけ立体選択的に起こると重水素化基質を用いて証明した[1]．1957 年には R. Breslow がチアミン（ビタミン B6）の 2 位の水素が容易に重水素と交換される事実に基づき，イリド型中間体を経由する補酵素作用を提案した[2]．一方，1950 年代初めに，M. Bender らは ^{18}O を用いてエステル類の酸，塩基加水分解反応を研究し，四面体中間体を経る機構を証明していた．その後，1956〜57 年には加水分解酵素に含まれるイミダゾール官能基の触媒作用を T. Bruice らとほぼ同時に発表した．この三つの研究例の共通点はアイソトープの活用である．第二次世界大戦中に実施されたアメリカの原子爆弾開発計画（Manhattan Project）の結果として，さまざまな同位体元素が入手可能となった．それは多くの基礎科学の分野でアメリカを中心に強力な新研究手段を提供したのである．アメリカの基礎科学の展開に及ぼした効果は計り知れない．

1962 年に出版された E. M. Kosower"Molecular Biochemistry"（McGraw–Hill）は生体反応のプロセスの全体を有機電子論の立場からまとめたモノグラフであったが，タンパク分子構造自体の関与に触れることなく，酵素反応の本質に迫る内容ではなかった．ペプチド化学に巨大な足跡を残した E. Fischer はすでに 1907 年の Faraday Lecture において，酵素反応の解明には有機化学が重要な役割を果たすことを明確に表明し，鍵と鍵穴説を提出していた．1950 年代に入るとペプチドのアミノ酸配列が決定できるようになり，Stein と Moor による酵素リボヌクレアーゼの一次構造決定へと続いた．タンパク分子の精密な三次元構造は，酸素キャリヤーの役割を果たすミオグロビン分子について X 線回折法により初めて解明された（1960 年，M. Perutz）．それに続き，酵素タンパクであるリボヌクレアーゼやトリプシンの三次元構造が明らかになって，真の意味での分子レベルにおける酵素触媒機構の研究が始まったのである（図 2）．

2 1950 年〜1970 年の日本の状況——バイオニクスとバイオミメティクス

バイオニクスの発祥は 1960 年，アメリカで開かれたバイオニクスシンポジウムとされている[3]．そこではバイオニクスとは「工学上の問題解決に生物のシステムや方法の知識を応用する技術」と定義されている．その根底には，「生体と機械には共通原理がある」という N. Wiener のサイバネティクスの思想がある．したがって，機械工学だけでなく情報科学，ロボティクスなど幅広い分野につながる研究がバイオニクスとして行われてきた．人間の高次中枢機能を対象とするようになると，認知科学として

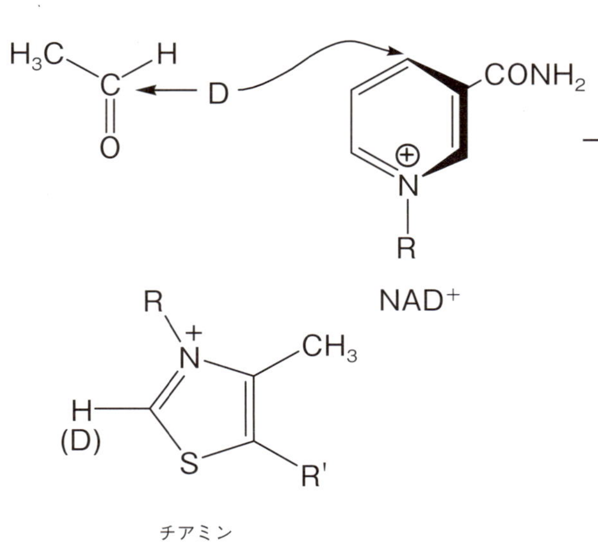

Chap 2 バイオミメティック化学の変遷――世界と日本

図1 バイオミメティック化学の夜明け

WestheimerとVenneslandは，NADを含むアルコール脱水素酵素の反応で4位の水素の授受が立体選択的に起こることを重水素を使って証明した．一方，Breslowはビタミン B6 として知られるチアミン補酵素では，2位の水素がプロトンとして脱離したカルベン型中間体による触媒反応であることを明らかにした．

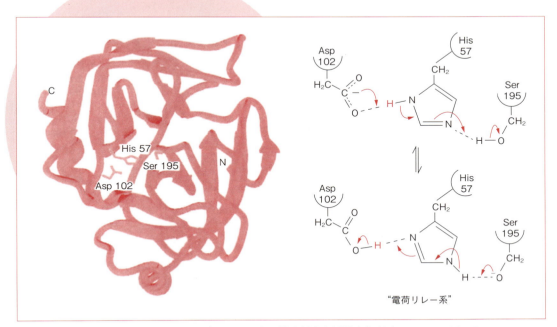

図2 加水分解酵素トリプシンの三次元構造（左）と活性中心（右）［カラー口絵参照］

トリプシンは典型的な水溶性球状タンパク分子である．初めて分子構造が明らかとなったミオグロビンと同様な折れ曲がりペプチド鎖からできている．
右の三種の官能基の組合せ（電荷リレー系）は多くの加水分解酵素の活性中心に存在する．

新しく発展することとなる．今，花盛りの AI 研究はその典型的な例である．バイオニクス研究の中でも人工的な生体機能材料は，医用工学として当初から盛んな研究が行われてきた．人工臓器は代表例となろう．これに対し分子レベルのバイオニクスは，前節で述べた化学的なアプローチを中心に，生物機能を化学反応の方法論で解明する生物有機化学（Bioorganic Chemistry）から生体機能を模倣するバイオミメティクス（Biomimetic Chemistry は Breslow 教授の造語である）へと転換が進んでいった．

ここで個人的な思い出も含めて当時の動きを紹介する．わが国においても，生物有機化学の動きは高分子化学の立場と有機化学の立場の両方から始まった．高分子科学はもともと 1920 年頃からのセルロースや天然ゴムなどの天然物の分子構造に対する関心から生まれた．バイオミメティクスとしての始まりは絹糸をモデルとするナイロンの合成（1930 年代半ば）からと考えてもよい．1960 年代になると新しい高分子材料の開発が一段落したという背景もあって，機能性高分子に対する関心が一段と高まった．既知の高分子材料を化学的に変換して新材料の開発に結び付けるための努力や生体高分子の素晴らしい機能を合成高分子に取り込む試みなどが盛んとなった．1968 年に発足した「高分子化合物を用いる反応に関する研究会」はそのような当時の雰囲気を反映したものであった．毎年 2 回春と秋の高分子学会に付随して開かれ 10 年間続いたが，高分子反応の研究者だけでなく，生体関連のテーマに携わる研究者も多く参加した．たとえば，井上祥平（東京大学），今西幸男（京都大学），戸倉清一（東北大学）などの各氏で，ペプチドや糖を研究対象にしていたメンバーである．

加水分解酵素の活性中心でヒスチジン基が重要な役割を果たすことがわかって以来，C.G.Overberger や R. Letsinger など，アメリカの有力化学者がイミダゾール基を含むポリマーを合成しその触媒作用を検討していた．当時，酵素作用の高性能をもたらしているのは基質分子の活性中心への結合が重要であり，疎水相互作用が取り込みの駆動力となることがようやく明らかになってきた．われわれはこの点に着目して，基質取り込みとそれに続く触媒作用の二

つの機能を組み合わせた水溶性ポリマーを開発した（図 3）[4]．1960 年代後半である．さらに 1970 年代には，加水分解酵素の活性中心に含まれる電荷リレー系のモデルとしてヒドロキサム酸とイミダゾール基を含む 2 官能性ポリマー触媒を合成し，それが活性エステル基質に対して著しく高い触媒活性を示すことを発見した（図 4）[5]．

当時の酵素モデル研究として，他の二つの流れを紹介しておきたい．一つは生物無機化学の分野であり，もう一つは包接の化学である．

酸素キャリヤーであるヘムタンパク内のヘム部分は Fe（II）を含むが，それをタンパク部分と分離すると容易に空気中の酸素で酸化されて Fe（III）となり，酸素分子のキャリヤーとしての機能を失う．1960 年代初め，MIT の Wang らはヘムをポリスチレン中に包含すると，Fe（II）のまま安定となることを発見し，天然のヘムタンパク分子と同じく疎水的な環境に置かれているためと説明した．この研究には中原（当時大阪大学）が参加していた．1970 年代になると，国内外でポルフィリン分子に関する研究が一段と盛んになったが，アメリカの Collman は活性サイトの周辺に疎水的な分子柵を立てたピケットフェンスポルフィリン（図 5）を合成し，この分子では酸素分子がそのまま Fe（II）と安定的に結合しうることを示した．これはヘムタンパク分子の中心構造を模したものでありバイオミメティック化学の一つの到達点となった[6]．

包接の化学はシクロデキストリンから始まった．1950 年代にすでにドイツの Cramer らは筒状シクロデキストリン分子の内孔への有機分子の取り込みを検討していたが，それを酵素モデルとして精力的に研究したのはアメリカの M. Bender，R. Breslow や日本の田伏岩男（京都大学）らであった（図 6）[7]．同時期にはミセル触媒について活発な研究が行われていたことも述べておきたい．石けんミセルは水中で疎水的なコアと親水性の表面をもち，球状の水溶性タンパク分子との構造的な共通性がある．この特徴を利用するとミセル中に導入した触媒性分子は高い活性を示すようになる．とくにカチオン性ミセルに含まれるアニオン求核剤の場合は著しい効果が見られた．この分野での太垣和一郎（群馬大学）らの貢献は大きかった．

Chap 2　バイオミメティック化学の変遷──世界と日本

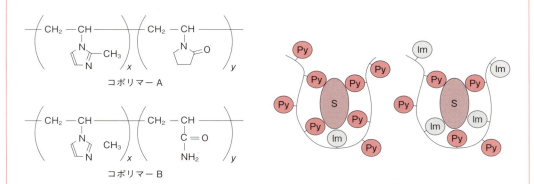

図3　酵素モデルポリマー　基質取り込みと触媒作用
コポリマー中のビニルピロリドン単位(Py)の連なりが基質分子(S)を取り込む．アクリルアミド基を含むコポリマーBでは取り込みは起こらない．

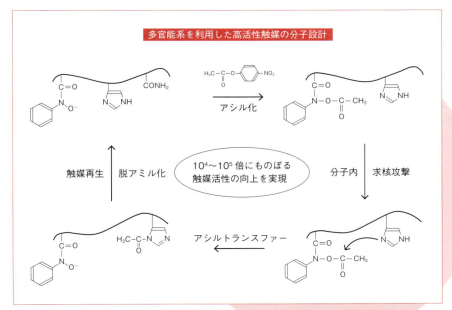

図4　多官能性ポリマー触媒─加水分解酵素における電荷リレー系(図2右)のモデルとして
加水分解の第一のステップであるアシル化はヒドロキサム酸アニオンの高い求核性に助けられ，新たに生じたアシル中間体は分子内イミダゾール触媒により分解される．これらの共同作用の結果として，全体反応が大幅に加速される．

| Part I | 基礎概念と研究現場 |

1970 年，田伏，太垣の両氏と国武は，この分野の世界的な盛り上がりを受けて，わが国での活性化を図るために Bioorganic Chemistry 研究会を発足させ，日本化学会や高分子学会の開催時期に合わせて研究会を開いた．研究発表などの活動は定期的に行われたが，国武が担当した事務的な処理がついていかなかった．この研究会の活動をより広げるために，1973 年には向山光昭教授を代表者とする「酵素類似様機能を持つ有機化学反応の研究会」がスタートした．当初は有機化学分野のメンバーが多かったが，次第に無機化学，物理化学を専門とするメンバーが増えた．1978 年，ハワイで生物有機化学の日米合同セミナーが開催され，アメリカから D. J. Cram や R. Breslow など当時のこの分野を代表するメンバーが参加して議論を深めたことも，大きな刺激であった．日本化学会の正式な部会（生体機能関連化学部会）として認められるに至ったのは 1985 年であった．

3 Chemical biology とバイオミメティクスの新時代

以上述べたバイオミメティク化学の流れは，生体分子（主にタンパクと核酸）の機能を分子レベルでどう説明するか，どう再現するか，を軸として発展してきた．ところが，生体機能の解析が進むにつれて，これらバイオミメティク化学の手法の有効性が低下してきた．たとえば，酵素触媒の機能を有機化学の原理に基づき理解することはできるが，常温での著しい高活性を定量的に説明したり従来の有機化学の手法だけで再現したりすることは実現できていない．もっと生物に寄り添った方法論であるケミカルバイオロジーが新領域として勢いを増してきたのは当然かもしれない．ケミカルバイオロジーは「化学的観点あるいは化学的手法を用いて生命現象を解明する学問分野」とされているが[8]，生体分子そのものを対象として化学的手法を適用する点で，生体分子やその構造の人工的な（または，原理的な）再構成を目指すバイオミメティック化学とは違いがある．分析解析の手段が進歩してきわめて複雑な構造をもつ生体分子を直接研究の対象とするようになったのである．ちなみに，R. Breslow は Bioorganic Chemistry（生物有機化学）の領域が Biomimetic Chemistry と新たに発展した Chemical Biology の二つのサブ領域より構成される，と整理している．

では，バイオミメティック化学の未来はどこにあるのか．今，われわれを待ち受けているのは Biomimetic Materials の広大な分野である．それを支えることになるのがバイオミメティック化学であり，バイオミメティック物理，バイオミメティック工学などの科学技術であろう．生体の構造や機能にヒントを得て，個別分子を超えた高度の分子システムを構成することはすでに大きな流れとなっている．たとえば植物の光合成の基本プロセスをモデルとして，半導体を用いた人工光合成システムが実現されている．また，生体膜と同様の分子の自己組織化はすでに多くの人工分子で可能となっている．昆虫のクチクラ構造やタマムシの虹色も人工的に構成可能である．これらの例から明らかなように，生物の多様な構造や機能を基本的な化学，物理，工学の原理に落とし込んだうえで新規な分子システムとして人工的に再構成するのはきわめて魅力的なテーマである．

私がこの確信を強めたのは，平成 24 ～ 29 年度にわたって実施された新学術領域研究「生物多様性を規範とする革新的材料技術」の評価委員として参加した結果である．その成果は Part II の 1 章以下に述べられる多彩で魅力的な内容に裏打ちされている．地球温暖化や生物多様性などの大きなテーマと絡んで世界中でこの分野の活発な研究，産業化への努力がなされている．

◆ 文 献 ◆

[1] 福井三郎，田伏岩夫，国武豊喜，『生物有機化学』，講談社サイエンティフィク，第 1 章，（1976）．

[2] R. Breslow, *J.Am.Chem.Soc.*, **79**, 1762（1957）．

[3] 日本科学技術振興財団，『日本の科学と技術』，**25**, No.230, 11（1984）．

[4] T. Kunitake, F. Shimada, C. Aso, *J. Am. Chem. Soc.*, **91**, 2716（1969）．

[5] Y. Okahata, T. Kunitake, *Macromolecules*, **9**, 15（1976）．

[6] J. P. Collman, *J. Am. Chem. Soc.*, **95**, 23（1973）．

[7] M. L. Bender et.al., *J.Am.Chem.Soc.*, **88**, 2318（1966）．

[8] 長野哲雄，『ケミカルバイオロジー概論』，蛋白質核酸酵素，**52**, 1519（2007）．

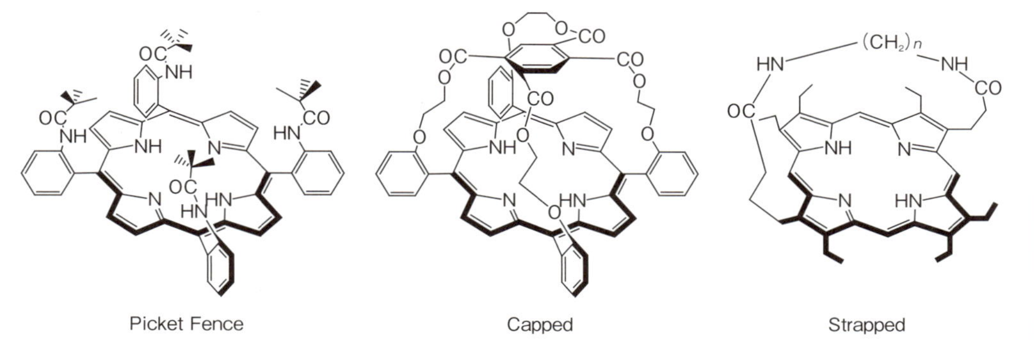

Chap 2 バイオミメティック化学の変遷——世界と日本

図5　酸素分子の安定結合を目指した修飾ポルフィリン

いずれも Fe(II) に配位した O_2 分子の周辺を疎水的な置換基で囲み，配位構造の安定化を図っている．

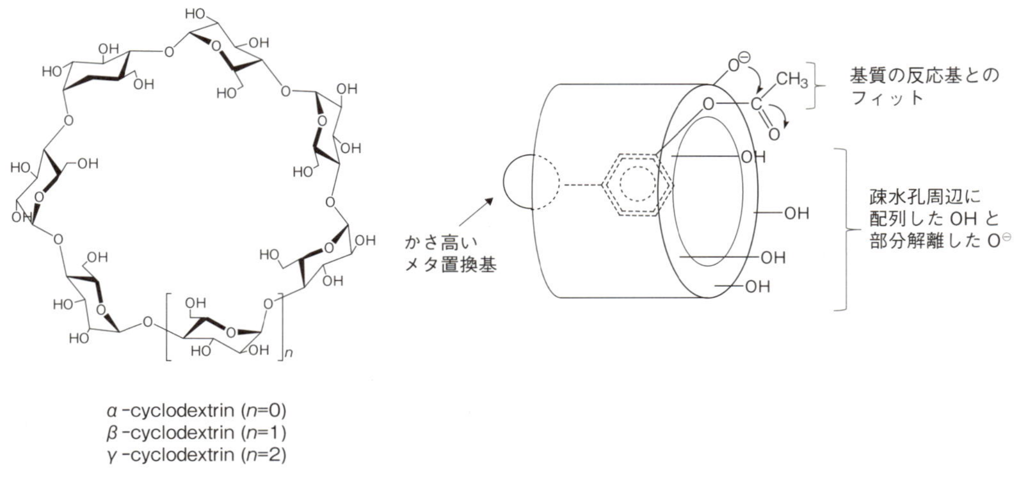

α -cyclodextrin ($n=0$)
β -cyclodextrin ($n=1$)
γ -cyclodextrin ($n=2$)

図6　シクロデキストリン分子と基質取り込みのモデル

シクロデキストリン内孔にフィットするように設計された基質のエステル基はシクロデキストリン分子の水酸基の近くにあり，
反応が加速される．

19

Chap 2 Basic Concept-2
バイオミメティクスの新展開

下村　政嗣
（千歳科学技術大学理工学部）

1 古くて新しいバイオミメティクス

　生物の形態や構造，機能などを模倣してものづくりをしようとする考えかたは古くからあり，レオナルド・ダ・ヴィンチが鳥の飛翔メカニズムの考察をもとにさまざまな飛行機械の設計をしたことは有名である．海綿を模倣したスポンジ，絹糸を真似た合成繊維，植物の種子をヒントにした面状ファスナー，カワセミのくちばしに似せた新幹線の形状など，われわれの身の回りにはバイオミメティクス（生物模倣）とよばれる多くのものがある．バイオミメティクス（biomimetics）は，擬態や模倣を意味するmimesisの形容詞であるmimeticの語尾にsを付けた名詞に，生物や生命にかかわる接頭語であるbioを付した造語であり，1950年代後半にシュミット・トリガの開発者であるアメリカの神経生理学者Otto Schmitt（オットー・シュミット）が命名したものである．しかし，バイオミメティクスの厳密な定義は今世紀に至るまでなされていなかった．バイオテクノロジー，バイオメカニクス，バイオインスピレーション，バイオインスパイアード，バイオミメティクス，バイオミミクリー，バイオニクス，ビオニック，バイオミメシス，バイオミメティズムなど，似たような，しかし微妙にニュアンスの異なる言葉や概念が使われてきた．

　バイオミメティクスの定義に関する初めての国際的な議論は，2012年に発足した国際標準化ISO TC 266 Biomimetics 国際委員会（議長国はドイツ）で始まり，国際標準 ISO 18458:2015 "Biomimetics -- Terminology, concepts and methodology" において，生物から工学への技術移転を前提とするとともに持続可能性に資するべき新しい技術体系であり，生物そのものを用いるバイオテクノロジーとは異なるものと定義された．古くからある考え方であるにもかかわらず，なぜ，今世紀になってバイオミメティクスを国際標準化しようとする動向が起こったのであろうか．

　バイオミメティクスの分野が転換期を迎えていることは，NEDOの"平成21年度成果報告書　次世代バイオミメティク材料・技術に係わる調査"[1]において海外，とりわけヨーロッパの研究開発動向を視察して実感し，文部科学省科学技術政策研究所（現在の科学技術・学術政策研究所）の科学技術動向研究センター客員研究員として『科学技術動向』誌に，"生物の多様性に学ぶ新世代バイオミメティック材料技術の新潮流"[2]と題するレポートをまとめる過程で，わが国が気づいていないことを危機的に感じていた．世界的な研究開発潮流の変化は，バイオミメティクス関連の論文が2000年を境に増加していることに如実に見てとることができる．その傾向はいまだ続いており，2016年1月のNature誌に掲載された "Interdisciplinarity: Bring biologists into biomimetics"[3] というコメントでは，物理，化学，マテリアル系の論文数が継続的に増加していること，さらには，細胞生物学，分子生物学の寄与を増やすべきであるとの指摘まで行っている．

　バイオミメティクスが持続可能性に資する技術体系であり，生物から工学への技術移転が不可欠であることを理解するためには，バイオミメティクスを歴史的に整理し，現状を分析する必要がある（図1）．

2 バイオミメティクスの歴史　黎明期

　バイオミメティクスの命名者であるOtto Schmitt

Chap 2 バイオミメティクスの新展開

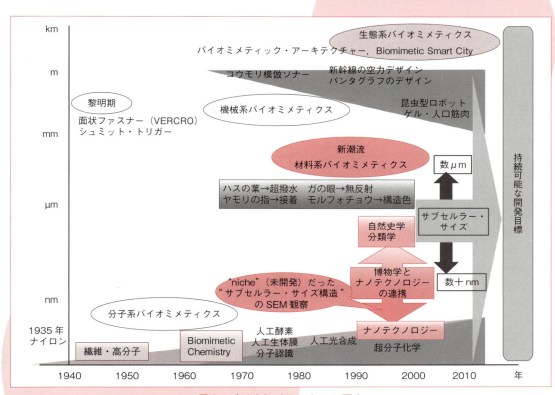

図1 バイオミメティクスの歴史

が発明したシュミット・トリガとは，入力信号から
ノイズを除去し矩形波に変換することでノイズに強
いスィッチとして使われる電気回路であり，神経シ
ステムにおける信号処理にヒントを得たともいわれ
ている．わが国ではマジックテープ（クラレの商標）
として知られている面状ファスナーは，1940年代
にスイスのGeorge de Mestral（ジョルジュ・メ
ストラル）が，植物の種が動物の毛に付着すること
にヒントを得て開発した製品で，世界的には彼が起
こした会社名であるVELCROとして知られている．
ナイロンの総称で知られるポリアミド系繊維は，蚕
がつくる絹糸の基本骨格であるポリペプチド構造を
模倣して化学的に製造したもので，アメリカの大手
化学会社DuPont（デュポン）社のWallace Carothers
（ウォーレス・カロザース）が1935年に発明した合
成繊維である．

3 分子系バイオミメティクスとしての バイオミメティック化学の台頭

　ナイロンに代表されるように，天然繊維を模倣し
て合成繊維を開発してきた繊維業界は，バイオミメ
ティクス産業の草分けである．繊維産業を支える高
分子化学の系譜は，"分子系バイオミメティクス"
として分類すべき研究開発潮流の底流をなすもので
ある．1970年代になって台頭したバイオミメ
ティック化学（Biomimetic Chemistry）は，体系化
された学術分野として世界的な研究潮流をもたらす
ことになる．
　前節において國武先生によって詳細に紹介されて
いるように，Biomimetic Chemistryは，酵素や生体
膜などを分子レベルで模倣しようとするものである．
X線構造解析によって生体触媒である酵素の反応部
位の化学構造が明らかになったことで，有機化学の
手法を用いて生体反応を分子論的に解明することが
できるようになったことがその背景にある．1980
年代には人工光合成の研究が盛んになり，色素増感
太陽電池の基礎が確立される．ゲルアクチュエー
ターの研究は人工筋肉を意識したものであり，ソフ
トマテリアル研究の礎となった．
　一方，分子生物学の展開によって遺伝子工学的手
法が化学の分野においても使われるようになり，バ

イオテクノロジーとバイオミメティクスが乖離して
いくなかで，"分子系バイオミメティクス"の研究
潮流は，1980年代後半における分子エレクトロニ
クスの台頭と相まって1990年代にはインテリジェ
ント材料やスマート材料などを支える分子ナノテク
ノロジーへと展開する．ちなみに，インテリジェン
ト材料とは，『センサー機能，プロセッサ機能およ
びアクチュエータ機能を併せもち，環境応答性，自
己修復性，寿命予知・予告性，自己分解性，自己増
殖，学習性など外部からの刺激で必要な機能を発現
できる材料』と定義されており，"生体の優れた構造
や機能に学びさらに生体を越える新規な材料"であ
るバイオインスパイアード材料という考え方の基と
なり，機能性有機材料，高分子材料，金属材料の分
野に浸透していく．
　その後，第一世代バイオミメティクスともいうべ
きBiomimetic Chemistryは，わが国ではいったん
は下火になり，農学や昆虫学，植物学などと，物理，
化学や材料などとの異分野共同研究の機会は，ほと
んどなくなっていく．一方で，分子系バイオミメ
ティクスは自己集合や自己組織化を基盤とするボト
ムアップ・ナノテクノロジーとして，分子組織科学
や超分子科学などの新しいフィールドを興し，ナノ
テクノロジーの展開に大きな寄与をすることになる．
そして，ナノテクノロジーの展開は"材料系バイオ
ミメティクス"の復古に不可欠な基盤技術を生み出
すのである．

4 機械系バイオミメティクスの潮流

　機械工学や流体力学の分野では古くから，バイオ
メカニクスを基盤とするバイオミメティクス研究が
体系化されてきた．"機械系バイオミメティクス"
と称すべき研究潮流は，センサー，アクチュエータ，
コントローラなどの視点から，昆虫の飛翔や魚の泳
ぎ，蛇の蛇行などを真似たロボットや，コウモリや
イルカの反響定位や昆虫の感覚毛を模倣したソナー
やレーダーなどのセンサーが開発されている．
Biomimetic Chemistryという言葉があまり使われな
くなった時期においても，"機械系バイオミメティ
クス"の研究は衰退することなく継続し，わが国で
は一時，バイオミメティクスはロボット研究の代名

Chap.2 バイオミメティクスの新展開

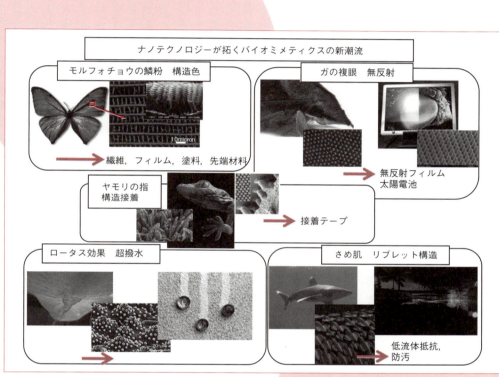

図2 ナノテクノロジーが拓くバイオミメティクスの新潮流：材料系バイオミメティクス
［カラー口絵参照］

| Part I | 基礎概念と研究現場 |

詞と思われる時期があったほどである．米国防総省国防高等研究計画局（DARPA）の Nano Air Vehicle プログラムで開発された AeroVironment 社のハチドリ型偵察用ロボットは，昨今ではマルチコプターの総称として使われているドローンの原型である．Boston Dynamics 社は，BigDog という荷役用四足歩行ロボットや，時速 25 Km で自立走行できる WildCat などを開発している．同社では DARPA 支援のもと，SandFlea（ハマトビムシ）という名のジャンプ・ロボット，SquishBot（Soft Quiet Shape-shifting robot）とよばれる柔軟で自在に変形するロボット，RiSE というヤモリテープを使った垂直歩行ロボットなどを開発している．群の中でぶつからない魚の行動パターンにヒントを得て集団走行する日産のロボットカー EPORO は，自動運転車開発の先駆けでもある．新幹線の形状がカワセミのくちばし形状を模倣して流体抵抗を低減することや，パンタグラフにフクロウの風切羽の構造を適用することで防音効果が得られることはよく知られており，エコ家電製品開発にも影響をあたえている．

5 バイオミメティクス・ルネサンスとしての材料系バイオミメティクス

前世紀末からのナノテクノロジーの著しい展開は，バイオミメティクスにおける復古をもたらした．ナノテクノロジーは，小さなものを観察し，操作し，作製する技術であり，顕微鏡技術が格段に進歩した．走査型電子顕微鏡が広く普及することによって，分類学や形態学を専門とする生物学者らは，これまで未知であった生物表面の微細構造とその優れた機能を明らかにした．今世紀に入りヨーロッパを中心にして，昆虫や植物の表面がもつナノからマイクロスケールに至る階層的構造と，それらの構造が発現する特異な機能が明らかにされるとともに，それらの構造を模倣した新しい材料が開発された．

表面の凹凸に基づくハスの葉の撥水性（Lotus Effect® とよばれる撥水効果はボン大学の商標である）を模倣した自己洗浄材料，カタツムリの殻の濡れ性を模倣した自己洗浄性に優れた住宅用建材，ガの複眼表面に形成される周期的ニップル構造を模倣した無反射性光学フィルム，ヤモリや昆虫の脚先の

微細毛に働く van der Waals 力による吸着を模倣した繰り返し使用が可能な接着テープ，モルフォチョウの翅の構造色による発色を模倣した繊維やフォトニクス材料，サメ肌の流体抵抗低減化を模倣した競泳用水着や航空機用塗装材料などの，"材料系バイオミメティクス"と称すべき新しい研究潮流の台頭である．これらは，ナノテクノロジーの進展を背景とする，材料科学と生物学との緊密な学際融合に基づいた世界的な潮流を誘発することになる．

これらの材料に見られる機能は，細胞よりも小さい，しかし，分子よりは大きなスケールの"サブセルラー・サイズ構造"ともいうべきナノ・マイクロ構造によって発現されるものであり，このスケールの構造は生物学的にはニッチな領域であった．多様な環境下で生きている生物のサブセルラー・サイズ構造は，超撥水・超親水，防汚，無反射，水輸送，吸着，低摩擦などの多様な機能を発現するのである．

"材料系バイオミメティクス"の成功は，とりわけ，欧米を中心にした生物学とナノテクノロジーの共同研究を基盤とするものである．ナノテクノロジーを駆使した生物学における新たな構造と機能の発見は，ナノテクノロジーによって機能発現機構が解明されて生物学にフィードバックされ，ナノテクノロジーによって製品のプロトタイプが完成していることを意味しており，基礎研究が応用開発へとシームレスに繋がっていることに特徴がある（図2）．ここにおいて，生物学と工学の win-win の連携が，生物学の新たな発見をもたらし，その知見を工学的に活用することで，さまざまな分野における技術革新を可能としたといっても過言ではない．生物学の重要性が再認識されたとともに，生物から工学への技術移転が新たな課題としてクローズアップされることになる．

6 Industrie4.0 に見る，生態系バイオミメティクスの勃興

"材料系バイオミメティクス"が興ったことで，ハスの葉の超撥水性，ヤモリや昆虫の脚の接着性，サメ肌の防汚・流体抵抗低減化，ガの眼のもつ無反射性，モルフォチョウの鱗粉が放つ構造色など，生物表面に形成されるナノ・マイクロ構造に起因する

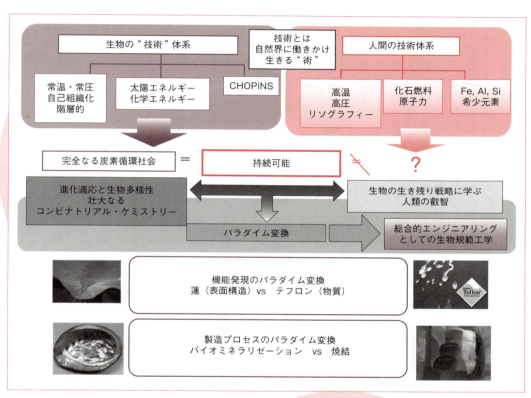

図3 バイオミメティクスによるパラダイム変換

| Part I | 基礎概念と研究現場 |

特異な機能を模倣して，テフロンを使わない撥水材料，接着物質を使わない粘着テープ，スズ化合物を使わない船底防汚材料，金属薄膜を使わない無反射フィルム，色材を用いない発色繊維などが開発された．環境先進国であるドイツがバイオミメティクスの国際標準化を提案した背景は，バイオミメティクスに持続可能性社会をもたらす革新性を見いだしたことにある．

アメリカでは，バイオミメティクスのことをバイオミミクリーという．バイオミミクリーの命名者は，「Biomimicry: Innovation Inspired by Nature」の著者で生態学者，Biomimicry Institute の主宰者である Janine Benyus（ジャニン・ベニュス）である．2008 年に開催された National Bioneers Conference という会議における彼女の演題 "Biomimicry's Climate - Change Solutions:How Would Nature Do It？" に見られるように，バイオミミクリーは産業活動のみならず環境問題解決への期待もある．Otto Schmitt がバイオミメティクスを命名してから半世紀，エネルギーや資源，環境など，経済活動が直面する喫緊の課題が反映されており，産業革命以来の生産技術のありかたが問い直されているのである．バイオミメティクスが産業構造を変換し持続可能性に寄与する技術革新をもたらすキーテクノロジーになる，との認識が欧米では高まっている．

Industrie 4.0 一色であった 2015 年のハノーバー・メッセにおいて，ドイツにおける機械系バイオミメティクスの先導的企業である FESTO 社は，自律分散制御によって協働作業ができるアリ型ロボット BionicANTs や，ぶつかることなく群舞する蝶型ロボット eMotion Butterflies の動態展示を行った．もともと FESTO 社は，1990 年代からバイオニクスの研究開発に着手し，社内に Bionic Learning Network という産学官の異分野連携プロジェクトを立ち上げてバイオミメティクスによる技術革新を図ってきた．これまで FESTO 社がハノーバー・メッセで展示したバイオミメティック・ロボットの代表は，魚のヒレ（fin ray：鰭条）の運動性にヒントを得た Fin Ray Effect® とよばれる柔軟構造を使ったグリップや，Fin Ray グリップを先端に装着した象の鼻を模したロボットアーム，2013 年には，ルフトハンザ機内誌で "No large aircraft is yet able to fly like a dragonfly" として紹介されたトンボ型ドローンである四枚翅飛翔ロボット BionicOpter，2014 年には省エネ型ジャンピングロボット BionicKangaroo などを展示してきた．

そもそも，生物は個体として生存しているわけではなく，群れにおいては，個体と個体の相互作用があり，そして社会が生まれる．多様性と相互作用，非生物学的な自然現象との複雑な相互作用によって生態系システムが構築され，環境を成すことになる．日産のロボットカー EPORO や，FESTO 社が開発した BionicANTs や eMotionButterflies などは，群れのバイオミメティクスであり，輸送の効率化や渋滞の回避，事故低減による安心安全への寄与は大きい．

ドイツの国家戦略である Industrie 4.0 は自律分散型の生産システムを目指しており，そのためにはモノのインターネット（Internet of Things, IoT）と 3D プリンティング，そして標準化が重要だといわれている．BionicANTs や eMotionButterflies は，個体と個体の相互作用に着目したものであり，まさにバイオミメティクスの新しいトレンドでもある "生態系バイオミメティクス" が反映されている．そして，協働作業を行う自律分散制御型ロボットが IoT を意識していることは，明らかである．

一方，"biomimetic design" や "biomimetic architecture" というキーワードで画像検索をすると，規則的構造のない飛行機や自動車のフレームワーク，幾何学構造を用いない建築，矩形ではない都市設計など，"材料系バイオミメティクス" に続く新たなトレンドが欧米においてスピード感をもって広がっていることに気付く．砂漠の蟻塚は喚気性能が高く塚内温度が適切に調節されていること（パッシブクーリング）に模倣したジンバブエの首都ハラレにある複合商業施設の設計や，偕老同穴の骨格が有する応力分散性を構造設計に取り入れた建築家 Norman Foster（ノーマン・フォスター）の Gherkin Tower ビルなどが，biomimetic architecture として有名である．さらには，住宅街全体の居住性，流通性などを生態系に学んだ都市設計も始まっている．ナイジェリアでは "biomimetic smart city" と評される環境都市設計構想もある．これらの動向もまた，"生態系バイオミメティクス" と称すべきトレンドとして捉えるべきである．個々の生物の形態やそれ

Chap 2 バイオミメティクスの新展開

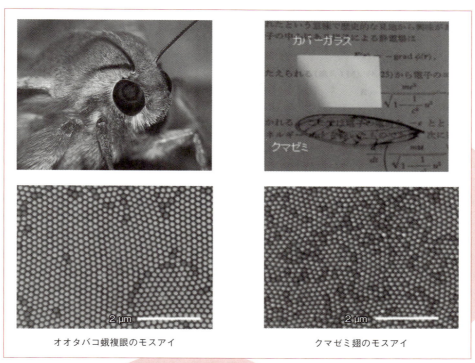

図4 モスアイ構造に見る"良い加減さ"

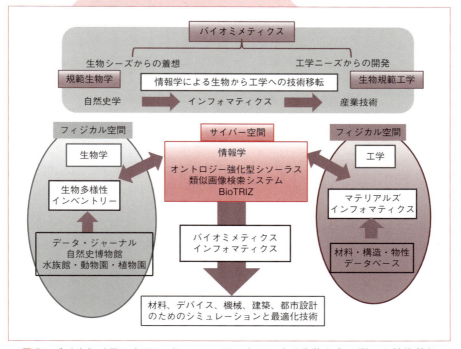

図5 バイオミメティクス・インフォマティクスによる生物から工学への技術移転

| Part I | 基礎概念と研究現場 |

に伴う機能のみならず，生態系システムや環境との相互作用までをも視野に入れることで，バイオミメティクスは，分子レベルの材料設計から，機械工学，建築，環境都市設計に至る総合的な技術体系となりつつある．

7　なぜバイオミメティクスは持続可能なのか

　バイオミメティクスの基盤は，いうまでもなく生物の多様性である．生物多様性は，長い時間をかけてさまざまな環境において生物が生存してきた進化適応の結果である．生物多様性を可能とした「持続可能な高炭素世界の完全リサイクル型技術」ともいうべき生物の生き残り戦略は，どこにでもあるユビキタス元素を使い，再生可能エネルギーを用いた自己組織化プロセスによるモノづくりであり，産業革命以来の"人間の技術体系"とは作動原理や製造プロセスのパラダイムが異なっている（図3）．バイオミメティクスは，生物の生き残り戦略に学ぶことで，資源やエネルギー，気候変動等の現代社会が抱える喫緊の問題を解決し，持続可能性のための技術革新のヒントをもたらすものと期待されている．

　下澤楯夫北海道大学名誉教授が比較生理生化学誌の総説「バイオミメティクスのすゝめ」[4]に詳しく紹介しているように，多くの物理・化学の法則・原理は，自然現象の観察から導き出されるものである．たとえば，電池の作動原理がGalvaniの"皮を剥いだカエルの肢"の実験に起源をもつ．ヒトは物理・化学の法則・原理に基づいて，"人間の技術体系"ともよぶべき科学技術体系を構築してきた．産業革命以来，"鉄，アルミニウム，シリコン，そして希少金属など"を用い，"化石資源や原子力をエネルギー源"とし，"高温・高圧プロセス"と"リソグラフィ"などの加工技術を駆使することで，モノをつくり移動し情報や価値を生み出してきた．自然界に働きかけ利用して生き残る"術"を技術とするならば，"生物の技術体系"は，"炭素を中心とするユビキタス元素（CHOPiNS，iは無機物を総称するinorganicの意味）"を用い，"太陽光エネルギーとそれを植物が化学変換したエネルギー"を使い，"常温常圧における自己組織化プロセスによって分子・

原子を積み上げた階層性"を特徴としている．

　ハスの葉の表面が水を弾く現象は，細胞よりも小さな"ナノ・マイクロスケールの凹凸構造が撥水性を高める"という表面張力の原理に基づくものであり，表面自由エネルギーが低いテフロン（環境には存在しない物質）によって得られる撥水性とは，機能発現のパラダイムが異なっている．骨やアワビの殻などの硬組織は，常温常圧での自己組織化プロセスであるバイオミネラリゼーションでつくられた"軽くてしなやかで強靭なハイブリッド材料"であり，高温プロセスである焼結によって作製する焼き物では及びもつかない材料強度を示すものである．"生物の技術体系"が，持続可能な"完全なる炭素循環型社会"を可能としている背景には，"壮大なるコンビナトリアル・ケミストリー"とも称すべき進化適応のプロセスがある．長い時間をかけ，多様な環境条件下において，"物理・化学の法則・原理の組合せ最適化"を行うことで，生産プロセスや機能発現のパラダイムが決定されたのである．つまり，自然界には何億年にもわたる試作と評価を終えた技術が，生物が生きのびる仕組みとして使われ続けているのである．

　文部科学省科学研究費新学術領域『生物規範工学』における重要な成果の一つに，ガの複眼やセミの羽などの生物表面に見られるナノニップル構造が，反射防止・低摩擦・超撥水・防汚性など，複数の優れた機能を有することを明らかにしたことが挙げられる．さらに，数理科学的な解析の結果，ナノニップル構造の規則性が生物種によって大きく異なるにもかかわらず，その機能性には大きな差がないことが明らかとなり，生物機能発現の根幹には"自己組織化構造が有する多機能性とロバストネス（しなやかな強靭さ）"があることを明らかにした．このことは，自己組織化プロセスによって形成されたサブセルラー・サイズ構造が，"厳密に作り込んだ構造ではないものの高度な多機能性"を有していることを意味しており，"良い加減さ"とも言うべき生物デザイン（図4）のパラダイムである．つまり，厳密な作り込みをしなくても十分な機能発現があり，さらにはフェール・セーフ機構をも有する"工学的ロバストネス"の設計指針を与えるものであり，持続可能性に資する材料やシステムの可能性を示すものである．

Chap 2 バイオミメティクスの新展開

図6　Biomim'expo 2016 で閉会の挨拶をするパスカル・ロワズルール（Pascale Loiseleur）サンリス市長

図7　持続可能な開発目標

| Part I | 基礎概念と研究現場 |

博物館とバイオミメティクス

生物多様性に関する膨大な情報資源ともいえる収蔵物＝インベントリー（ある地域に生息する生物の総種数の目録，あるいは目録を製作するための調査）を保存しているのは，動物園であり，博物館である．2010 年に "Global Biomimicry Efforts: An Economic Game Changer" という経済レポートを出したサンディエゴ動物園では，NPO 法人 San Diego Zoo Global に Center for Bioinspiration を設置し，教育・啓蒙とともに産業界との連携を図っている．2012 年にサンディエゴで開催された国際光学会（SPIE）で基調講演をしたサンディエゴ動物園生物保全研究所の James Danoff-Burg 所長の演題は，"The Future is the Past ? Mining the past for the future" であった．進化適応の結果である生物多様性が，バイオミメティクスのヒントであることを明言している．ウィーンの自然史博物館やミュンヘンのドイツ博物館では，バイオミメティクスの常設展示がされており，欧米においては，バイオミメティクスにとって博物館は "宝の山" であるという認識は高く，動物園が経済レポートを出す背景でもある．

バイオミメティクスにおける生物学データベースの重要性は，従前から指摘されている．アメリカでは NPO 法人である Biomimicry Institute が AskNature というサイトに Biomimicry Taxonomy というデータベースを開設して生物の多様性をさまざまな科学技術分野に応用するヒントをリストアップし，ウェブ上のデータベースである Encyclopedia of Life（EOL）との連携を図りながら，オープンイノベーションのプラットフォームづくりを目指している．

情報科学による生物から
工学への技術移転

膨大な生物資源情報ともいえる生物標本を保存している博物館の役割はとくに不可欠である．論文化され形式知化されたデータのみならず，暗黙知ともいえる未整理の非論文化情報も工学的な視点からすると大きな意味をもちうるのである．2008 年，ロンドン自然史博物館の A. Parker 教授らは，英国王立

協会誌に "A review of the diversity and evolution of photonic structures in butterflies, incorporating the work of John Huxley（The Natural History Museum, London from 1961 to 1990）"[5] と題する論文を発表した．彼らは，チョウの翅のフォトニック構造に関する解剖学的かつ網羅的な記述が，バイオミメティクスの潜在的なニーズに寄与すると考え，故 John Huxley 博士によって撮影された未発表の電子顕微鏡写真を多様性と進化のデータベースとして公開した．

博物館などが収蔵する膨大なインベントリーをデータベースとして整理し公表することは，バイオミメティクスに限らずさまざまな分野において意義のあることであり，2001 年に，"科学，社会及び持続可能な未来のために，世界の生物多様性情報を共有し，誰でも自由に利用できる仕組みを目指す" 国際機関として，地球規模生物多様性情報機構（Global Biodiversity Information Facility: GBIF）が発足している．しかし，その多くが分類学的なデータが主であり，電子顕微鏡レベルの解剖学的なデータについては，必ずしも充実しているとはいいがたい．バイオミメティクスなどの工学的利用に潜在的な価値をもつと思われる膨大な量の非論文化データに関しては，データジャーナルなどのオープンサイエンス的な発想による公開が求められる．

異分野連携のための基盤として知識インフラを整備するためには，異分野の知識を結びつけるための約束事を標準化する必要がある．具体的には，生物系と工学系の知識を結ぶ用語の定義，つまり "類語辞書"（シソーラス）化であり，そのためには，バイオミメティクスに関わる生物学と工学の概念や言語の階層構造と相関性を定義し整理記述するためのオントロジーを決めなければならない．国際標準化において日本から提案した Knowledge infrastructure of biomimetics は，北陸先端科学技術大学院大学の溝口理一郎教授らが開発したオントロジーの手法をシソーラスと組み合わせることによって，異分野が相互に使える辞書を構築するための手順を標準化しようとするものである．

また，画像情報は直截的にインスピレーションを誘発する情報である．とりわけサブセルラー・サイズの電子顕微鏡画像は，生物の構造と機能を解明す

るうえで重要であり，さらには材料設計における多様な発想を支援する．北海道大学の長谷山美紀教授らが開発した類似画像検索システムは，"画像による画像の検索"によって，専門知識がなくても異分野のデータを見いだすことを可能とした．これは，膨大な量の画像情報から，生物学者の"経験や勘に基づく知識で，言葉などで表現が難しいもの"である"暗黙知"を，工学的発想を誘発する"形式知"にする，すなわち，"気付きの誘発と発想支援"をもたらす従来にないデータ検索システムである．この検索エンジンを実装することで，"思いつき"や"偶然の発見"に頼るのではなく，システマティックな発想誘起を可能とするのである．

　そして，"生物学の知識を工学に技術移転する"具体的な問題解決策の一つに Bio-TRIZ がある．TRIZ は，Teoriya Resheniya Izobretatelskikh Zadatch の頭文字を取った発明的問題解決理論で，英語では Theory of solving inventive problems または Theory of inventive problems solving とよばれる，ロシアの特許審査官が開発した経験則を体系化した弁証法的問題解決策である．イギリス・バース大学の Julian Vincent 教授によってバイオミメティクスへ適用された Bio-TRIZ は，新潟大学の山内健教授と大阪大学の小林秀敏教授らによって展開され，持続可能な社会でのライフスタイルに適応した新たなテクノロジーの創出についても検討され始めたところである（図 5）．

10　産業界の動向

　サンディエゴ動物園が 2010 年に出した "Global Biomimicry Efforts: An Economic Game Changer" と題する経済レポートでは，ダ・ヴィンチ・インデックスという経済指標を使った解析を行い，"バイオミミクリーの分野が，アメリカにおいて 15 年後に年間 3000 億ドルの国内総生産，そして 2025 年までに 160 万人の雇用をもたらす"という経済予測をした．最近では，2030 年には，アメリカで 4250 億ドル，世界的には 1.6 兆ドルの GDP が期待されるという試算がある．動物園が経済レポートを世に問うこと自体，日本では考えられないことであるものの，バイオミミクリーという言葉は日本の経済界でも使

われることになる．2010 年に名古屋で開催された生物多様性条約第 10 回締約国会議（COP10）に先駆けて日本経団連が行った「経団連生物多様性宣言」では，"自然の摂理と伝統に学ぶ技術開発を推進し，生活文化のイノベーションを促す科学技術"としてバイオミミクリーを取り上げ，その例として，"絹糸の新繊維への応用"や"モルフォチョウの羽の構造の発色技術への応用"，"フクロウの羽やカワセミのくちばしの形の新幹線の空気抵抗低減への応用"，"カタツムリの殻の構造を汚れにくい建材技術への応用"，"ハスの葉の微細構造の撥水技術の応用"などを紹介している．

　2016 年 7 月には，パリの北約 60 km に位置する古都サンリス市において，フランスで最初のバイオミメティクスに関する展示会 "Biomim'expo 2016" が開催された（図 6）．主催は，環境・エネルギー・海洋省とサンリス市，フランスにおけるバイオミメティクスの産学連携コンソーシアム CEEBIOS（Centre Européen d'Excellence en Biomimétisme de Senlis）である．"Biomim'expo 2016" は，フランスにおける初めてのバイオミメティクスの展示講演会である．交通の便が良いとはいえない小都サンリスでの開催だったにもかかわらず，一般市民を含む 1000 人を超える参加者で会場は盛況であった．主催会場である CEEBIOS は，サンリス市がフランス陸軍第 41 通信連隊駐屯地の跡地を譲り受けて 2012 年に発足した組織で，建設業の Eiffage，ガス事業の Air Liquide，自動車の RENAULT，材料の Corning，コスメティクスの L'Oréal，インテリアの Interface，LVMH（モエ ヘネシー・ルイ ヴィトン），建材の Saint-Gobain など，名だたる企業が参画している．"Biomim'expo 2016" で特徴的なのは，環境や海洋，エネルギーや持続可能性に関する視点からの講演が多かったことと，非幾何学的なフレーム構造の建築物や格子状道路網を使わない都市設計など最近注目されている"生態系バイオミメティクス"に関する展示が目を引いたことである．

　"Biomim'expo 2016" のプログラムを精査することで，ヨーロッパにおける"生態系バイオミメティクス"勃興の背景を深読みすることができた．プログラム冒頭のパネルセッションに登壇した北フランス地区商工会議所会頭の Philippe Vasseur（フィリッ

| Part I | 基礎概念と研究現場 |

プ・バッスール）は，Nord-Pas-de-Calais とよばれる北フランス行政区における "master plan Jeremy Rifkin de la troisieme revolution industrielle"（ジェレミー・リフキン第 3 次産業革命マスタープラン）の共同創設者でもある．Jeremy Rifkin は，「限界費用ゼロ社会」や「第三次産業革命」の著者であり，メルケル首相のブレインとして Industrie 4.0 にもコミットしていることが知られているが，その影響はフランスにも至っていたのである．

わが国の課題

バイオミメティクスを「生物規範工学」ともいうべき持続可能な総合的技術体系として実現するためには，わが国が最も不得意とする異分野連携が不可欠である．"生物の技術体系" が，持続可能な炭素循環型社会を可能としている背景には，"壮大なるコンビナトリアル・ケミストリー" とも称すべき進化適応のプロセスがある．長い時間をかけ，多様な環境条件下において，物理・化学の法則・原理の組み合わせを最適化することで，生産プロセスや機能発現のパラダイムが決定されたのである．つまり，自然界には何億年にもわたる試作と評価を終えた技術が，生物の生きる仕組みとして使われ続けているのだ．壮大なるコンビナトリアル・ケミストリーの結果である膨大な生物学の知見を工学に技術移転する必要がある．生物と工学の異分野連携のためには，ビッグデータである生物多様性からのリバースエンジニアリングを可能とする "バイオミメティクス・インフォマティクス" ともいうべきデータベースの整備とテキストや画像を対象とした多様な情報検索システムが求められる．

バイオミメティクスの社会実装に求められるもう一つの異分野連携は，生物多様性と生態系サービスの価値を認識しその保全と持続可能な経済活動を目指す『生態系と生物多様性の経済学(TEEB: The Economics of Ecosystem and Biodiversity)』に代表される，"自然の循環と経済社会システムの循環の調和" を求める社会系科学分野との文理融合である．バイオミメティクスを生態系サービスと捉えることにより，制約された環境の下で持続可能な "モノづくり" と "街づくり" の技術革新をもたらす切り札になり得るのである．『持続可能な開発目標(SDGs：Sustainable Development Goals)』（図 7）に向けたパラダイムシフトとイノベーションをもたらす社会エコシステムであるバイオミメティクスを確立するためには，生物科学，材料科学，機械工学，建築学，都市工学，情報科学，環境科学，経済学，社会学，芸術などの諸科学間の異分野連携，産官学連携，地域連携，国際連携など，さまざまなステークホルダーのためのプラットフォームの開発がますます重要になってくる．

◆ 文 献 ◆

[1] NEDO 平成 21 年度成果報告書　次世代バイオミメティク材料・技術に係わる調査 http://www.nedo.go.jp/library/seika/shosai_201010/20100000001708.html

[2] 下村政嗣，生物の多様性に学ぶ新世代バイオミメティック材料技術の新潮流，科学技術動向 110, p. 9 (2010).

[3] E.Snell-Rood, Nature 529, 277 (2016).

[4] 下澤楯夫，バイオミメティクスのすゝめ，比較生理生化学誌，33 巻 (2016) 3 号 p. 98.

[5] A. L. Ingram, A. R. Parker, Philos. Trans. R. Soc., 363, 2465 (2008).

Chap 3

研究会・国際シンポジウムの紹介

下村　政嗣
（千歳科学技術大学理工学部）

❖バイオミメティクス推進協議会

　特定非営利活動法人バイオミメティクス推進協議会(図1)は，バイオミメティクスを推進するために2017年8月15日に設立した特定非営利活動法人である．バイオミメティクスは，生物模倣技術として古くから知られているが，現在，生物学と工学が融合した新たな技術開発のプラットフォームとして，ものづくりから環境設計まで幅広い分野で注目されている．文部科学省新学術領域研究「生物規範工学」プロジェクトにより，学術領域が体系化されことを機に，バイオミメティクスの産業展開を推進するための組織として発足した．本協議会は，バイオミメティクスの知識基盤を整備・運用し，産業界，教育機関，研究機関，行政機関および一般市民を対象に，人材育成，研究・開発を支援する事業を行い，環境共生型の社会基盤構築に寄与することを目的としている．バイオミメティクスは，生物の構造やプロセス模倣からスタートしたが，現在は，環境にやさしく持続的成長に貢献できる技術として着目され始めていることから，本協議会の英語名称「Biomimetics Network Japan」が示すように，国内での中核組織になることをめざしている．

　当協議会の主たる活動は次のとおりである．

① 調査および研究
　国内外のバイオミメティクスの動向調査を行い情報提供するとともに，ホームページや出版物を通して情報を提供する．また，研究開発に役立つ発想支援ツールの運用を企画する．

② 研究開発支援
　バイオミメティクスの産業利用のための研究開発について，コンサルティングを含めた支援活動を行う．また，国際標準化の普及と事業での活用ついての支援を行う．

図1　特定非営利活動法人バイオミメティクス推進協議会
http://www.biomimetics.or.jp/index.html

ロゴデザイン：アキタマイ

| Part I | 基礎概念と研究現場 |

③ 人材育成

研究者や事業企画を担当する企業のスタッフとのネットワークを構築するとともに，バイオミメティクスに関する講演会・講座を通して，人材育成を図る.

④ その他

持続可能性な社会実現のために，バイオミメティクスを社会環境整備や街づくりなどに適用するための啓蒙活動を行う.

❖バイオミメティクスを後押しする国際シンポジウム

(1) 材料プロセシングにフォーカスした BMMP

今世紀初頭からの，バイオミメティクスのルネサンスともいうべき世界潮流とも相まって，わが国においても国際シンポジウムが開催され，研究会やアウトリーチ活動が盛んになっている. 超撥水材料の開発で著名な高井治先生(現・関東学院大学教授)は，名古屋大学在職中の 2001 年より毎年, International Symposium on Biomimetic Materials Processing：BMMP を開催している. 生体材料が自己組織化プロセスで形成されることに着目し，『バイオミメティック材料プロセシング』にフォーカスした画期的な国際シンポジウムである.

一方，欧米におけるバイオミメティクスの新潮流勃興の背景には，"自然史学とナノテクノロジーのコラボレーション"に象徴される学際融合に基づく新しい学問体系の構築があり，それは，生産技術のパラダイムシフトとそれに基づく省エネルギー・省資源型モノつくりへの技術革新をもたらすものとして産業界からも注目されている.

(2) エンジニアリング・ネオバイオミメティクスに関する国際シンポジウム

海外におけるバイオミメティクス研究の現状を紹介し，わが国の学問体系や産業構造が内包する解決すべき課題について議論するとともに，生物学者，工学者，企業の研究・開発者の交流とコラボレーションの場として，2009 年 10 月 1 日，産

業技術総合研究所，東北大学多元物質科学研究所・原子分子材料高等研究機構，九州大学先導物質化学研究所，北海道大学電子科学研究所，科学技術振興機構 CREST，新エネルギー・産業技術総合開発機構の共催のもと，産業技術総合研究所臨海副都心センターにおいて International Symposium on Engineering Neo-Biomimetics –Toward Paradigm Shift for Innovation– が開催された.

(3) アジアにおける国際共同シンポジウム ISNIT

2014 年 2 月 12 日に北海道大学で開催した，Joint International Symposium on "Nature-Inspired Technology(ISNIT)2014" and "Engineering Neo-Biomimetics V" は，韓国において 10 年来の開催実績がある ISNIT との共同事業で，アジアにおける国際共同の第一歩となる記念すべき会合であった. フランス Senlis 市において CEEBIOS(Centre Européen d'Excellence en Biomimétisme de Senlis)の設立に貢献した Francis Pruche 元副市長の名誉講演は，ヨーロッパおけるバイオミメティクス研究開発がスピード感をもって産学官の連携のもとに強力に推進されている模様を紹介したものであり，わが国のバイオミメティクス推進の参考になるとともに，本分野における日仏連携の契機となった.

(4) 琵琶湖で開催されたエンジニアリング・ネオバイオミメティクス

2015 年 10 月には，京都で催された国際標準化 ISO TC266 Biomimetics 国際委員会に引き続いて，Engineering Neo-Biomimetics VI and Satellite Workshop at Lake Biwa を島津製作所三条工場内新本館セミナーホールにおいて開催した. 田中耕一氏から挨拶をいただいたのち，イギリス，ドイツ，フランス，ベルギー，チェコ，イスラエルから，バイオミメティクス研究の社会実装へ向けた取組みが紹介された. 翌日のサテライトワークショップでは，バイオミメティクスにとって生物資源の収集や保全は不可欠であるとの観点から，

Chap 3 研究会・国際シンポジウムの紹介

写真1 第6回 NaBIS（2017）で若手研究者と議論するTom McCarthy教授

写真2 第5回 NaBIS（2016）で講演するLei Jiang（江雷）教授

滋賀県立琵琶湖博物館を見学し，その後，自然資本経営の先進企業である"たねやグループ"の"ラコリーナ近江八幡"に場所を移して，バイオミメティクスにおける生物学と工学の連携と産業化をテーマに議論を行った．

(5) 表面・界面をテーマとしたNaBIS

また，バイオミメティクスにおいては表面・界面が重要な役割を担うことから，表面・界面に関する幅広い議論を目的として，産業技術総合研究所の穂積篤研究グループ長を中心にして2012年から毎年，Nagoya Biomimetics International Symposium（NaBIS）が開催されている．濡れ性研究の大家であるマサチューセッツ大学のTom McCarthy教授（**写真1**）や，超撥水材料のトップランナーである中国科学院のLei Jiang（江雷）教授（**写真2**）にチュートリアルをお願いすることで，国際交流を通じた若手研究者の育成にも貢献している．

CSJ Current Review

Part II

研究最前線

Part II 研究最前線

Chap 1

バイオミメティクス画像検索:
情報科学が繋ぐ博物学とナノテクノロジー

Biomimetics Image Retrieval: New Information Science Research Associating Natural History with Nano Technologies

長谷山美紀
(北海道大学大学院情報科学研究科)

Overview

本章では,大量の生物画像を活用することで,従来のクエリ検索の限界を超え,モノづくりの発想を支援する新しい仕組みである,バイオミメティクス画像検索について紹介する.バイオミメティクス画像検索は,適切なクエリを入力できなくとも,望む情報を獲得可能とする発想支援型検索の応用により実現されている.データベースに蓄積された生物や材料の走査型電子顕微鏡画像を可視化し,生物や材料の表面構造の共通性を発見可能とする検索を実現することで,モノづくりに役立つ生物の情報を入手することを想定して構築されている.バイオミメティクス画像検索は,画像の類似性によって生物と材料というまったく別のものを関連付けすることで,これまで困難とされてきた異分野連携を実現する一つの方法と位置付けられる.

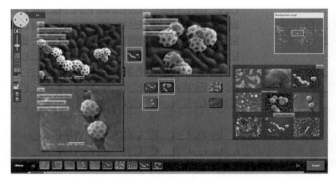

▲バイオミメティクス画像検索[カラー口絵参照]
発想支援型検索に基づき,生物や材料の表面構造に共通性を発見し,モノづくりに役立つ生物の情報を入手する.

■ **KEYWORD** 📖マークは用語解説参照

- ■バイオミメティクス (biomimetics)
- ■走査型電子顕微鏡 (scanning electron microscope:SEM)
- ■サブセルラー・サイズ構造 (subcellular sized structure)
- ■新材料開発 (new material development)
- ■革新的デバイス開発 (innovative device development)
- ■発想支援型検索 (associative image search) 📖

はじめに

"バイオミメティクス(Biomimetics)という言葉は「生物模倣技術」と訳されている。しかし単に生物を真似たモノを作り出す技術ではなく、生物の生きる仕組みを解明し、その原理をヒトの技術へ転化する科学分野のことである[1]。"

上の定義に従うと、バイオミメティクスは、「生物の生きる仕組みを解明する」ことと、その原理を「ヒトの技術へ転化する」ことの二つの過程から成り立つ。前者を生物学とすると、後者はモノづくりの分野、工学であり、両者の連携により新しい科学分野、バイオミメティクスが生み出されることになる。バイオミメティクスの発展のカギは、異分野連携にあるといえる。異分野連携のためには、たがいの知識の習得が必須である。しかしながら、連携のために必要とされる生物の知識は、その多様性ゆえに容易に習得できるものではない。現在までに、バイオミメティクスの優れた製品や技術が輩出されたが、それが継続的なものとなるためには、モノづくりに役立つ生物の情報を入手する仕組みが必要である。

「バイオミメティクス画像検索」は、画像の類似性によって生物と材料というまったく別のものを関連付けすることで、モノづくりに役立つ生物の情報を入手可能とする仕組みである*。以降では、モノづくりに役立つ生物の情報をいかにして入手するか、その着想と実現された仕組みについて紹介する。

1 情報検索とバイオミメティクス

大量に蓄積されたデジタルデータから望む情報を検索するために、情報科学の分野ではさまざまな研究が行われてきた。このような大量データは『ビッグデータ』とよばれ、"事業に役立つ知見を導出するためのデータ"[2]として注目された。そのため、実用化が加速し、現在では日常的に検索サービスが利用されている[3]。

現状の検索サービスは、ユーザーがクエリ (query：質問)とよばれるキーワードや画像を検索の手がかりとして入力し、検索結果を得る。このような方法は、大量のデータのなかからクエリに合致した情報を簡便に知ることができ、優れた方法といえる。一方で、ユーザーが適切なクエリを入力できない場合、このような検索サービスを用いても望む情報は得られない[4]。しかしながら、日常生活では便利さが勝り大きな問題にはならない。ところが、本書のタイトルである『持続可能性社会を拓くバイオミメティクス：生物学と工学が築く材料科学』を目指す読者にとって、新材料を生み出すための「情報」検索、つまり「ヒント」を見つける場合には、これが大きな問題となる。

現状の検索技術を用いても、モノづくりに役立つ生物の情報を入手することが困難な問題を具体的に整理すると、以下の二つに大別される。

【問題(1)】 検索クエリの選択の困難さ

① 現状の検索技術の限界：先に述べたように、現状の検索技術は、データのなかからクエリに合致する「情報」を探し出し、提示する技術である。世の中に存在しない「新材料」を表す(もしくは、それに関係する)クエリをユーザーが想起することは難しい(不可能に近い)。

② 異分野連携における専門用語の障壁：生物の情報を検索するためには、生物学の専門用語をクエリとして入力する必要がある。モノづくりに役立つ生物の情報検索を行う工学者が、生物学の専門用語をクエリとして想起することは難しい。

【問題(2)】 モノづくりに役立つ生物データベースの必要性

現状の検索技術は、検索対象となるデータベースのなかからクエリに合致する情報を探し出す技術である。世の中にいまだ存在しない「新材料」の情報を含む生物データベースとして、どのようなものを利用すべきかを検討する必要がある。

筆者を含む研究グループは、上の二つの問題を解決し、モノづくりに有益な生物情報を探し出すための仕組みとして、画像検索(以降、バイオミメティクス画像検索[5])を実現した。問題解決の着想について、以下に説明する。

---

*バイオミメティクス画像検索に関する研究の一部は、『生物多様性を規範とする革新的材料技術』〔科学研究費補助金新学術領域研究(研究領域提案型)〕により行われた。

2 問題解決の着想－情報科学が博物学とナノテクノロジーを繋ぐ

2-1 気付きを生み出す発想支援型検索

先に述べたように，現状の検索は，データベースのなかからクエリに合致する「情報」を簡便に探し出すための技術であり，世の中に存在しない新しい発見のための情報を探し出すことは大変難しい．このような問題は，インターネットだけでなく，あらゆる場所でデジタルデータが蓄積される現代に，従来とは異なる検索のニーズが生まれたことで，顕在化したものと考えられる．実際に，IT関連の大手市場調査会社インターナショナル・データ・コーポレーション(IDC)の調査報告にも，「必要な情報を見つけ出すための新しい検索・発見のツールが必要である」と述べられている[6]．

筆者はこの問題の解決に早期に取り組み，さまざまな研究を行ってきた[4,7,8]．研究の全体を一言で表現すると，大量のデータから必要な情報を発見するための可視化理論の構築であり，代表的な手法として発想支援型検索があげられる．発想支援型検索は，画像の類似性に基づき，自動で類似画像を近傍に配置し，大量の画像を一度に見られるように可視化することを可能とする．この可視化により，ユーザーが適切なクエリを入力できない場合においても，蓄積された大量の画像全体を俯瞰し，望む画像を効率的に見つけ出すことができる[7]．

発想支援型検索に基づき実現されたImage Cruiser[9]の可視化の様子を図1-1に示す．図では，3万6,000枚の画像データベースを用いており，中央は二次元配置の様子を示し，右手前には代表画像のみを三次元に配置した様子を示している．類似画像を近傍に配置することで，画像データベースの全体を俯瞰でき，適切なクエリを入力できない場合においても，望む画像が含まれる画像群を見つけることで，その入手が可能となる様子が理解できる．

上の発想支援型検索[4,7,8]に基づき，バイオミメティクス画像検索が実現されている．生物学の専門用語に精通していないユーザーが適切なクエリを入力できなくとも，画像データベースの可視化により，望む画像を獲得できる[5]．望む情報を入手するために広く検索エンジンが使われているが，モノづくりのために生物画像を検索するエンジンの実現は，世界初の試みといえる．

2-2 生物顕微鏡画像データベース

走査電子顕微鏡(scanning electron microscope：SEM)の普及に伴い，昆虫や魚類，鳥類などの表面に形成されたサブセルラー・サイズ構造(細胞内部や表面に形成される数百nm～数μmの構造)の観

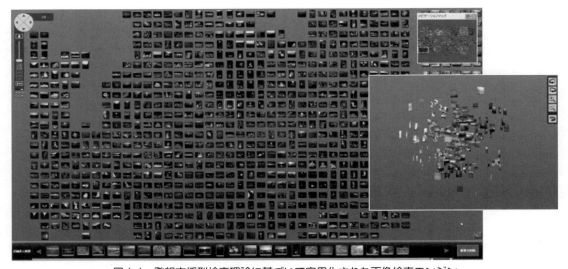

図1-1 発想支援型検索理論に基づいて実用化された画像検索エンジン
ImageCruiser[文献[7]より抜粋]

察が可能となった[10,11]．例として，大量の生物の標本と情報を蓄積している博物館が，SEMにより生物の表面構造を観察している[12]．顕微鏡像の観察を通して，生物がもつ固有の機能が発現する特徴的な構造を探し出すことができれば，機能発現のメカニズムを物理化学的に解明し，類似のナノ・マイクロ構造を人工的に実現することで，新材料開発や革新的デバイス開発に大きな前進が期待できる．

上で述べた問題解決の発想により，バイオミメティクス画像検索基盤が実現された．以下に，検索基盤が備える機能について具体的に説明する．また，博物館が所蔵する生物の表面構造を観察したSEM画像データベースに適用して得られた検索結果を考察し，発見のツールとしての可能性について議論する．

3 バイオミメティクス画像検索基盤

3-1 バイオミメティクス画像検索の機能

バイオミメティクス画像検索は，生物学者により蓄積された大量の生物画像を活用することで，従来のクエリ検索の限界を超え，モノづくりの発想を支援する新しい仕組みである．本検索によって，生物学者だけでなく，生物学の知識が豊富でない技術者なども，技術開発やモノづくりの現場で得られた画像をクエリとすることで，生物の情報を入手することができる．現在の検索基盤には，昆虫や魚類，鳥類の表面をSEMで観察した59,698枚の画像が登録されている（国立科学博物館 野村周平研究主幹・篠原現人研究主幹・松浦啓一名誉研究員，山階鳥類研究所 山崎剛史研究員提供）．登録された画像のなかから，コウチュウ目のSEM画像1,167枚を選択し，データベースとして用いた様子を図1-2(a)に示す．図1-2(a)より，画像データベース全体が俯瞰可能となる様子を確認できる．本検索基盤に

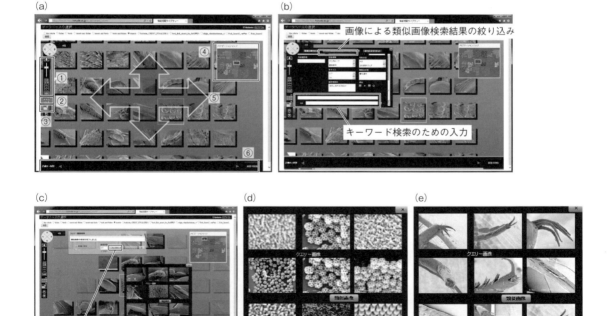

図1-2 バイオミメティクス画像検索基盤のインタフェースと各機能
(a)検索インタフェース，(b)キーワード検索機能，(c)類似画像検索機能，(d)形状に注目した画像検索結果，(e)模様に注目した画像検索結果〔文献[13]より引用，一部編集〕

41

| Part II | 研究最前線 |

は，下の①〜⑥の機能が実装されている．番号は，図1-2(a)中の番号に対応している．

①画面の中の画像の拡縮

②キーワード検索

③画像による類似画像検索

④画像データベース全体における画面の位置の確認

⑤画像データベース全体の表示画面をドラッグ操作で移動

⑥画像の閲覧履歴を確認

以上の機能のなかで，②は，従来の検索サービスと同様のキーワード検索機能である．②をクリックすると画面〔図1-2(b)〕が表示され，キーワードを入力することで，それに合致する生物の画像を検索できる．また，SEM画像をクリックすることで，撮像対象の生物の情報も閲覧できる．

以上の機能のなかで，とくに重要な「画像による類似画像検索機能」を説明する．図1-2(a)の③をクリックすると，図1-2(c)に示される質問画像のアップロード画面が表示され，利用者のPC上の画像を選択すると，類似画像検索結果が得られる．本検索基盤には，検索の目的に応じて選択可能な2種類の画像特徴量が準備されている．各特徴量を用いた検索結果の例を，図1-2(d)および(e)に示す．9枚の画像の中央に表示されている画像が，利用者によってアップロードされたクエリであり，その周囲に表示されている8枚の画像が類似画像検索結果である．(d)と(e)を比較すると，(d)の特徴量は撮像対象の形状に，(e)の特徴量は撮像対象の模様に注目した検索に適していることがわかる．このようにして本検索基盤では，注目する表面構造に応じて有効な特徴量を選択することができる．この類似画像検索機能を材料科学者が利用すれば，自身が開発する材料の表面構造と類似した構造をもつ生物を効率的に探し出し，その生物の生態環境や固有の性質を通して，材料開発に新たな発想が期待できる．

バイオミメティクス画像検索基盤は，以下のURLで研究者向けに公開されている．

https://bmireng.ist.hokudai.ac.jp/

3-2　検索結果の考察(1)：類似した形状の昆虫の発見

バイオミメティクス画像検索によって，実際に生物と材料との間に類似性が発見された例を図1-3に示す．なお，用いた画像データベースには，昆虫の表面のサブセルラー・サイズ構造を観察した4,971枚のSEM画像が含まれている．また，検索には図1-2(e)と同様に，模様に注目した画像特徴量を用いた．

図1-3の検索には，コロイド粒子が規則配列したフォトニック結晶のSEM画像(物質・材料研究機構　不動寺浩グループリーダー提供)をクエリ〔図1-3(a)〕として用いた．以下に，検索結果を考察する．

【考察1】　シェーンヘルホウセキゾウムシ(コウチュウ目ゾウムシ科)のSEM画像〔図1-3(b)〕が，類似画像検索結果として得られた．図1-3(b)のゾウムシに見られる構造色の発色部位の表面構造が，図1-3(a)のフォトニック結晶の表面構造と類似している．ゾウムシの体表には，構造色を発色するフォトニック結晶が多く発見されていることから，検索結果の妥当性が理解できる．

【考察2】　類似画像検索結果として，ミヤコニイニイおよびツクツクホウシ(カメムシ目セミ科)の翅膜面に見られるナノパイル構造を観察したSEM画像〔図1-3(c)，(d)〕が得られた．ゾウムシのフォトニック結晶構造は「構造色の発色」の機能をもたらし，一方，ミヤコニイニイおよびツクツクホウシのナノパイル構造は「光透過」，「低反射」，「超撥水」，「低摩擦」などの機能をもたらす．サブセルラー構造に画像上の類似性が存在しながら，異なる機能を保持する組合せの発見に，生物学者と材料科学者の双方に，共通の機能創発の可能性が示唆される．

【考察3】　類似画像検索結果として，アサギマダラ(チョウ目タテハチョウ科)の翅表面の鱗粉配列を観察したSEM画像〔図1-3(e)〕が得られた．アサギマダラの鱗粉配列は，ほかとはまったく異なるスケールの繰返し構造でありながら，画像上の類似性が存在している．この類似性が，偶発的なものであるか否か，その所在を分析することで，新たな発見が期

Chap.1 バイオミメティクス画像検索:情報科学が繋ぐ博物学とナノテクノロジー

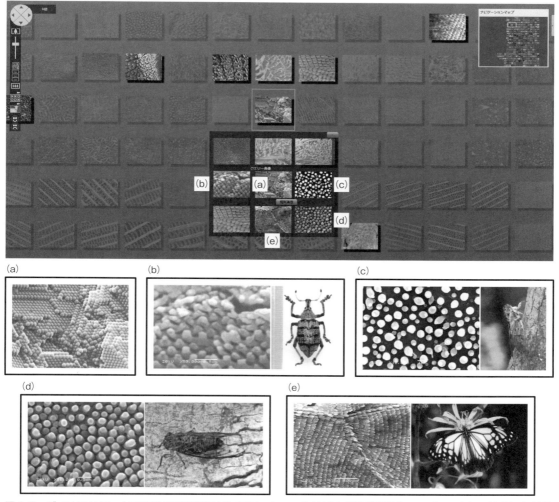

図1-3 バイオミメティクス画像検索基盤に対してフォトニック結晶のSEM画像をアップロードし,検索した結果
(a)フォトニック結晶,(b)シェーンヘルホウセキゾウムシ(コウチュウ目ゾウムシ科)(右)とそのSEM画像(部位:左前脚脛節鱗片,倍率:50,000倍)(左),(c)ミヤコニイニイ(カメムシ目セミ科)(右)とそのSEM画像(部位:右前翅背面,倍率:10,000倍)(左),(d)ツクツクホウシ(カメムシ目セミ科)(右)とそのSEM画像(部位:右後翅背面,倍率:30,000倍)(左),(e)アサギマダラ(チョウ目タテハチョウ科)(右)とそのSEM画像(部位:右前後翅背面,倍率:50倍)(左)[文献[14]より引用,一部編集]

待できる.

3-3 検索結果の考察(2):生物と材料の類似性の発見

図1-4に,バイオミメティクス画像検索を用いて,魚類1,713枚と昆虫609枚のSEM画像に,金属表面を観察したSEM画像1枚を加えた画像データベースを検索した結果を示す.図1-4(a)は,金属表面を観察したSEM画像である.(a)の類似画像が,その近傍に表示されている.図1-4(b)は,イシダイの体側中央付近(観察倍率:150倍),(c)はメガネハギの体側後方(尾柄部より少し前,150倍),(d)はカワヨウジの右体側中央付近(700倍)の体表を観察したSEM画像である.また,(e)は,チャイロカナブンの左後翅背面先端部(10,000倍)を観察したSEM画像である.図1-4(b)〜(e)は,その滑らかな表面と突起模様が(a)と類似しているため,近傍に配置された.

以上より,バイオミメティクス画像検索によって,異なる生物や材料であっても,表面構造が類似する

| Part II | 研究最前線 |

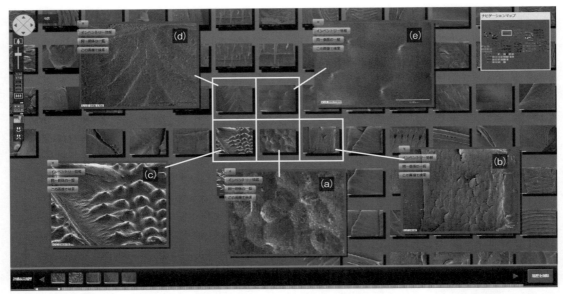

図1-4 バイオミメティクスデータ画像検索エンジンによる生物と金属加工面の間に存在する類似性の発見の例
[文献[15]より引用，一部編集]

SEM画像を見つけ出すことが可能であり，その類似性を観察することで，表面構造から生まれる機能を発見できる可能性があることが確認された．また，バイオミメティクス画像検索では，SEM画像の撮像生物について，サイズや撮像部位などのインベントリ情報に加えて，生態に関する情報が登録されている．この情報には，たとえば，砂泥底に生息することや，高速遊泳，伸びる皮膚，吸着などの特徴が記録されており，表面構造が類似する生物の生態の情報からも，モノづくりの発想が期待できる．

以上，バイオミメティクス画像検索を利用することで，生物と材料の表面構造に類似性を発見した例を示した．これにより，材料科学者が自身の開発する材料の表面構造と類似した構造をもつ生物を探し出し，その生物固有の機能を分析すれば，材料開発に新たな発想が期待できる．

4 まとめと今後の展望

本章では，モノづくりに役立つ生物の情報を獲得するために実現された，バイオミメティクス画像検索について紹介した．生物表面を観察したSEM画像データベースを用いて実際に行われた検索結果を示し，類似画像検索を通して生まれる発見の可能性について議論した．とくに，本検索基盤が備える画像による類似画像検索機能を用いれば，材料科学者が開発する材料の表面構造と類似した構造をもつ生物を探し出すことができ，材料開発に新たな発想が期待できる．

バイオミメティクス画像検索は，大量の生物画像からモノづくりに役立つ情報を見つける仕組みであり，画像の類似性によって生物と材料というまったく別のものを関連付けできる．これは，これまで困難とされてきた異分野連携を実現する一つの方法と考えられる．現代社会で解決を望む問題は複雑さを増し，問題の所在さえ見え難い現状で，個別の研究分野の知識では，解決方策を見いだすにも限界がある．自然界には進化の証拠が満ち溢れており，さまざまな機能をもった多様な生物が存在している[1]．生物が何を教えてくれるかは，われわれがどのようにして学ぶかにかかっている．

◆ 文献 ◆

[1] 下澤楯夫, 比較生理生化学, **33**, 98 (2016).
[2] 平成24年版 情報通信白書 第1部 特集 第1節

(1) ビッグデータとは何か http://www.soumu. go.jp/johotsusintokei/whitepaper/ja/h24/html/ nc121410.html

[3] 平成 28 年版 情報通信白書 第 1 部 第 3 章 第 2 節 (2) 各種 ICT サービスの利用率 http://www.soumu. go.jp/johotsusintokei/whitepaper/ja/h28/pdf/ n3200000.pdf,「情報検索について，各国ともほぼ 8 割以上の利用率があり，インターネット利用と一体に近い水準で利用されている」ことが報告された．

[4] M. Haseyama, T. Ogawa, N. Yagi, *ITE Transactions on Media Technology and Applications*, 1, 2 (2013).

[5] M. Haseyama, T. Ogawa, S. Takahashi, S. Nomura, M. Shimomura, *IEICE Trans. Inf. Syst.*, **E100-D**, 1563 (2017).

[6] J. Gantz, D. Reinsel, "The digital universe decade, Are you ready?," *IDC iView*, (2010).

[7] 長谷山美紀，電子情報通信学会誌，**93**, 764 (2010).

[8] M. Haseyama, T. Ogawa, *Int. J. Hum. Comput. Interact.*, 29, 96 (2013).

[9] M. Haseyama, T. Murata, H. Ukawa, *IEEE International Symposium on Consumer Electronics*, **2009**, 851 (2009).

[10] M. Shimomura, *Quarterly review*, **37**, 53 (2010).

[11] M. Shimomura, "Design for Innovative Value Towards a Sustainable Society," ed by M. Matsumoto, Y. Umeda, K. Masui, S. Fukushige, Springer-Verlag (2012), p. 905.

[12] 長谷山美紀，野村周平，『生物模倣技術と新材料・新製品開発への応用』，文部科学省 科学研究費新学術領域「生物規範工学」，高分子学会 バイオミメティクス研究会，エアロアクアバイオメカニズム学会 監修，技術情報協会 (2014), p. 683.

[13] 長谷山美紀，第 65 回高分子討論会，**65**, 1U12 (2016).

[14] 長谷山美紀，化学経済，**63**, 42 (2016).

[15] 長谷山美紀，可視化情報，**37**, 24 (2017).

+COLUMN+

★いま一番気になっている研究者

Julian Vincent
（イギリス・バース大学 名誉教授）

山内　健
（新潟大学工学部）

　Vincent 名誉教授は，イギリスのレディング大学およびバース大学でバイオミメティクスに関するセンターを主宰してきたこの分野の第一人者で，2000 年にバイオ TRIZ という生物機能を工学技術に移転するための画期的な発想支援法を生み出している．これは工学特許が 40 の基本原理から成り立っているという革新的問題解決法（TRIZ）に生物の仕組みを取り入れた画期的なバイオミメティクス製品の開発手法である．ここ数年は，情報科学におけるオントロジーという技術を活用して，バイオ TRIZ を基軸とした生き物の機能を繋ぐデータベースを構築している．このデータベースは，生物学，工学，医学，農学，社会科学など多岐の分野におけるバイオミメティクスに関する幅広い知識を紐付けして，さまざまな単語からバイオミメティクスに関する知識を芋づる式に引き出せる仕組みになっており，まさしく Vincent 教授の頭脳のデータベース化といえる．今後，ビッグデータや IOT と繋がることで，このデータベースがバイオミメティクスの発展に寄与すると期待している．

J. F. V. Vincent, *An Ontology of Biomimetics, Biologically Inspired Design: Computational Methods and Tools*, ed by R. B. Stone, A. K. Goel, D. A. McAdams, Springer-Verlag（2014）, p. 269.

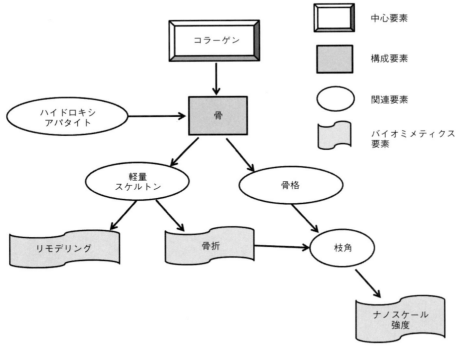

▲図・コラーゲンについてバイオミメティクス用語を関連づけたオントロジーの一例

Chap 2

生物体表面のトライボロジー特性と摩擦力測定

Tribological Properties of Living Organism Surfaces and Their Friction Measurements

平井 悠司
（千歳科学技術大学理工学部）

Overview

摩擦はエネルギーのロスや部材の摩耗による損傷など，現代社会においてもいまだに大きな課題としてあげられる現象である．それは原子レベルでの凹凸が影響したり，擦れ合う材料の違いによっても影響を受けるきわめて複雑な現象だからである．一方で，摩擦は生物にとっても身近な現象であり，われわれが動く際にも摩擦を利用して進んでいる（摩擦がなければそもそも動けない）．しかしながら，高摩擦な状態では摩耗による損傷が発生してしまうため，生物にとっても困った問題である．そこで本章では，最近の研究動向の概略について述べた後，実際に身近な昆虫の摩擦特性を調べた結果について紹介する．

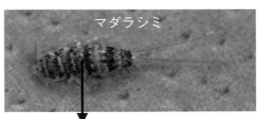
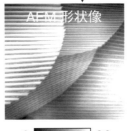
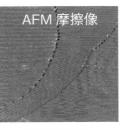

▲マダラシミの写真とその表面の原子間力顕微鏡形状像および摩擦像［カラー口絵参照］

■ KEYWORD 📖マークは用語解説参照

- ■トライボロジー（tribology）
- ■摩擦（friction）
- ■マダラシミ（firebrat）
- ■セイヨウシミ（silverfish）
- ■微細構造（microstructure）
- ■原子間力顕微鏡（atomic force microscopy, AFM）📖
- ■電子顕微鏡（scanning electron microscopy, SEM）
- ■コロイダルプローブ（colloidal probe）

はじめに

「摩擦」と聞くと，一般的には「ロス」のイメージをもつことが多いだろう．実際，車のエンジンで発生するエネルギーの15％は，摩擦によって失われていると試算されている[1]．さらに摩擦は摩耗を生じさせ，部材の劣化も引き起こす．自動車などの機械ではもちろん，生体内に埋め込む人工関節などでは動きによって発生する摩擦で人工関節材料が摩耗し，発生した摩耗粉がアレルギーの原因となってしまうこともある[2]．このように摩擦は，機械産業から医療材料に至るまで，さまざまな分野で課題となることが多い現象である．

摩擦に関しては古くから研究されており，一般的に摩擦の関係を表す法則として，Amonton=Coulomb（アモントン＝クーロン）の法則がある[3]．その法則のなかには，「摩擦力は見かけ上の接触面積によらない」や「垂直荷重に比例する」という項目がある．固体が接触している場合，Barden-Taborによれば摩擦は触れている物質どうしが凝着を起こし，その凝着を破壊するときに必要なエネルギーだといわれている．したがって，摩擦は触れているように見える面積には影響されず，実際に原子レベルで触れ合っている「真実接触面積」が影響する．また垂直荷重は凝着力を増加させるように働くため，摩擦は垂直荷重に比例することとなる．さらに真実接触面積が垂直荷重によって増減する効果もある．なぜ垂直荷重が増えると真実接触面積が増えるのか．それは，実際に物質どうしが触れている部分は見かけ上の接触部位よりもきわめて微小な領域（原子レベル）であり，垂直荷重が増えると触れている材料どうしのうち，相対的に柔らかい部材の表面が変形し，接触面積が増えるからである．よって，摩擦を低減させるためには，凝着部位を減らすことが基本であり，現実的には擦れる物質どうしの凝着力を減らすために接触面積を小さくする，固体の組合せを変えるなどがなされている．固体潤滑剤といわれる二硫化モリブデンやグラファイトのような，容易に層間剥離を起こす層状構造物を使用することもある．

近年では，微細構造により摩擦を低減させようとする試みも注目を集めている[4,5]．電子線やレーザーを使ったリソグラフィ技術などの手法が格段に進歩し，さまざまな材料表面を精密に微細加工することが可能となり，微細加工した表面における摩擦に関する研究が多数報告されている[6]．それでは，どのような微細構造が摩擦に対して効果が出るのか，その答えはいまだ出ていない．そこで着目されているのが生物の体表である[7]．摩擦という現象は生物にとっても重要な現象であり，摩擦によって発生する摩耗は体表が傷つく原因となるため，大きな課題でもある．そこで本章では，生物の摩擦制御表面について紹介するとともに，生物表面の摩擦力の測定例についても紹介する．

1 生物の摩擦制御表面

摩擦が強く生体に影響している生物として，ヘビがあげられる．ヘビは進化の過程で脚を失い，這うようにして進むため，腹部は常に物体に接触，摩擦や摩耗が生じていると考えられる．摩擦がまったくなければ進むこともできないが，摩擦が大きいと体表が削れてしまうため適切な調節の仕組みがあるはずである．そのことに注目し，ドイツ・キール大学のS. N. Gorb教授らのグループは，ヘビの体表を電子顕微鏡で観察，またさまざまな粗さの違う紙やすりで擦り，体表のどの部分にどの程度の摩擦が発生しているかを調査した[8]．その結果，ヘビの体表には微細構造が観察され，腹面とそれ以外では構造が違うことがわかった．腹面以外には長軸径約700 nm，短軸径約300 nmのディンプル様の溝がおおよそ100 nmの間隔をもって配列しているのに対し，腹面は長軸径約250 nm，短軸径約100 nmのディンプル様の溝がおおよそ230～330 nmの間隔をもって配列しているなど，明らかに溝構造は小さく，構造間隔も広かった〔図2-1（a，b）〕．さらに摩擦力測定の結果，腹面は側面や上面よりも摩擦が低く，おおよそ6割程度であったことから，ヘビの腹面はその他の部位と比べて摩擦力が低くなっており，摩擦と微細構造には関係性があることを明らかにした．

そのほかにもGorb教授らのグループは，生物の摩擦特性について報告している．対象の生物は，わ

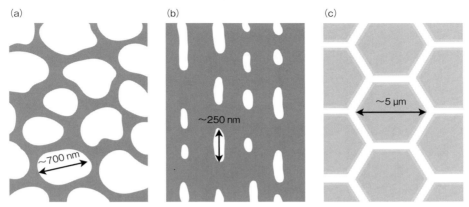

図2-1 （a）ヘビの側面および（b）腹面，（c）キリギリスの脚先パッドの模式図

れわれの身近なところにいるキリギリスである[9]．昆虫などの脚先には，吸着するためのセタとよばれる細い毛が高密度で生えていることがよく知られている[10]．またキリギリスでは，セタ以外にもフラットなパッド構造をもっている．キリギリスの脚先には，直径数μm程度の六角形パッドが配列した特徴的な構造がある〔図2-1（c）〕．Gorb教授らはその摩擦力を測定するために，シリコン樹脂で同様の構造を作製し，特性評価を行った．その結果，表面が乾燥している状態では微細構造があることで摩擦力が平均的に低くなり，さらに安定していることを明らかにした．通常乾燥状態で何か物を引きずると，スティック・スリップ現象とよばれる，静摩擦状態と動摩擦状態（滑り）が周期的に起こる．この現象は，机などを引きずる際に体感することができる．スティック・スリップ現象を，キリギリスは脚先に形成している六角形パターン構造で防いでいるのである．実際にはスティック・スリップ現象は発生しているのだが，それぞれの細かい六角形パッド上で独立してばらばらのタイミングで発生している．静摩擦状態と動摩擦状態のパッドが同時に存在するため，結果，脚先全体としては摩擦力が平均化されてスティック・スリップ現象が起きていないように振る舞うのである．さらに濡れた表面も，平滑な表面と比べて有効な摩擦特性をもっている．通常濡れた表面は，物体間に存在する水が潤滑剤として働き，滑りが生じる．ハイドロプレーニング現象とよばれる

状態である．しかしながらキリギリスの脚先に形成した六角形パターン構造には，それぞれの六角形パッドの間に溝があり，その溝が排出溝として働くために脚先と路面の間の水を排出し，しっかりと路面に触れることで摩擦力を生み出すことを可能としている．これは，車のタイヤの表面に付けられている溝パターンと同じ効果である．さまざまな路面で安定した摩擦力を生み出すために，生物も人工物も同じような「進化」をしていたといえる．

このように，生物の表面にはそれぞれの目的に応じた摩擦制御表面があり，本章では微細構造に由来する摩擦特性表面について簡単に紹介した．身近な生物でもいまだに知られていない機能は多く，新たな発見の可能性も十分に考えられる．その一例として，微小昆虫の表面構造と摩擦特性について述べる．

2 生物の直接的な特性評価の困難さ

われわれは身近な昆虫として，紙魚（シミ）に注目した[11]．シミは脱皮を繰り返すが，その成長過程で翅を一切もたない無翅類であり，現在の新しい住居ではほとんど見られなくなったが，古い建物などには今でも生息しており，本の糊面を食べてしまう害虫として知られている．昆虫学者の北海道大学総合博物館大原昌宏教授にセイヨウシミの写真と電子顕微鏡写真を見せて頂いたとき，違和感を覚えた．セイヨウシミは別名，シルバーフィッシュ（silver fish）とよばれており，見た目がキラキラしている．

| Part II | 研究最前線 |

キラキラしているということは金属のように反射率が高くなっているということであり，モルフォチョウが微細な構造で発色している構造色とよばれるものと同様に，微細な構造をもっていると想像される[12]．実際にセイヨウシミを電子顕微鏡で観察すると，セイヨウシミは全身を鱗片で覆われており，さらにその鱗片表面には光が干渉して呈色しやすい特徴的な数μmの溝構造が形成されていた．しかしながら，セイヨウシミは本や本棚の隙間といった狭い空間で生息しており，モルフォチョウのように光学的な特性は必要としないと考えられた．むしろ，シミは狭い空間で生息しているため，常に何かと体表が擦れていると予測されるので，これらの鱗片やその表面に形成している溝構造は摩擦特性をもっているのではないかと考え，その表面の摩擦力測定を行った．

しかしながら，セイヨウシミの摩擦特性評価に関する研究はすぐに頓挫した．セイヨウシミは野生の昆虫であり，実験で必要な新鮮なサンプルを必要数入手することができなかったからである．この点が生物の特性を評価する際に非常に重要な課題で，そのうえ生物には雌雄や個体差があり，またそのサンプルの鮮度，傷つき，汚れ具合などによっても測定結果にばらつきが出てしまう．もちろん Gorb 教授らのように人工材料でレプリカを作製して測定するという方法もあるが，予期せぬ因子が関わっている可能性も否定できず，できる限り生体を利用するほうが望ましい．そこでわれわれは，セイヨウシミと同種のマダラシミを研究対象とすることとした．マダラシミはかつて魚の餌として飼育・繁殖されていたこともあり，その飼育方法が確立されている．研究室で飼育・繁殖させることで，安定して新鮮なサンプルを得ることが可能であった．マダラシミはセイヨウシミと違い，見た目はキラキラしていなかったが，実際にマダラシミの表面を観察した結果，セイヨウシミと同じような鱗片や微細構造をもっていることが確認されたため，マダラシミの摩擦特性評価を行った．

③ マダラシミの表面構造解析

マダラシミの機能測定をするために，飼育している

マダラシミを冷蔵庫で 70 分間冷却した後，シャーレに酢酸エチルを入れ，再度冷蔵庫で 30 分間冷却し殺した．その後白金をマダラシミ表面にスパッタし，走査型電子顕微鏡を用いて観察した．図2-2 にマダラシミの写真とその電子顕微鏡像を示す．マダラシミはセイヨウシミとは違い，見た目にはキラキラしていないが，鱗片の表面にはセイヨウシミと同じように溝構造が形成していた．さらによく観察してみると，マダラシミの鱗片表面に形成している溝構造の周期が不均一であることがわかった．とくに頭部付近の溝周期はその他の部分と比べるとばらつきが大きく，溝の間隔も広めであった．多くの鱗片の溝周期を計測した結果，頭部付近は周期もそのばらつきも大きいが，尾に向けて周期もばらつきも小さくなっていた．その他にも特記すべき点として，頭部の鱗片はマダラシミの進行方向，つまり前方に向かって生えており，そのほかの部位においては尾の方向に向けて生えていた．前方に向かって生えていると，隙間に入る際に引っかかってしまうと考えられるので，何かほかに特別な理由があるのかもしれない．

次にマダラシミ体表面の摩擦測定を試みたが，一定荷重をかけて擦ることで摩擦力を測定する摩擦摩耗試験機では，荷重を少しかけただけでマダラシミが潰れてしまったために測定できなかった．そこで，原子間力顕微鏡（atomic force microscope，AFM）を用いて測定することとした．AFM は光テコの原理を使い，先端がナノスケールの鋭利な探針をもつカンチレバーでサンプル表面を走査していくことで表面の微細な凹凸を三次元的に計測する装置であるが，カンチレバーの「ねじれ」を利用することで，摩擦力も測定できる装置である[13]．さらに近年では，ナノスケールの鋭利な探針の代わりにマイクロスケールの粒子を取り付けた，微小球プローブというカンチレバーも市販されており，摩擦を測定する際の圧子（擦る物体）の大きさも変えることができる[14]．

われわれはマダラシミをシリコン基板に固定して体表をそのまま AFM で摩擦測定することで，鱗片の重なり合いが摩擦にどのように影響するかを調査

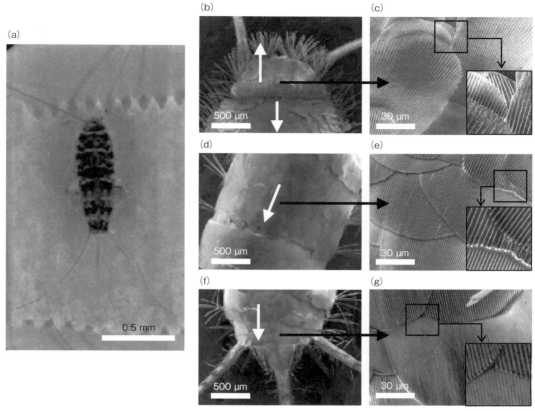

図2-2　(a)マダラシミの写真と(b-g)電子顕微鏡像
白い矢印は鱗片の生えている向きを表す.

した. さらに1枚の鱗片を剥がし取って摩擦力を測定することで, 局所的な微細構造と摩擦力の関係を明らかにした. 直接マダラシミ体表の摩擦力を測定する際, 先端の曲率半径が8 nmの単結晶シリコン製の針状プローブと, 直径5.0, 10, 20 μmのボロシリケイトガラス製の微小球プローブを使用した. また, 摩擦を測定する方向としては, 頭から尾に向けて, 尾から頭に向けて, さらに横方向の3方向から測定した. それぞれの方向で測定した結果を図2-3に示す. 摩擦力測定の結果, 頭から尾に向けて測定した際には鱗片と鱗片の境界で摩擦力が減少しており, その反対方向にプローブを走査させたときには摩擦力が増大していた (摩擦像においては摩擦力が低いほど図が黒くなり, 高くなるに従って白くなる). これは, 高い位置にある鱗片から低い位置にある鱗片に向けてプローブが移動するときはプローブが鱗片と触れない瞬間があるため摩擦力が低減し, 反対方向から測定すると鱗片と鱗片の境界でプローブが引っ掛かってしまうために摩擦力が増大したと考えられる. 一方, 横方向に走査した際には, 溝構造の頂点付近で摩擦力が増大, 溝構造が突起物として働くために摩擦力が大きくなる結果が得られた. さらに摩擦力測定ではもう一つの特徴が見られた. それはプローブの曲率半径が大きくなると, 鱗片境界で発生する摩擦力が小さくなっていることである. これは曲率半径が大きくなるとプローブ表面がより平面に近づくため, 微細な構造に接触することができなくなるため摩擦力が低減したと考えられる. このことは, 接触面積を低減させることで摩擦力を減らしている可能性を示唆しており, マダラシミなどが鱗片表面に溝構造を形成させている理由として考えられる.

次に鱗片1枚の，局所的な部位における摩擦力を測定した結果を図2-4に示す．このとき，マダラシミから鱗片1枚を剥離し，ポリビニルアルコール〔Poly(vinyl alcohol)，PVA〕でシリコン基板上に固定して測定した．鱗片単体時の摩擦力測定では溝の周期と触れる構造の大きさの関係性を調査するため，先ほどと同様の針状プローブで溝の詳細な構造を得るとともに，溝周期と同じような大きさの直径2.0，3.5，6.6 μmのポリスチレン(Polystyrene, PSt)製微小球プローブを利用した．その結果，まず形状像を見ると〔図2-4(a)-(d)〕，微小球プローブの直径が大きくなっていくと，溝構造の頂点部と底部の差が小さくなっていった(図の白い部分ほど相対的に位置が高く，黒い部分ほど位置が低いことを表している)．これは，微小球プローブが溝と溝の間に入り込めなくなっているためである．次に，摩擦像では周期2.0 μmの溝構造に対して微小球プローブの直径が小さくなっていくほど，摩擦力が高くなっていた〔図2-4(e)-(h)〕．これは溝周期と同等の微小球プローブの場合では溝にはまり込み，プローブと溝との接触面積が大きくなったため摩擦力も高くなったためと考えられる．一方，溝周期より大きい微小球プローブでは溝に入り込めず溝の頂点部に乗っているような状態になるため，接触面積も小さく，摩擦力も低くなったと考えられる．このように溝構造があることで，全体としては外界との接触面積を低減させ摩擦力を低くしていると考えられるが，場合によっては摩擦力が高くなってしまう可

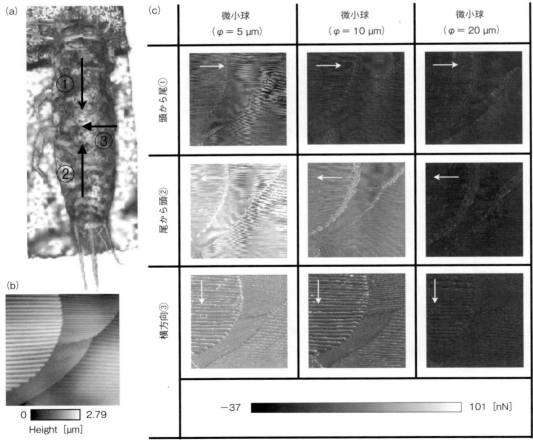

図2-3 （a）マダラシミのレーザ顕微鏡像と（b）針状プローブで測定したマダラシミ鱗片の形状像．（c）各微小球プローブで測定して得られた摩擦像

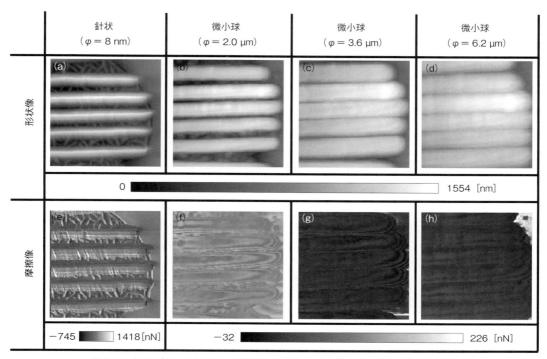

図 2-4 各種プローブを用いて測定し，得られたそれぞれの形状像と摩擦像

能性も示唆された．

4 マダラシミの摩擦制御戦略

　マダラシミの表面微細構造観察と摩擦力測定の実験結果から，マダラシミはどのような戦略で体表を進化させてきたのかを考察する．まず，鱗片の表面に溝構造が形成していることだが，シミは狭い空間で過ごしている時間が多いことから，鱗片は摩擦や摩耗から身を守るために使われているのではないかと推測される．さらに，その表面に溝構造を形成させることで外界との接触面積を減らし，摩擦を低減しようとしているのではないかと考えられる．また，マダラシミの鱗片の溝周期にバラツキがある理由は，もしすべての鱗片の溝周期が同じで，外界の凹凸サイズが溝構造と同じような大きさであった場合，多くの鱗片が同時に噛み合って摩擦力が高くなり，身動きが取れなくなる可能性がある．そこで鱗片ごとに溝周期を変えることで，外界のある特定の凹凸に対し，多くの鱗片が同時に引っかからないようにしているのではないかと推測される．事実，マダラシミが一番外界と接する頭部の溝周期のばらつきは大きく，体節の大きさが小さくなっていく尾に向けて，そのばらつきは小さくなっている．鱗片は脱皮時に生え変わるので，多少抜けてしまってもマダラシミとしては問題とならない．

　このように考えると，通常は同じ構造をつくるほうが発生コスト的に有利だとは思えるのだが，鱗片の溝周期はあえてばらつきをもたせて形成しているように考えられる．また，頭部の鱗片がほかの部位の鱗片と逆方向に生えている理由としては，こちらは高摩擦を積極的に利用している可能性もある．狭い空間に入り込み，もし先に進めなくなった場合，マダラシミは後退することができないので身動きが取れなくなる．そこであえて頭部が高摩擦になるようにしておくことで，狭い空間に入っていけるかどうかのメカノセンサーとして利用している可能性もある．マダラシミが鱗片の摩擦をうまく利用している生物学的解明が必要だろう．

| Part II | 研究最前線 |

5 おわりに

　本章では，生物と摩擦の関係，さらに生物の直接摩擦測定の一例について紹介した．摩擦という現象は，原子レベルの凹凸までも関係するきわめて複雑な現象であるものの，われわれの生活にも密接に関係している現象である．それは自動車などの機械産業のみならず，生物にとっても重要な課題の一つである．生物は長い進化の過程で，少しずつ摩擦に関する問題に対しても改善してきたと考えられる．冒頭で述べたように，ヘビなどの体表には微細な構造が形成されており，その微細な構造によって摩擦力を下げていると考えられているし，キリギリスは脚先を六角形のパッド構造にすることで，晴れの日も雨の日も安定して摩擦力を生み出すことに成功している．われわれが摩擦力を測定したマダラシミでは，たんに鱗粉や溝構造を形成させて接触面積を減らして摩擦を低減させているだけでなく，その溝周期をあえてばらつかせることで，特定の構造で高摩擦状態になるのを防いでいるのではないかと推測される．この点に関して，われわれが日常的に目にする人工物と決定的に違う点である．このような人工物は想定されている範囲においては非常に効果が高いが，「想定外」の事象には対応しきれない場合が多い．生物にとっては何が起こるかわからないのが当然であるため，「ベスト」ではなく「ベター」な戦略によってフェイルセーフを確保し，どのような状況にも対応できるようなロバストネスを備えている．さらに生物は生きるために省エネルギーでなくてはならず，モルフォチョウの鱗片のように構造色という機能をもちつつ超撥水性も発現させているなど，一つの構造を多岐にわたる機能発現に利用していることが多い[15]．そのため，生物がもつ微細構造のこれまでには見られなかった別の機能を見いだすことができれば，一つの構造で複数の機能をもつ優れた材料を生み出すことが可能となる．生物の機能はその生物の行動や生態環境に関係しているはずであり，目的の

生物そのものについて深く知る必要があり，材料系の工学系研究者はより密接に生物系研究者と連携する必要がある．バイオミメティクスという分野はさまざまな分野をまたいだ困難な領域であるからこそ，新しい発見がたくさん残っているのではないかと期待される．

◆ 文 献 ◆

[1] M. Nakada, *Tribology International*, **27**, 3（1994）.

[2] J. Gong, Y. Iwasaki, Y. Osada, K. Kurihara, Y. Hamai, *J. Phys. Chem. B*, **103**, 6001（1999）.

[3] 佐々木信也，志摩政幸，野口昭治，平山朋子，地引達弘，足立幸志，三宅晃司，『はじめてのトライボロジー』，講談社（2013）.

[4] X. Wang, K. Kato, K. Adachi, K. Aizawa, *Tribology International*, **36**, 189（2003）.

[5] 平井悠司，藪　浩，海道昌孝，鈴木　厚，下村政嗣，高分子論文集，**70**，193（2013）.

[6] Y. Hirai, H. Yabu, Y. Matsuo, K. Ijiro, M. Shimomura, *J. Mater. Chem. C*, **20**, 10804（2010）.

[7] F. Xia, L. Jiang, *Adv. Mat.*, **20**, 2842（2008）.

[8] R. A. Berthe, G. Westhoff, H. Bleckmann, S. N. Gorb, *J. Comp. Physiol. A*, **195**, 311（2009）.

[9] M. Varenberg, S. N. Gorb, *Adv. Mat.*, **21**, 483（2009）.

[10] E. Arzt, S. Gorb, R. Spolenak, *Proc. Nat. Acad. Soc.*, **100**, 10603（2003）.

[11] H. L. Sweetman, *Ecological Monographs*, **8**, 285（1938）.

[12] S. Kinoshita, S. Yoshioka, K. Kawagoe, *Proc. Roy. Soc. London, Ser. B*, **269**, 1417（2002）.

[13] R. M. Overney, H. Takano, M. Fujihira, E. Meyer, H. J. Güntherodt, *Thin Solid Films*, **240**, 105（1994）.

[14] G. Francius, J. Hemmerle, J. Ohayon, P. Schaaf, J. C. Voegel, C. Picart, B. Senger, *Microsc. Res. Tech*, **69**, 84（2006）.

[15] J. F. V. Vincent, O. A. Bogatyreva, N. R. Bogatyrev, A. Bowyer, A. K. Pahl, *J. R. Soc. Interface*, **3**, 471（2006）.

Part II 研究最前線

Chap 3

高分子合成化学：表面化学修飾を中心とした表面改質技術の開発とそのトライボロジー特性

Progress in Chemical Surface Modification Technology Based on Precise Polymer Synthesis and Its Tribology

小林 元康
（工学院大学先進工学部）

Overview

摩擦は表面特性の一つであり，表面の形状や化学構造，潤滑剤の性質により大きく左右される．自然界，とくに生物の活動を見渡してみれば，低摩擦性や潤滑性を活かして食虫植物は昆虫を滑落させて捕虫しているし，関節の駆動やまぶたの開け閉めは実に滑らかである．逆に摩擦を大きくして歩行や移動に役立てている場面もある．いずれも生物は目的に応じて適切な表面を構築して摩擦を制御しており，その仕組みを理解することは新たな摩擦表面を開発するうえで重要な指針となる．本章では，生物が多用している水潤滑機構に着目し，その事例を紹介するとともに，化学的・物理的な要素を模倣した材料開発や表面設計，とくに高分子精密合成技術に基づいた表面グラフトポリマーによる表面改質について解説する．

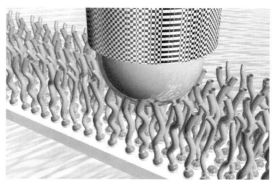

▲親水性ポリマーブラシの水中における直線摺動摩擦のイメージ

■ **KEYWORD** 📖マークは用語解説参照

- 表面開始重合（surface-initiated polymerization）
- ポリマーブラシ（polymer brushes）
- 親水性（hydrophilicity）
- 摩擦（friction）
- 潤滑（lubrication）
- 軟骨（cartilage）

1 生体における潤滑

トライボロジーとは相対運動をしながら相互作用し合う二つの物体の表面間で生じるすべての現象を対象とする科学技術のことであり[1]，平易にいえば摩擦や潤滑，摩耗，焼き付けなどの現象を扱う工学である．一般に摩擦は，固体表面どうしが直接接触し無潤滑状態にある乾燥摩擦と，2体の表面間に潤滑剤または流体が存在することで摩擦が低減する潤滑に大別できる．潤滑はさらに固体接触を伴う境界潤滑と，固体流体界面のみからなる流体潤滑に分けられる．生物が潤滑を達成するために利用する流体は水である．優れた潤滑状態を維持するには水という流体を表面に維持する必要があり，そのために生物はさまざまな工夫をしている．

ウツボカズラはカップのようにぶら下がった袋（ピッチャー）に虫を落とし入れる姿が特徴的な食虫植物である（図3-1）．虫がピッチャーの内壁を歩くと滑って袋の底にある消化液の中に落ち，消化吸収される．滑落する仕組みはウツボカズラの種類により異なるが，ネペンテス・バイカルカラータ（*Nepenthes bicalcarata*）の場合，潤滑を利用している．ピッチャー内壁は親水性の材料でできており[2]，その表面にはピッチャーの底部から開口部まで数十～百ミクロンの幅の溝が連続して存在している．この溝は荷重や雨水などで簡単に覆われ水膜を形成する．とくに湿潤な気象条件では均一な液層膜で覆われる．この液層がスリップゾーンを形成し，昆虫の脚先はピッチャー内壁表面への接着が困難になり滑り落ちる．

潤滑機能ではないが，カタツムリの殻も水膜が形成されやすい構造をもっている．カタツムリの殻はアラゴナイトとタンパク質の複合体からなる親水性の材料でできており，その表面には成長線に伴う数百ミクロンの溝とそれに直交する微細な溝が存在する[3]．いったん表面が水に濡れると，このマイクロメートルスケールの凹凸構造に水膜が形成され，油性汚れが水で洗い流しやすくなり，防汚性を発揮する．

工学的視点で考えると，水は必ずしも潤滑に適した流体ではない．確かに，水は無害で熱容量が高く，

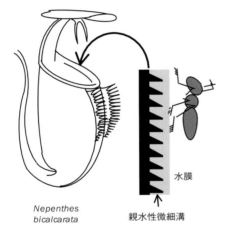

図 3-1 ウツボカズラ（*Nepenthes bicalcarata*）の内壁に形成される水膜による潤滑機構

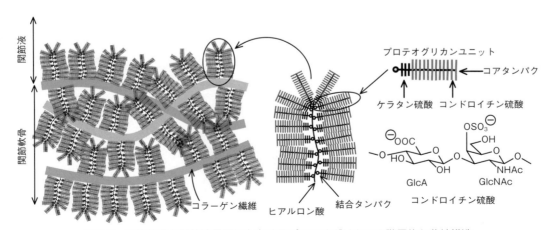

図 3-2 関節軟骨と関節液界面に存在するプロテオグリカンの階層的な分岐構造

蒸発潜熱も大きいため冷却効果も高いので摩擦熱を除去することにも適した物質である．しかし，水は油より粘度が低く水単体では安定な潤滑膜を形成しにくい[4]．そのため，生物は親水性の高分子を水に溶解させることで潤滑に適切な粘性流体を確保しいる[5〜6]．たとえば，生体関節の軟骨にはプロテオグリカン[7]という高分子電解質が含まれている．（図3-2）これはコンドロイチン硫酸などのグリコスアミノグリカンが高密度に枝分かれしたヒアルロン酸から構成されており，ボトルブラシのような分岐構造をしている．これらはコラーゲン層の表面およびコラーゲン繊維の間隙に存在し，多量の水を保持する役割を果たしている．膝や指の関節などの摩擦係数は 0.0001〜0.03 のきわめて低い値を示す．

また，魚類[8〜11]やドジョウ[12]などの表面はタンパク質と結合したムコ多糖類の含水物からなる粘液で覆われている．ヌタウナギなどは大量のぬるぬるとした粘液を放出し，人間の手ではつかみにくい．この粘液は保水性を維持するだけでなく，流体抵抗への影響も指摘されている[13]．ムコ多糖類も硫酸基やカルボキシ基をはじめ多くのイオン性官能基をもつ高分子電解質である．

流体潤滑が生じるにはいくつかの条件が必要である．相対する2面が液体を挟み込むようにしながら互いに反対方向へ運動している状況において，液体の粘性が低いまたは運動速度が遅いときには液体は摩擦界面から押し出され，固体表面どうしが接触するため摩擦は大きくなる．これを境界潤滑という．一方，高粘性液体が高速で相対運動している界面に存在する場合，流体は摩擦表面間に挟み込まれ大きな圧力（動圧）を生じるとともに流体膜が形成する（図3-3）．これにより固体表面どうしの直接接触は回避され，摩擦が低減する．この原理に基づく潤滑を動圧流体潤滑（hydrodynamic lubrication）という．したがって，高分子電解質は水に溶解することで流体に増粘効果をもたらし，低摩擦速度でも安定な流体膜を形成させ，流体潤滑状態を達成することに大きく寄与しているのである．また，プロテオグリカンがコラーゲン繊維の間隙で多量の水を保持し，水を摩擦面に供給できることも流体膜の維持には重要な機能である．

また，プロテオグリカンは幹となるヒアルロン酸分子鎖から数多くの高分子電解質鎖が枝状に分岐したグラフトポリマーである．グリコスアミノグリカンが高密度に結合しているため，局所的に高分子濃度がきわめて高い．そのため，大きな浸透圧が発生し，高分子鎖は伸長した構造をとる．さらに陰イオンを多く結合しているため電荷間の静電反発も生じている．これが摩擦時の荷重に対する反発力となり，摩擦面どうしの直接接触を抑制する役割を果たす．

このような事例を鑑みると，生体が水潤滑を達成している基本要素として親水性表面，高分子電解質，ブラシ状の分子構造というキーワードが浮かび上がる．これらの要素を実材料の表面設計に組み込み，低摩擦を実現する試みについて以下に紹介する．

2 表面グラフトによる表面親水化

材料表面を親水化する手法として，親水性高分子の一端を化学的または物理的に材料表面に固定化（グラフト）する方法が知られている．この表面グラフトポリマーは，ひも状の高分子鎖が歯ブラシやヘアブラシのように生えているような構造を連想させるため「ポリマーブラシ」[14]とよばれている．たとえば，Klein らはポリエチレンオキシド（PEO）の鎖末端の OH 基を雲母（マイカ）表面にトルエン中で吸着させることで，親水性 PEO ブラシを調製している．これは"grafting-to"法という代表的なポリマーブラシの調製法の一つである（図3-4）．このマイカを湾曲させて直交するように表面どうしを水中で接近させ，表面間力測定装置によって摩擦力を測定し，PEO グラフト鎖が水中での摩擦低減効果をもたらすことを見いだしている[15]．また，Spencer らはポ

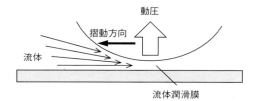

図 3-3　流体潤滑における動圧の発生と潤滑膜の形成の概念

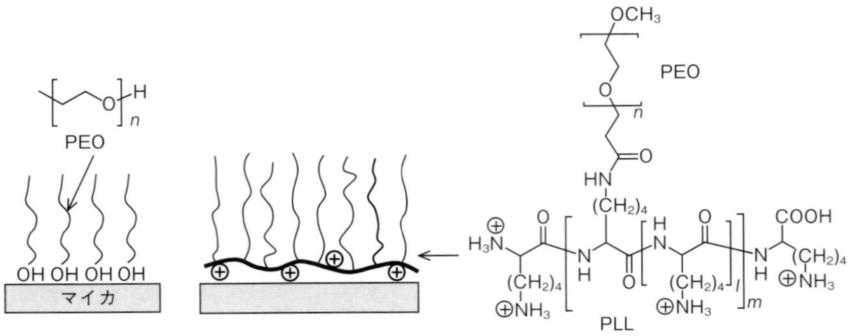

| Part II | 研究最前線 |

図 3-4　grafting-from 法により調製された親水性 PEO ブラシの例

リ(*L*-リジン)-*graft*-PEO をシリコン円盤に吸着さ
せることで PEO グラフト表面を調製した．これを
ピン－ディスク(または pin-on-disk)式摩擦試験機
に取り付け，超薄膜干渉法により流体潤滑界面の特
性解析を行っている[16]．

池田らは，ポリ(エチレン-酢酸ビニル)共重合体
(PEVA)やポリ塩化ビニル[17]，ポリウレタン[18]な
どの高分子材料表面に紫外線を照射して材料表面に
ラジカル活性種を発生させ，これを起点として水溶
性の *N*,*N*-ジメチルアクリルアミドを重合すること
で親水性ポリマーブラシを調製している．このよう
に表面に重合開始基を作成し，これを起点としてモ
ノマーの重合を行うことでポリマーを生長させる方

法を "grafting-from" 法という．いずれの親水性ポ
リマーブラシ表面も，水中で動摩擦係数が低減する
ことが確認されている．これらの摩擦特性について
は後ほど詳しく述べる．

さて，末端官能基化ポリマーや共重合体を吸着さ
せる "grafting-to" 法では，糸まり状になった巨大分
子鎖が表面を覆ってしまうために，単位面積あたり
に固定化される高分子鎖の数(グラフト密度)は少な
い．これに対して "grafting-from" 法では，分子断面
積の小さなモノマーが表面開始基から重合反応を繰
り返すことで高分子鎖を生成するため，比較的高密
度にグラフトできる．しかし，従来から知られてい
るフリーラジカル重合法を "grafting-from" 法に用

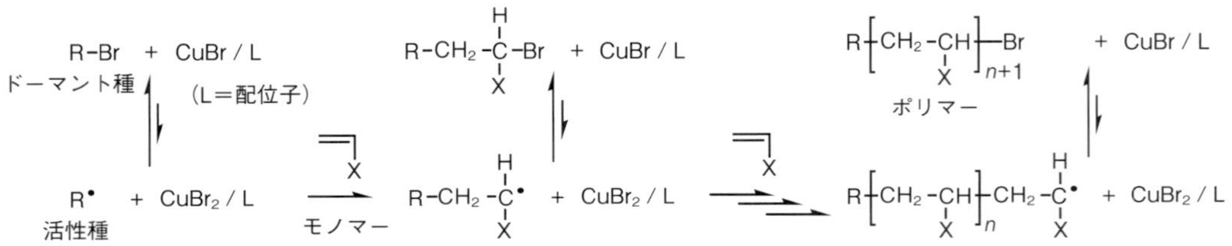

図 3-5　原子移動ラジカル重合(ATRP)による高分子生長反応機構の概略

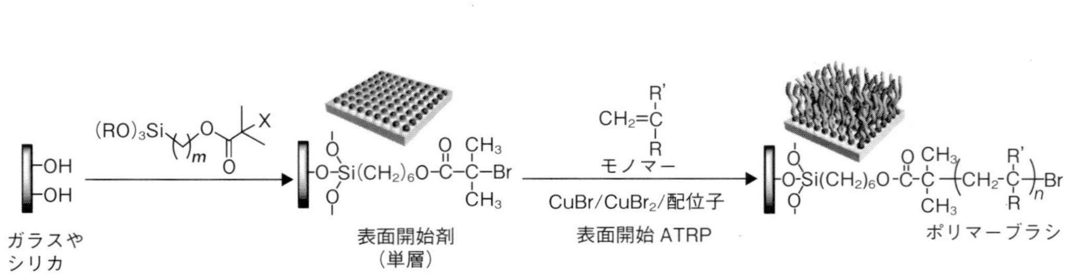

図 3-6　表面開始 ATRP によるポリマーブラシの調製例

いても生長反応速度が開始反応速度よりも速いため，表面開始剤から均一に反応が開始できない．また，停止反応や連鎖移動反応がランダムに生じるため分子量分布の広いポリマーが生成し，必ずしも均質なブラシが生成するとは限らない．ここで，開始反応効率が高く生長反応速度が制御された重合法を用いるときわめて均一でグラフト密度の高いポリマーブラシが得られる．これは「高密度ポリマーブラシ」または「濃厚ブラシ」ともよばれている．

このような高密度ブラシを合成するためにアニオン重合やカチオン重合が用いられたこともあるが，現在では原子移動ラジカル重合（atom transfer radical polymerization：ATRP）や reversible addition-fragmentation chain-transfer（RAFT）重合，ニトロキシラジカル重合などの制御ラジカル重合が用いられることが多い．一例として，臭化アルキル（RBr）を開始剤とし，臭化銅（CuBr）触媒を用いた ATRP の反応機構を図 3-5 に示す．RBr に多価アミンが配位した CuBr を作用させると，炭素-ハロゲン間の結合が切断し炭素ラジカル（R・）活性種が生成するとともに CuBr は $CuBr_2$ へと酸化される．R・にビニルモノマーが反応するとポリマーが生長するが，$CuBr_2$ から CuBr への還元に伴い生長末端ラジカルには再び Br が結合するため，生長はいったん休止する．これをドーマント種という．活性種とドーマント種は平衡状態にあり，平衡はドーマント側に大きく傾いている．そのため，活性種は生長ラジカルどうしのカップリングや不均化などの前にドーマント種へと変化するため，不可逆的な停止反応が生じにくい．このように，生長反応は活性種と

ドーマント種の状態を繰り返しながらゆっくりと重合が進行するため，表面に固定化された RX からは分子量分布の狭いポリマーが均一にしかも高密度に生成する（図 3-6）．

ラジカル重合特有の利点はアニオン重合やカチオン重合と違って反応溶媒として水やアルコールを用いることができ，活性プロトン性官能基が存在していても重合反応を停止する要因にはならない点にある．これは，イオン性官能基をもつモノマーを直接重合反応に用いることができることを意味し，親水性ポリマーブラシを合成するには都合が良い．たとえば，アンモニウム基をもつ 2-methacryloyloxyethyl）trimethylammonium chloride（MTAC）やスルホン酸基をもつ 3-sufopropyl methacrylate potassium salt（SPMK），双性イオン型の 2-methacryloyloxyethyl phosphorylcholine）（MPC）などのイオン性モノマーの表面開始 ATRP を臭化アルキル基固定化シリコン基板から行うと，（重合条件にもよるが）膜厚 $80 \sim 100$ nm でグラフト密度約 0.2 chains/nm^2 の高分子電解質ブラシが生成する．それらの表面に水滴を落とすと速やかに濡れ広がり，静的接触角は 10 度または 5 度以下となることからきわめて高い親水性を示すことがわかる．また，水中で気泡や油滴をはじく性質を示すため，カタツムリの殻と同様に優れた防汚性を示す．とりわけポリ MPC（PMPC）は生体細胞膜表面のリン脂質極性基と同様のホスホリルコリン基をもっており，その重合体は水との親和性だけでなく生体適合性も優れている[19]．そのため，PMPC ブラシ表面では細胞やタンパクの吸着も抑

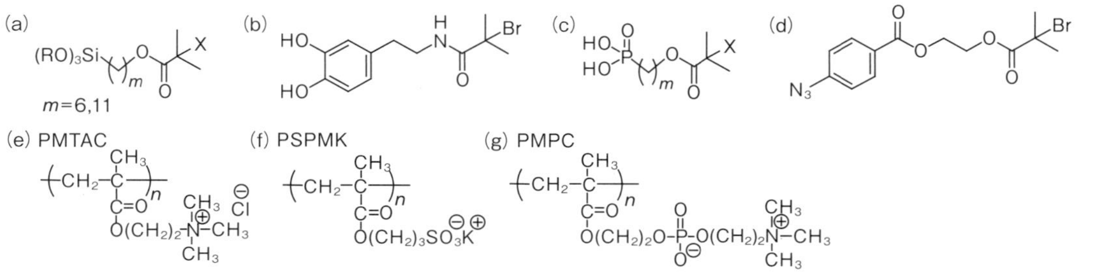

図 3-7　表面開始 ATRP で用いられる表面開始剤（a～d）と水潤滑特性を示す高分子電解質の分子構造（e～g）

制されることから，抗血栓性材料の開発など医用分野での応用が期待されている．

ポリマーブラシはシリコンやガラス以外にもステンレスやアルミナ，金などの金属，シリカやセラミックス，そしてナイロンやポリカーボネート，ポリイミド樹脂などさまざまな材料表面に付与することが可能である．そのためにはそれぞれの材料表面と結合する，または，強く相互作用するような官能基をもつ表面開始剤を用いる必要がある．図3-7にはその代表的な分子構造を示した．なかでもドーパミン構造をもつ開始剤はイガイの接着タンパクを模倣して設計された分子である．イガイの接着タンパクには非標準アミノ酸の一つである3,4-dihydorxyphenylalanine（DOPA）が含まれており，これが酸化チタンや鉄，そして高分子材料表面に水素結合などで吸着する．さらに塩基性条件下で速やかに酸化重合することで架橋し，基材表面を被覆しながら固定化される．ハロゲン化アルキルを結合したドーパミン誘導体を用いればATRPの開始剤となる官能基が表面に固定化されることになり，これを起点としてポリマーブラシを調製することができる．同様に，活性シリル基やリン酸基をもつハロゲン化アルキルを材料表面に結合させ，表面開始ATRPを行うことで比較的グラフト密度の高いポリマーブラシが得られる．

3 ポリマーブラシと摩擦

前述したように水を良溶媒とする親水性ポリマーを表面にグラフトすると，水中にて潤滑が生じやすくなり，摩擦係数が低減することは古くから知られていた[20～22]．これまでにKleinら[15]や栗原ら[23]，Kelleyら[24]がそれぞれ表面間力測定装置を用いたミクロトライボロジーの研究[25～26]を展開しているし，マクロトライボロジーの観点ではSpencerらがpin-on-disk式回転摩擦試験機[16]を用い，高原はヘイドン式直線摺動摩擦（ball-on-plate）試験機[27]を用いて水中摩擦における荷重や摺動速度依存性について評価している（図3-8）．Gongらは親水性ゲル表面にグラフト鎖を導入すると潤滑効果が向上し，生体軟骨に匹敵する低摩擦表面が得られることを報告している[28]．他にもSheth ら[29]，池田[17]，池内ら[18]が，いずれも親水性ブラシが水中において低摩擦表面を与えることを報告している．

このメカニズムについて，当初Kleinらは，対向する親水性ブラシ鎖どうしの相互作用が水和により低減するとともに溶媒の流動性が保たれることで，滑り運動が生じたときにせん断抵抗が小さく，ブラシ鎖界面で良好な潤滑が生じると考察していた[30]．1998年以後，表面開始制御重合法による高密度ブラシが得られるようになると，浸透圧の寄与も考慮

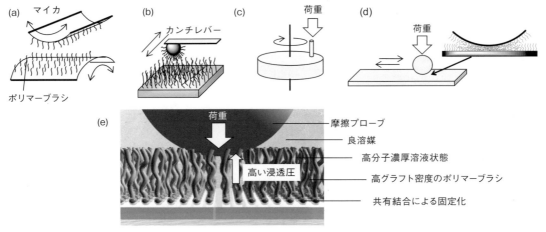

図 3-8　ポリマーブラシと摩擦の測定
（a）表面間力測定，（b）水平力顕微鏡測定，（c）pin-on-disk式回転摩擦試験機，（d）直線摺動摩擦試験機における摺動機構の概略と，（e）ポリマーブラシによる潤滑特性の発現要素．［カラー口絵参照］

されるようになる．グラフト密度が高くなると個々の高分子鎖が平面方向に広がることができず，基板平面に対して垂直方向に伸長した分子形態をとる．このブラシに良溶媒が浸入すると，ポリマーとの混合エントロピーの変化に起因する浸透圧が発生しブラシが膨潤する[31]．とくに高密度ブラシでは高分子濃厚溶液状態となり，浸透圧は数〜数十 MPa に相当する．ここに外部からの荷重が加わり圧縮されると，高分子濃度と浸透圧の増大により高い反発力を生み，摩擦面どうしの接触を抑制し摩擦力を低下させる[32]．現在では以上のような理由により膨潤ブラシは良好な低摩擦表面を与えると考えられている．このようなポリマーブラシによる摩擦低減効果は親水性ポリマーに限らず[33]，トルエン中でのポリスチレンブラシやポリメタクリル酸メチル（PMMA）ブラシでも認められている．辻井らは ATRP 法を用いてシリコン基板表面からグラフト密度 0.7 本/nm² 程度の高密度 PMMA ブラシを調製した．良溶媒であるトルエン中で高密度 PMMA ブラシは膨潤し，その表面の摩擦力を水平力顕微鏡測定により評価した動摩擦係数は 10^{-4} 以下のきわめて低い値であることを報告している[32].

高原らは表面開始 ATRP によりシリコン基板と直径 10 mm のガラス球の両方の表面にグラフト密度は約 0.2 chains/nm²，膜厚約 80〜100 nm のポリ MTAC（PMTAC），ポリ SPMK（PSPMK），ポリ MPC（PMPC）の高分子電解質ブラシを付与し，水中にて直線しゅう動摩擦を行っている[34〜35]．これらのポリマーブラシは乾燥窒素雰囲気では 0.3〜0.5 程度の大きな動摩擦係数を示すが，水中では 0.2〜0.1 程度まで低下する．図 3-9 は PMPC ブラシの水中における動摩擦係数の速度依存性を示している．動摩擦係数の測定条件は室温（298 K），垂直荷重 0.49 N（応力換算 137 MPa），滑り速度 10^{-5}〜10^{-1} m/s，振幅 20 mm である．いずれのポリマーブラシも摩擦速度 10^{-5}〜10^{-3} m/s にて動摩擦係数は 0.12 以上を示すが，摩擦速度が 10^{-3} m/s を超えると顕著な変化が認められ動摩擦係数は 0.02 程度まで低下している．これは滑り速度の増加とともにブラシ層間に水の流体潤滑膜が形成することで，境界潤滑から混合潤滑状態となり，動摩擦係数が低下したと考えられる．また，PMPC ブラシの摩擦については Klein らも表面間力測定装置を用いて評価しており，水中で低荷重下（7.5 MPa）において摩擦係数は 0.00043 というきわめて低い値であることを報告している[36]．茂呂らは光ラジカル発生剤を塗布した超高分子量ポリエチレン表面に紫外線を照射することでラジカルを発生させ，grafting-from 法により PMPC ブラシを構築した[37]．水中における摩擦係数がきわめて低いだけでなく，摩耗粉の生体親和性も高いため人工関節の寿命を延長する新しい技術として期待されている．

また，摺動状態における流体潤滑層の存在はダブルスペーサーレイヤー超薄膜光干渉法により確認されている[38]．高原らは PMTAC ブラシを表面に固定化したガラス円盤に球面レンズを摩擦圧子として接触させ（面圧 139 MPa），水で濡れた状態を保持したままボールオンディスク機構により摺動させている．ガラス基板とレンズにはあらかじめクロムおよびシリカ超薄膜が蒸着されており，基板側からの入射光とレンズ接触点での反射光との干渉色からブラシ表面とレンズとの距離を求められる．摩擦速度

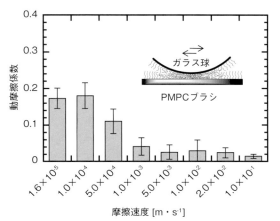

図 3-9　PMPC ブラシの水中における動摩擦係数の速度依存性

測定条件　基板＝シリコン，摩擦圧子＝ブラシ固定化ガラス球（d＝10 mm），荷重＝0.49 N，面圧＝139 MPa，測定温度＝298 K，速度＝10^{-5}〜10^{-1} m/s，直線摺動型摩擦試験における振幅＝20 mm．

| Part II | 研究最前線

が上昇するにつれて動摩擦係数が減少するとともにブラシ表面とレンズとの間に隙間が生じ，その距離は 10^{-2} m/s において 130 nm に達した．一般的な弾性流体潤滑であればこの隙間が流体膜の膜厚に相当するのであるが，水の粘度に基づく流体力学作用だけでは説明できないほど大きな膜厚上昇である．水の粘度ではなく，高分子濃厚溶液である 40% PMTAC 水溶液の粘度（2.42×10^4 mPa·s）を Hamrock-Dowson の弾性流体潤滑理論[39]の理論式に代入し流体膜厚を求めると実測値とよく一致したことから，流体潤滑作用的な効果がポリマーブラシの存在により促進されたことが考えられる．つまり，表面に固定化された高分子電解質ブラシが水和することで表面近傍に高粘性の濃厚ポリマー溶液層が形成され，これが流体潤滑作用を発現し摩擦係数の低減に寄与していることが明らかとなった．

一般に高分子電解質は水中の塩の影響を受ける．たとえば PSPMK の場合，基板とプローブ球それぞれの表面に結合しているブラシ鎖間では側鎖スルホン酸基どうしの静電反発により斥力がはたらいているため，純水中では比較的低い摩擦係数を示す．しかし，NaCl 水溶液中では静電反発相互作用が遮蔽されるため，動摩擦係数が増大する．とくに $CaCl_2$ のように二価のカチオンは一つのイオンで二つのスルホン酸基に配位するため，ブラシ間で引力的な相互作用がはたらき動摩擦係数が増大する．PMPCブラシの場合も NaCl や $CaCl_2$ の濃度上昇とともに動摩擦係数は増大する傾向が認められるが，その変化量は PSPMK ブラシに比べ小さい．その理由を適切に説明する実験的証拠はいまだに見いだされていないが，PMPC は他の一般的な高分子電解質と異なり，ζ電位が中性に近いために塩濃度依存性が低いと考えられる．PMPC の分子鎖は水中で比較的広がった形態をしているが，この形態が塩濃度の影響をほとんど受けず変化しにくいことが光散乱などの手法により明らかにされている[40]．

4 まとめと今後の展望

親水性ポリマーブラシによる水潤滑特性を中心に解説した．しかし，この技術を実用化するにはいく

つかの問題が残っている．たとえば，grafting-from法と制御ラジカル重合法に基づく濃厚ブラシの調製方法は必ずしも簡便ではないし，大面積の表面を改質するのは技術的に困難である．簡便な手法も提案されつつあるが，それらの手法にも反応条件や基材の種類などにいくつかの制約がある．また，ある程度の垂直荷重領域まではブラシによる摩擦低減効果は保たれるが，高荷重下の摩擦ではポリマーブラシの摩耗は避けられない．そのため，生物のように自己修復する機能をポリマーブラシに付与することも検討すべきであろう．本章では触れなかったが，表面テクスチャーによる摩擦低減効果はトライボロジーにおいて無視できない要素である．機械部品の摺動面にミクロンサイズの幾何形状を付与することで摺動特性が向上することは知られているが，ヘビ[41]や昆虫[42]をはじめとする生物も長い進化の過程を経て，多種多様な表面微細構造を獲得し，優れた摩擦特性を示している．そのため，生物の体表のテクスチャーに大きな関心が寄せられている．このようなマイクロメートルスケールの微細構造とポリマーブラシのようなナノメートルサイズの化学的表面改質を組み合わせることで，優れたトライボ表面が生まれる可能性がある．そのためにも自然界や生物の表面・界面構造をよく観察し，優れた摩擦・摩耗特性の発現に深く関与する普遍的な原理を見つけ出すとともに体系化することが今後ますます重要になると思われる．

◆ 文 献 ◆

[1] *Glossary of Terms and Definitions in the Field of Friction, Wear and Lubrication -Tribology-*, OECD, (1969), p.62.

[2] H. F. Bohn, W. Federle, *Proc. Natl. Acad. Sci. USA*, **101**, 14138 (2004).

[3] 下村政嗣，『次世代バイオミメティクス研究の最前線』，シーエムシー出版，(2011), p.284.

[4] M. Scherge, S. N. Gorb, "Biological Micro- and Nano-tribology", Springer, (2001), p.79.

[5] C. W. McCutchen, Wear, 5, 1 (1962).

[6] J. Celli, B. Gregor, B. Turner, N. H. Afdhal, R. Bansil, S. Erramilli, *Biomacromolecules*, **6**, 1329 (2005).

[7] L. Han, D. Dean, C. Ortiz, A. J. Grodzinsky, *Biophys. J.*, **92**, 1384 (2007).

[8] A. Marmur, *Langmuir*, **22**, 1400 (2006).

[9] M. S. Lord, M. H. Stenzel, A. Simmons, B. K. Milthorpe, *Biomaterials*, **27**, 567 (2006).

[10] J. Genzer, K. Efimenko, *Biofouling*, **22**, 339 (2006).

[11] M. Liu, S. Wang, Z. Wei, Y. Song, L. Jiang, *Adv. Mater.*, **21**, 665 (2009).

[12] 海野都久子，トライボロジスト，**46**, 155 (2001).

[13] 中川鶴太郎，『レオロジー第2版』，岩波全書 (1978), p. 264.

[14] J. Rühe "Polymer Brushes: Synthesis, Characterization, Applications," ed by R. C. Advincula, W. J. Brittain, K. C. Caster, J. Rühe, Wiley–VCH (2004), p. 1.

[15] J. Klein, E. Kumacheva, D. Mahalu, D. Perahia, L. J. Fetters, *Nature*, **370**, 634 (1994).

[16] S. Lee, M. Müller, M. Ratoi-Salagean, J. Vörös, S. Pasche, S. M. De Paul, H. A. Spikes, M. Textor, N. D. Spencer, *Tribology Lett.*, **15**, 231 (2003).

[17] Y. Uyama, H. Tadokoro, Y. Ikeda, *Biomater.*, **12**, 71 (1991).

[18] K. Ikeuchi, T. Kakii, H. Norikane, N. Tomita, T. Ohsumi, Y. Uyama, T. Ikeda, *Wear*, **161**, 179 (1993).

[19] K. Ishihara, T. Ueda, N. Nakabayashi, *Polym. J.*, **22**, 355 (1990).

[20] G. S. Grest, *Adv. Polym. Sci.*, **138**, 183 (1999).

[21] Y. V. Lyatskaya, F. A. M. Leermakers, G. J. Fleer, E. B. Zhulina, T. M. Birshtein, *Macromolecules*, **28**, 3562 (1995).

[22] E. B. Zhulina, J. K. Wolterink, O. V. Borisov, *Macromolecules*, **33**, 4945 (2000).

[23] S. Hayashi, T. Abe, N. Higashi, M. Niwa, K. Kurihara, *Langmuir*, **18**, 3932 (2002).

[24] T. W. Kelley, P. A. Shorr, D. J. Kristin, M. Tirrell, C. D. Frisbie, *Macromolecules*, **31**, 4297 (1998).

[25] U. Raviv, S. Giasson, N. Kamph, J. -F. Gohy, R. Jêrôme, J. Klein, *Nature*, **425**, 163 (2003).

[26] S. Lee, M. Müller, R. Heeb, S. Zürcher, S. Tosatti, M. Heinrich, F. Amstad, S. Pechmann, N. D. Spencer, *Tribology Lett.*, **24**, 217 (2006).

[27] M. Kobayashi, Y. Terayama, N. Hosaka, N. Yamada, N. Torikai, M. Kaido, A. Suzuki, K. Ishihara, A. Takahara, *Soft Matter*, **3**, 740 (2007).

[28] Y. Ohsedo, R. Takashina, J. P. Gong, Y. Osada, *Langmuir*, **20**, 6549 (2003).

[29] S. R. Sheth, N. Efremova, D. E. Leckband, *J. Phys. Chem. B*, **104**, 7652 (2000).

[30] J. Klein, *Ann. Rev. Mater. Sci.*, **26**, 581 (1996).

[31] Y. Tsujii, K. Ohno, S. Yamamoto, A. Goto, T. Fukuda, *Adv. Polym. Sci.*, **197**, 1 (2006).

[32] A. Nomura, K. Okayasu, K. Ohno, T. Fukuda, Y. Tsujii, *Macromolecules*, **44**, 5013 (2011).

[33] M. Kobayashi, M. Kaido, A. Suzuki, A. Takahara, *Polymer*, **89**, 128 (2016).

[34] M. Kobayashi, A. Takahara, *Chem. Record*, **10**, 208 (2010).

[35] M. Kobayashi, M. Terada, A. Takahara, *Faraday Discuss.*, **156**, 403 (2012).

[36] W. Chen, W. H. Briscoe, S. P. Armes, J. Klein, *Science*, **323**, 1698 (2009).

[37] T. Moro, Y. Takatori, K. Ishihara, T. Konno, Y. Takigawa, T. Matsushita, U. Chung, K. Nakamura, H. Kawaguchi, *Nat. Mater.*, **3**, 829 (2004).

[38] M. Kobayashi, H. Tanaka, M. Minn, J. Sugimura, A. Takahara, *ACS Appl. Mater. Interfaces*, **6**, 20365 (2014).

[39] B. J. Hamrok, D. Dowson, *ASME, J. Lubr. Technol. Trans.*, **99**, 264 (1977).

[40] Y. Matsuda, M. Kobayashi, M. Annaka, K. Ishihara, A. Takahara, *Langmuir*, **24**, 8772 (2008).

[41] R. A. Berthe, G. Westhoff, H. Bleckmann, S. N. Grob, *J. Comp. Physiol. A Neuroethol. Sens. Neural. Behav. Physiol.*, **195**, 311 (2009).

[42] M. Varenberg, S. N. Gorb, *Adv. Mater.*, **21**, 483 (2009).

Part II 研究最前線

Chap 4
生物の構造色とその物理的な仕組み
Physics of Structural Color in Animals

吉岡 伸也
(東京理科大学理工学部)

Overview

光の波長サイズの微細構造は，干渉，回折，散乱といった光学現象によりあざやかな色を生み出すことができる．構造色とよばれるこのような色は，昆虫や鳥など，多くの生物にその例を見つけることができる．構造色をもつ生物は古くから研究されてきたが，あざやかな色の仕組みに学び，それを応用するバイオミメティクス研究が現在でも盛んに行われている．

本章では，構造色を生み出す代表的な微細構造－多層膜構造による発色について述べた後に，2種類のチョウがもつ構造色の仕組みを紹介する．どちらの例も，鱗粉の中にある興味深い微細構造があざやかな色を生み出している．

▲マエモンジャコウアゲハ
鱗粉の配列(右上)と鱗粉断面のフォトニック結晶構造(右下).
[カラー口絵参照]

■ KEYWORD 📖マークは用語解説参照

- ■構造色(structural color)
- ■多層膜干渉(multilayer interference)
- ■干渉条件(interference condition)
- ■フォトニック結晶(photonic crystal)📖
- ■ジャイロイド構造(gyroid structure)

1 構造色研究の歴史

　古くて新しい研究テーマ——矛盾するようなこの表現が，構造色研究にはよくあてはまる．熱帯に生息する昆虫には，驚くほどあざやかな色をもつ種類がいる．中南米に生息する青いモルフォチョウはその代表例である．青い翅は金属のように輝いているだけでなく，あたかも濡れているかのような独特のツヤを感じさせる．どのような仕組みがその輝きを生み出しているのか，古くから科学者は疑問を抱き研究を行ってきた．

　18世紀初頭，光に関する研究で有名なニュートンは，著書「optiks」の中でクジャクの羽根の色が薄膜の色と似ていることに言及している．光が電磁波の一種であることがわかったのは，電磁気学が完成した19世紀の後半から20世紀初頭にかけてのことである．その直後，空の青さの起源であるレイリー散乱に名前を残したイギリスのLord Rayleighは，構造色に関係する重要な論文を書き残した[1]．昆虫のあざやかな色は，電磁波である光が干渉を起こすことで生み出されていると考え，層状の物質が周期的に重なった構造の光学特性を理論的に解析したのである．多層膜干渉とよばれる光学現象に関する理論で，現在ではそのような構造が多くの生物で発色に用いられていることがわかっている．しかし，Lord Rayleighの時代には，多層膜干渉の考えがすぐに受け入れられたわけではなかった．当時はまだ電子顕微鏡が開発されておらず，光の干渉を起こす微細構造を直接観察することができなかったのである．

　20世紀中頃，AndersonとRichardsは開発されたばかりの透過型電子顕微鏡を使って，モルフォチョウの微細構造を観察した[2]．得られた画像には，部分的ではあるが，確かに周期的な構造が見えた．その後も，昆虫や鳥を対象に微細構造の観察が行われ，驚くほど精緻な構造が次々と明らかになっていった．その多くで規則的な構造が発見されたため，Lord Rayleighが考えた光の干渉が構造色の原因であることは確かなものとなった．そのため，微細構造の観察がさまざまな種類の生物で続けられる一方で，発色の物理学的な仕組みに関する研究は大きく

は進展しなかった．

　その状況が変わったのが2000年の頃である．それにはいくつかの理由が考えられる．まず初めに，フォトニック結晶とよばれる概念が1980年代の後半に提案され，その研究が90年代に入り急激に進んだことである．たとえば，宝石のオパールは，直径が200 nm程度のシリカ微粒子が規則的に集積した構造をもっている．このような，光の波長程度の大きさで三次元的に周期的な物質のことを，フォトニック結晶とよんでいる．エレクトロニクス分野で結晶中の電子の波を制御することが重要であるように，フォトニック結晶を用いて光を操るフォトニクス分野が生み出された．そのフォトニック結晶に類似した構造を，生物が大昔から利用していることが再認識されて注目を集めたのである．

　二つ目の理由には，生物が発色に利用する微細構造が必ずしも単純ではないことがあげられる．Lord Rayleighが想定したような周期的な層状構造だけでなく，もっと複雑な構造が発見されてきた．そのため，「構造色の原因は光の干渉にある」と単純に言い切ることはできなくなり，構造がもつ不規則性による非干渉性や色素による光吸収といったさまざまな要因を含めて，総合的な発色の仕組みが研究されるようになったのである．それに伴い，新しい実験方法や解析方法が考案されてきた．

　三つ目の理由には，バイオミメティクス研究の進展があげられる．生物がもつあざやかな色を人工的に再現できれば，さまざまな分野での応用が期待できる．実際，帝人が開発した繊維「モルフォテックス®」は，チョウの構造色にヒントを得たバイオミメティクス製品の代表例といえるだろう．他にも，自動車の塗料や化粧品など，さまざまな産業界で構造色が使われており，今後も生物のもつ微細構造に着想を得た光学製品が開発されていくと思われる．

　構造色のバイオミメティクス製品では，薄膜や多層膜構造を利用したものが多い．そこで以下では，多層膜構造の光学現象を簡単に解説したい．その後で，最近の構造色に関する研究例として2種類のチョウについて紹介する．そこで見られる微細構造は，単純な周期構造ではなく，規則性と不規則性を

併せもつように見える．そのような構造に学ぶことが，今後のバイオミメティクス研究において重要ではないかと考えている．

2 多層膜干渉による構造色

透明な水の膜であるシャボン玉に色が付いて見えるのは，干渉とよばれる波の性質のためである．膜の表面と裏面で反射された光は，膜の厚さ（と屈折率）で定まる特定の波長において強めあう干渉を起こし，その結果として色が付くのである．しかし，1枚の薄膜には界面が二つしかないため，反射率が著しく上昇することは期待できない．また，狭い波長範囲の光だけを反射する性質（波長選択性）も高くはならない．一方，薄膜を複数枚重ねた多層膜構造では，膜構造のデザインによりさまざまな反射率とその波長依存性が実現できる．

その一つの例として，図4-1(a)に示すような多層膜構造を考えよう．この構造では，2種類の材質でできた薄膜が交互に積層している．この構造に光が入射すると，光は複数の境界面で次々に反射される．ある境界面で反射された光が，別の境界面で反射される場合（多重反射）もあるため，反射率を厳密に計算することは少し面倒である．しかし，膜構造が周期性をもつことに注目すると，強めあう干渉を起こす波長を簡単に予測することができる．図4-1(a)に示す多層膜構造のなかで，一周期だけ離れた二つの界面（たとえばAとC）から反射された光を考えよう．多層膜構造を形成する2種類の材質をaとbで区別し，それぞれの膜の厚さと屈折率をd_iと$n_i (i = a, b)$と表す．Cに到達した光は，Aを通過した後$n_a d_a + n_b d_b$だけ長い光学距離を進んでいる．したがって，Cで反射された光とAで反射された光の重ねあわせ（干渉）を考えると，その距離の二倍（往復）が波長の整数倍に等しい場合に強めあう干渉が起きる．このことを数式で表したのが，干渉条件とよばれる次式である[3]．

$$m\lambda_m = 2(n_a d_a + n_b d_b) \tag{1}$$

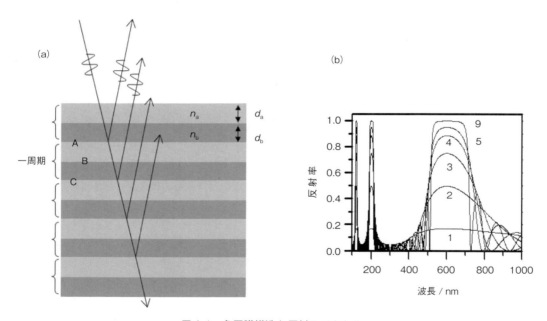

図4-1 多層膜構造と反射スペクトル
(a)周期的多層膜構造の例．aとbで区別される2種類の薄膜が交互に積層しており，それぞれの厚さと屈折率をd_iと$n_i (i = a, b)$で表した．A，B，Cは界面を表しており，界面AとCの間が繰返しの一周期に相当する．(b)周期的多層膜構造からの反射スペクトルの例．屈折率は$n_a = 1.55$と$n_b = 1.0$，層の厚さは$n_a d_a = n_b d_b = \lambda_1/4$で，$\lambda_1 = 600$(nm)となるように決めている．図中に示した数字はaの層の数Nである．

λ_m は強めあう干渉を起こす光の波長で，整数 m は干渉の次数とよばれている．ただし，光は膜構造に垂直に入射すると仮定している．たった二つの境界面での反射に注目して得られた(1)式であるが，いくつかの例外的な場合を除いてほとんどうまく働き，反射率が高くなる波長をほぼ正確に与えてくれる．

周期的な多層膜構造において，2種類の膜が同じ光学距離をもつ場合(すなわち $n_a d_a = n_b d_b$ の場合)，波長 λ_1 で反射率は最も上昇する．これは，一周期の間にある境界面〔図 4-1(a)では B と示した〕で反射された光も，λ_1 において強めあう干渉を起こすためである．B で反射された光は，C で反射した光に比べて，半分の光学距離しか進んでいない．しかし，屈折率の大小関係で決まる反射における位相変化を考慮すると，B で反射された光も A と C で反射された光と同じ位相をもつことがわかる．この多層膜構造はすべての層が同じ光学距離($= \lambda_1/4$)をもつため，1/4 波長スタックとよばれる．

一例として，チョウの翅を念頭に，翅の材料であるクチクラと空気でできた 1/4 波長スタックの多層膜構造を考えよう．多層膜構造がもつ反射スペクトルを計算するためには，転送行列を用いる方法や薄膜干渉の公式を逐次的に使う方法が知られている．詳細な計算方法は専門書にゆずり，ここでは計算結果だけを示すことにする．クチクラの屈折率 $n_a = 1.55$，空気の屈折率 $n_b = 1.0$ を用いると，$\lambda_1 = 600$ nm となる厚さをもつ場合(すなわち，$n_a d_a = n_b d_b = 150$ nm)，図 4-1(b)のような反射スペクトルが得られる．クチクラ層の数 N(空気層も含めると全体では $2N-1$ 層)の増加に伴い，波長が λ_1 付近の反射率が急激に増大することがわかる．とくに，波長 λ_1 における反射率は次式を使って具体的に計算することができる．

$$R = \left(\frac{1 - \gamma^{2N}}{1 + \gamma^{2N}} \right)^2 \qquad (2)$$

ここで，$\gamma = \dfrac{n_a}{n_b}$ である．上述の屈折率で計算すると，$N = 5$ においては $R = 0.95$(95%)となることが確か

められる．一方，反射率が高くなる波長の範囲は，層の数 N が無限に大きい場合として，次の不等式を満たす波長 λ の範囲として計算することができる．

$$\cos^2 \psi \leq \left(\frac{n_a - n_b}{n_a + n_b} \right)^2 \qquad (3)$$

ここで，$\psi = \pi \lambda_1 / (2\lambda)$ である．たとえば，波長 λ_1 においては，$\psi = \pi/2$ となるので左辺は 0 である．したがって，この波長では上の不等式は満たされる．波長が λ_1 からずれると左辺の値が大きくなり，いつか右辺の値を超えてしまう．その波長の範囲として反射帯域が計算できるのである．上述の空気とクチクラの屈折率を使って計算すると，$\lambda_1 = 600$ nm の場合には，527 nm $< \lambda <$ 696 nm の波長範囲で反射率が増大することが計算できる(N が無限に大きい場合を仮定しているので，反射率は 100% である)．一方，2種類の高分子材料のように，屈折率差があまり大きくない場合には右辺は小さな値となる．この場合，反射波長域は狭くなるので，構造色の彩度を上昇させることができる．しかし，屈折率差が小さいことは反射率を下げる方向に作用するから，それを補うには層の数を十分に増やす必要がある．

ここで述べてきた 1/4 波長スタックの多層膜構造は，特定の波長(λ_1)での反射率を高める構造としては最適である．実際，レーザー光を反射するための誘電体多層膜ミラーにはこのデザインが用いられる場合が多い．しかし，実際の生物が利用する発色構造は，このようにはなっていない場合が多い．次節で紹介するチョウはその一例である．

3 周期的でない多層膜による構造色

日本には，あざやかな色をもつ昆虫が数多く生息している．たとえば，ミドリシジミの仲間には金属光沢のある翅をもつ種類が多い[4]．チョウの翅の色を担うのは，翅の上に並んだ無数の鱗粉である．鱗粉 1 枚の大きさは，長さが 100 µm，厚さが数 µm 程度で，顕微鏡で観察すると 1 枚 1 枚が色付いて見える．ミドリシジミの仲間の一種〔アイノミドリシジミ(*Chrysozephyrus brillantinus*)，図 4-2(a)〕にお

| Part II | 研究最前線 |

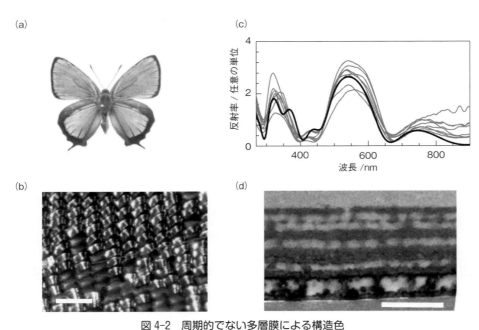

図 4-2 周期的でない多層膜による構造色
(a) アイノミドリシジミ，(b) 翅の上の鱗粉の配列．白線：200 μm，(c) 反射スペクトル．八つの鱗粉で行った実験結果（灰色）と観察された多層膜構造をもとにした理論スペクトル（黒），(d) 鱗粉断面の透過型電子顕微鏡写真[5]．白線：500 nm．

いて，輝いて見える鱗粉〔図 4-2(b)〕の反射スペクトルを測定すると，緑色と紫外に対応する二つの波長で反射率が高いことがわかった〔図 4-2(c)〕[5]．この反射の原因となる構造を明らかにするため，透過型の電子顕微鏡を用いて観察を行うと，鱗粉の断面には図 4-2(d) のような構造が観察された．膜が平滑でないことや途切れた部分など，乱れや欠陥も目に付くが，全体としてはクチクラと空気が交互に積層した多層膜構造としてモデル化できそうである．膜の厚さに注目すると，複数あるクチクラの膜の厚さは一定には見えない．空気の層も同様である．そのため，前節で述べた周期的な多層膜に対する干渉条件を解析に用いることはできない．仮に各層の厚さの平均値を用いて計算すると，実験から得られた反射波長とは異なる数字が出てきてしまう．画像解析により各層の厚さを決定すると，最も厚いクチクラ層の光学的距離は，最も薄い空気層の光学距離のおよそ 3 倍にも達していることがわかった．アイノミドリシジミの鱗粉がもつ多層膜構造は，光学距離がすべての膜で等しい 1/4 波長スタックとは大きく異なっているのである．

多層膜が周期的でない場合においても，各層の厚さと屈折率がわかれば反射スペクトルを計算することは可能である．図 4-2(d) で観察された多層膜構造をもとに反射スペクトルを計算すると，実験結果とよく似たスペクトル形状が得られた〔図 4-2(c) の黒線〕．このことは，アイノミドリシジミの構造色が確かに鱗粉の多層膜構造によって生み出されていることを示している．しかし，反射スペクトルの形状を直観的に理解することは難しい．周期性を前提とする式 (1) の干渉条件が使えないため，なぜ緑と紫外の二つの波長帯で反射が強くなるのか，その波長は多層膜構造のどの部分が決めているのか，といった疑問に簡単に答えることができないのである．

そこで，多重反射された光を無視し，各界面で一度だけ反射された光の位相に注目するモデルを用いて解析を行った[5]．このモデルでは厳密な反射率の値を得ることはできないが，振幅が大きい反射波に注目して干渉の様子を調べることができる．解析の結果，紫外線における反射は，主として上側の数層

68

から反射された光が強めあう干渉を起こして生み出されること，そして緑色の反射ピークでは，下側の数層からの反射光が強めあっていることがわかった．すなわち，多層膜の上と下で役割分担することで，二つの波長で反射を強めているのである．

しかし，その役割分担が完全なものではないことも同時に明らかになった．役割分担を強調した多層膜構造(上側は紫外線の波長を反射するような周期性をもち，下側は緑色を反射させる周期性をもった多層膜構造)を考えると，全体としては二つの波長をまたぐように反射帯域が広がってしまい，実際のチョウの翅の反射スペクトルとは大きく異なってしまうのである．膜構造が周期的になっていないことにはやはり意味があり，それぞれの界面で反射された光が少しずつ位相の異なる干渉を起こし，紫外と緑の間の波長の反射率を下げているようである．反射スペクトルの再現という意味ではこのチョウの構造色はよく理解されたが，どのような設計原理がこのチョウの非周期的な多層膜構造にあるのかはまだ明らかになっていない．

4 フォトニック結晶を利用した構造色

原子や分子が規則的に並んだ結晶に対比させて，光の波長のサイズで構造が周期的な物質をフォトニック結晶とよんでいる．周期的な構造で散乱された光は特定の波長で強めあう干渉を起こすから，フォトニック結晶も多層膜構造と同様に構造色を生み出すことができる．昆虫では，チョウやゾウムシの仲間でフォトニック結晶を利用した構造色が見つかっている．ここでは，そのうちの一種，マエモン

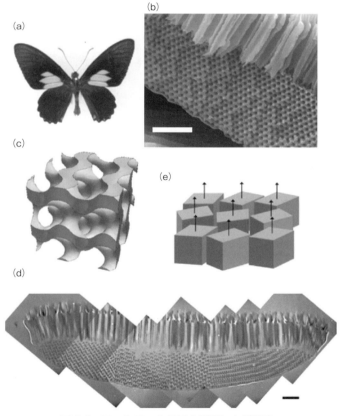

図 4-3 フォトニック結晶を利用した構造色
(a)マエモンジャコウアゲハ，(b)鱗粉断面の走査型電子顕微鏡写真．白線：2 μm．
(c)ジャイロイド型のネットワーク構造の模式図．(d)断面の透過型電子顕微鏡写真．黒線：2 μm．(e)結晶ドメインの配向特性を表す模式図．

ジャコウアゲハ〔図 4-3(a)〕のもつ構造色について紹介しよう.

アイノミドリシジミの場合と同様に, このチョウの場合にも発色を担う微細構造は鱗粉の内部にある. 前翅の緑色部分の鱗粉の断面には, 図 4-3(b)のような複雑な網の目構造が観察される. 一般に, 断面の観察から三次元構造を同定することは簡単ではない. しかしこのチョウに関しては, いくつかの方法を用いた詳細な研究により, フォトニック結晶はジャイロイド型のネットワーク構造〔図 4-3(c)〕をもつことがわかっている[6]. 興味深いことに, この構造は簡単な数式で近似することができる.

$$\sin X \cos Y + \sin Y \cos Z + \sin Z \cos X < t \tag{4}$$

ここで, $X = 2\pi x/a$, $Y = 2\pi y/a$, $Z = 2\pi z/a$, (x, y, z) は空間座標, a は立方晶の格子定数である. この不等式が満たされる場所がクチクラで満たされているのがジャイロイド型の構造で, 三次元空間を二つの入り組んだチャネルに分離する. 右辺のパラメータ t が大きくなると, クチクラの充填率が高くなる. たとえば, $t = 0$ ではクチクラと空気の体積は等しく, 充填率は 50% である. このチョウの場合には, 格子定数 a は 310 nm, t の値は -0.3(充填率 40%)であることが報告されており, 緑色の光を反射させるにはちょうどよいことが理論的に確かめられている[7].

この鱗粉を厚さ 80 nm 程度にまでスライスし, その切片を透過型電子顕微鏡で観察すると, 図 4-3(d)に示すような奇妙な模様が観察された. この模様は, 三次元的な網目構造を特定の面でスライスした結果として現れる断面パターンであるが, 興味深いのは鱗粉全体にわたって一つの模様が続くことではなく, ところどころで模様が変化することである. これは, 鱗粉全体にわたって単一のフォトニック結晶が広がっているのではなく, 結晶が複数の領域(ドメイン)に分かれていて, それぞれが異なる結晶の向きをもっていることを示している.

反射される光の波長は, 結晶の向きに大きな影響を受ける. X 線回折のブラッグの式に表れるように, 反射に寄与する面の間隔が結晶の方向によって異な

るからである. したがって, フォトニック結晶が複数のドメインに分かれていて, その向きがランダムであれば, ドメインごとに異なる色が観測されるはずである. ところが, このチョウの鱗粉を光学顕微鏡で観察すると, 鱗粉全体が一様な緑色に観察された. 実は, この矛盾するような観察結果に, このチョウの巧妙さがあることがわかった. 多結晶に分かれた結晶の配向は, 完全にランダムではなく, 発色に重要な方向, すなわち光が入ってくる方向である鱗粉の面に垂直な方向には, 特定の結晶方位があるのである. そのことを図 4-3(e)に模式的に表した[8]. このために, すべてのドメインで特定の波長の光(緑色)が反射されるのである. 一方, 面に垂直な軸を回転軸として, 各ドメインは不規則に回転した配向をもっている. そのため, 断面を観察した場合には図 4-3(d)のように, さまざまな模様が見えるのである. このチョウはフォトニック結晶を多結晶にしてその配向に乱れを加えつつも, 発色に重要な方向だけはそろえている. そもそも, 鱗粉の微細構造が形成される過程についてはわかっていないことが多い. しかし, 結晶をドメイン状に分けるという乱れを許容した製作方法をとりながら, 色に重要な部分だけはしっかりと制御しているのである.

[5] まとめと今後の展望

これまでにバイオミメティクス製品として応用された構造色は, 薄膜や多層膜構造を利用するものが多い. 今後, 研究が進展していく方向を考えると, 製作方法を単純化しコストを下げることや, もっと複雑な構造を模倣する技術をつくり出すこと, さらには魚類のように色が可変な構造色を実現すること[9], などが考えられるだろう. しかし, どの方向性に進むにしてもそれぞれに困難があり, 簡単には進展しないかもしれない. そんな時, バイオミメティクス研究は, 生物に学ぶことがその根幹にあることを思い出すことが重要だろう. たとえば, チョウの蛹のなか, 鱗粉が形成されるときに細胞の中ではどんなことが起きているのだろうか. 物理的に考えると, 空間的に周期的な構造が最も安定になりそうである. しかし, アイノミドリシジミのように非

+ COLUMN +

★いま一番気になっている研究者

Andrew R. Parker
（イギリス・ロンドン自然史博物館 リサーチ・リーダー）

　構造色の総説論文は物理学者によって書かれる場合が多い．光の干渉や回折といった光学現象は物理学の一分野であるから，その意味では当然である．しかし，古生物学者である Parker 博士も構造色に関する総説記事を執筆している[1]．そこには，生物学者らしく昆虫から海洋生物まで，多岐に渡る生物種について発色の仕組みが説明されている．しかし，博士の特徴が最もよく表れているのは，構造色と進化について論じた最後の段落であろう．Parker 博士は，カンブリア大爆発とよばれる生物種の急激な多様化が，眼の誕生によって

うながされたという「光スイッチ仮説」を提案している．そして，誕生したばかりの眼が見たはずの，5.15 億年前の生物がもつ構造色を，化石表面に見つかった微細構造から再現している．Parker 博士は，バイオミメティクスを題材とした NHK のアニメーション番組にもモデル研究者として登場している．生物が利用する光技術のバイオミメティクス研究に関する著作も多く[2]，最も気になる研究者の一人である．

[1] A. R. Parker, "515 Million Years of Structural Colour", *J. Opt. A: Pure Appl. Opt.*, **2**, R15 (2000).

[2] A. R. Parker, H. E. Townley, "Biomimetics of Photonic Nanostructures", *Nat. Nanotechnol.* **2**, 347 (2007).

周期的な多層膜構造があることを考えると，非周期性を実現するためのもっと特別な仕組みがあるのかもしれない．二つ目に紹介したマエモンジャコウアゲハにおいては，フォトニック結晶の配向が制御されていた．この制御を実現する要因が何であるか明らかになれば，自己組織化現象における欠陥の制御といった応用面においても価値があるだろう．

　これらの問題を解明するには，昆虫の発生に詳しい生物学者，生体材料に詳しい化学者，構造の安定性を議論できる物理学者，モデルを構築し単純化できる数学者など，異分野の科学者が集う必要がある．あるいは，そもそも既成の学術分野の壁を意識しない若い頭脳こそが，この問題を解決できるのかもしれない．

◆ 文 献 ◆

[1] Lord Rayleigh, O. M., F. R. S., *Proc. R. Soc. Lond A.*, **93**, 565 (1917).

[2] T. F. Anderson, A. G. Richards Jr., *J. Appl. Phys.*, **13**, 748 (1942).

[3] S. Kinoshita, S. Yoshioka, *ChemPhysChem*, **6**, 1442 (2005).

[4] M. Imafuku, H. Y. Kubota, K. Inouye, *Ent. Sci.*, **15**, 400 (2012).

[5] S. Yoshioka, Y. Shimizu, S. Kinoshita, B. Matsuhana, *Bioinspi. & Biomime.*, **8**, 45001 (2013).

[6] K. Michielsen, D. Stavenga, *J. R. Soc. Interface*, **5**, 85 (2008).

[7] S. Yoshioka, B. Matsuhana, H. Fujita, *Materials Today: Proceedings*, **1S**, 186 (2014).

[8] S. Yoshioka, H. Fujita, S. Kinoshita, B. Matsuhana, *J. R. Soc. Interface*, **11**, 20131029 (2014).

[9] S. Yoshioka, B. Matsuhana, S. Tanaka, Y. Inouye, N. Oshima, S. Kinoshita, *J. R. Soc. Interface*, **8**, 56 (2011).

chap 5

自己組織化による構造色材料創成
Creating Structural Color Materials by Self-Organization

不動寺 浩
(物質・材料研究機構)

Overview

生物の構造色の代表的な発色メカニズムとして，多層膜構造とコレステリック構造が知られている．前者は多層膜干渉による可視光の選択反射で，後者はらせんピッチに起因する円偏光の選択反射で，構造色あるいは金属光沢を生じる．近年，三次元フォトニック結晶であるオパール構造，ジャイロイド構造およびダイヤモンド構造に起因する昆虫(チョウや甲虫)の構造色が発見された．可視光の波長サイズで構造制御された界面活性分子の二重膜，ブロックコポリマー，コレステリック液晶，コロイド結晶などのソフトマテリアル(ゲル，エラストマー)で構造色が報告されている．今後，高次な自己組織化プロセスによる生物模倣の構造色材料の工学応用が期待される．

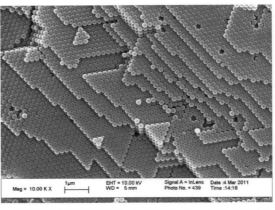

▲自己組織化で規則配列したポリスチレンコロイド粒子

■ **KEYWORD** 🔲マークは用語解説参照

- コロイド結晶(colloid crystal)
- ブラッグ回折(Bragg's diffraction)
- 多層膜干渉(multi-layer film interference)
- フォトニック結晶(photonic crystal)
- ブロックコポリマー(block copolymer)
- ジャイロイド構造(gyroid structure)
- コレステリック液晶(cholesteric liquid crystal)
- ラメラ構造(lamellar structure)

はじめに

19世紀末より生物の構造色は，物理学者が関心を寄せる研究テーマであった．その後，20世紀に入ると顕微鏡の発展に伴い，生物学者を中心に多層膜干渉やコレステリック液晶の円偏光の選択反射が構造色の発色メカニズムであることが解明された．近年，モルフォチョウに代表されるように，生物の構造色の仕組みは単純でなく，複雑で多様性があることが明らかになってきた．近年，フォトニック結晶との関連も含め，生物の構造色の発色メカニズムに再び関心が高まっている．A. R. Parker らは甲虫の緑色の構造色や金色の金属光沢に関して，断面のTEM（Transmission Electron Microscope）像よりクチクラの多層膜の構造に起因していることを報告している[1]．甲虫の緑色の構造色ではクチクラの多層膜が一定の周期であるのに対し，金属光沢では周期に勾配が見られた．前者は入射光（白色光）のうち，緑色の波長の可視光のみが選択反射される．一方，後者は紫外および赤色の可視光を透過し，残りの可視光が反射するため金色の金属光沢が生じる．このことは，われわれが生物模倣による構造色材料を設計するうえで大きなヒントを与えてくれる．

誘電体ミラーを含む光学素子では，屈折率の異なるサブミクロンサイズの多層膜構造が利用されている．さまざまな気相，液相プロセスにおいて異なる屈折率をもつ物質を繰り返し積層することで，多層膜構造を形成することができる．光学素子では理論通りに光の制御が重要になるため，多層膜構造も精密に制御することが重要である．ところでコンバーテック（フィルム処理・加工）分野では，1回のプロセスで多層膜構造をもつシートの合成も可能となっている．

近年，鮮明な構造色や非金属にもかかわらず，金属光沢をもつ新素材シートが実用化されている（表5-1）．これらの多層膜シートは，屈折率の異なる二種類の有機ポリマー物質を共押出多層フィルムプロセスで100 nm以下，数十〜数百層積層したものである．これは，原料の溶融と薄膜化，冷却のコンバーテックによる一連の成膜プロセスである．甲虫に見られるような多層膜構造の周期構造を制御することで，光学特性を設計することが可能である．金属光沢を呈する多層膜光学シートは窓ガラスなどに貼り付け，紫外線や近赤外線などをカットする遮熱シートとして工業的に実用化されている．しかし，これらの成膜プロセスは既存の工学技術をベースとしたコンバーテック加工技術で，自己組織化現象を応用したボトムアッププロセスとはいい難い．

本章では，自己組織化プロセスによる構造色材料の創成という視点で最近の研究の展開を概観した．具体的には，両親媒性分子として界面活性剤による二重膜が積層したラメラ構造，また別のタイプの両親媒性分子としてブロックコポリマーのラメラ構造，分子がらせん状に配向し円偏光するコレステリック液晶，コロイド粒子が規則配列したコロイド結晶など，ソフトマター（ソフトマテリアル）の自己組織化により秩序形成（可視光の波長サイズ）に起因する構造色について概観する．

1 二分子膜の配向ラメラ構造

生命が分子の組織化により，組織構造を自発的に形成する現象を人工的に模倣しようという生物模倣は，古くから関心の高いテーマの一つである．たと

表5-1 共押出多層キャストによる多層膜光学シート

光学機能	多層膜構造	実用化された光学シート製品の例
構造色	高屈折率／低屈折率	・テトロンフィルム MLF（帝人） ・ラミネートフィルム REVI（リンテック） ・モルフォシート（凸版印刷）
金属光沢（ミラー）	屈折率の周期勾配	・ナノ積層フィルム PICASUS（東レ） ・Cool Mirror Film（3M）

| Part II | 研究最前線 |

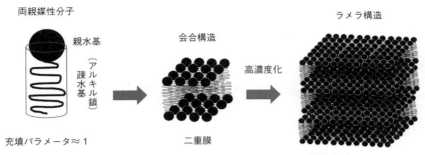

図 5-1　自己組織化による両親媒性分子のラメラ構造形成

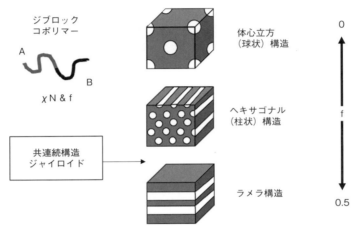

図 5-2　ジブロックコポリマーの相分離による自己組織化構造

えば，日本化学会が編集した『分子集合体 — その組織化と機能』では，ソフトマテリアル（あるいはソフトマター）の自己組織化に関する総説が出版されている[2]．界面活性分子からなる二分子膜の合成研究は生体脂質の二分子膜の模倣であり，バイオミメティクス研究のさきがけとしても知られている．

両親媒性分子は，充填パラメータの大きさによって，球状ミセル，円筒状ミセル，二重膜，サドル面状の配列構造の各種会合構造体を形成する[3]．本節で着目するのは二重膜で，図 5-1 に示すような両親媒性分子の充填パラメータが，一近傍では水の中で二重膜の会合構造を自己組織化によって形成する．さらに，溶液中のミセル濃度が増加することで，二重膜間の相互作用によって積み重なるラメラ構造を形成する．界面活性剤の二分子膜が，サブミクロンの距離を隔てて規則配列することで構造色が発色する．辻井薫らは，この配向したラメラ液晶構造をゲルとして固定することで，構造色発色材料を開発した[4]．さらに，この研究は J. P. Gong らによって発展され，前駆体溶液に一定な剪断応力を加え，マクロな一軸配向したラメラ構造のハイドロゲル状のシートが合成された[5]．このゲルシートは均一な構造色を発色し，応力を加えて圧縮することで構造色が可逆的に変色する．

2　ブロックコポリマー

別タイプの両親媒性分子であるブロックコポリマーは，多様な秩序構造を形成する．ジブロックコポリマーを例に取ると，図 5-2 に示すように，化学構造が異なるポリマー鎖が線状に結合したブロック共重合体（コポリマー）は，ポリマー鎖の体積分率に応じたミクロ相分離構造を形成する[6]．代表的な構

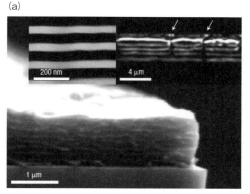 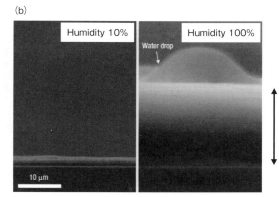

図 5-3 ラメラ構造のジブロックコポリマー
(a)SEM, TEM, 共焦点レーザー顕微鏡による断面像, (b)環境制御 SEM による湿度が異なる膨潤状態の断面像(両矢印部分).
[© 2007 Nature Publishing Group]

造として，一次元多層膜であるラメラ構造，六方充填したシリンダー構造が知られている．それ以外に，球状ミクロドメイン構造や規則的共連続したダブルジャイロイド構造を形成する．二種類のポリマー鎖から構成されるジブロックコポリマーで二種のポリマーの体積比が1：1で形成するラメラ構造は，安定相の一つで多層膜構造を自発的に形成する．ラメラ構造ではその周期 D は重合度 N に依存しており，$D \sim N^{2/3}$ の関係がある．なお，ブロック共重合体薄膜を工学的に応用するには，自己組織化構造の配向制御が重要となる．相分離の構造形成過程で，溶媒蒸発，流動場，電場・磁場，光照射あるいは基板表面改質などの外場制御によりメートルサイズの大面積化も実現されている．

ブロックコポリマーで著名な研究者の一人である E. L. Thomas は，ポリマー材料をベースとしたフォトニック結晶およびその応用を進めている[7]．ブロックコポリマーの秩序構造を構造色として応用するには，ラメラ構造の周期 D が多層膜干渉する波長 λ を可視光領域に設計する必要がある．なお，ラメラ構造のブロックコポリマーは多層膜干渉の回折式 $\lambda = 2(n_1 d_1 + n_2 d_2)$ で表される．

当初，可視光領域に材料設計するためには，分子量30万を超えるブロックコポリマーの合成が必要であった．その後，中程度の分子量(5万〜10万程度)で構成分子の一部が水で膨潤したハイドロゲルを導入することで，可視光領域に設計したブロックコポリマーが開発された[8]．図 5-3 は疎水性と親水性のブロックがラメラ構造〔(a)乾燥状態の断面像〕で，膨潤によって膜厚が $2.9\ \mu m$ から $18.6\ \mu m$ まで膨潤〔(b)湿度制御 SEM 像〕している．さらに，このようにブロックコポリマーゲルの膨潤状態を制御することで，配列周期を可逆的に変えることができる．近赤外から可視光全域にわたって，構造色が変化する材料が開発された．その後，イカの構造色変化の仕組みにヒントを得た新材料で，電圧を印加でラメラ構造の周期が変化し構造色を支えることができた．構造色変化を利用した新しいタイプの電子ペーパーとしての可能性を示した(詳細は Part III の「革新論文❸」を参照)[9]．

3 コレステリック液晶

液晶は固体と液体の中間の性質をもつ物質状態のことで，光学的異方性を示す．液晶分子の代表的な配向構造を図 5-4 に示す．ネマティック相では，棒状の分子は同じ方向を向き液晶分子の重心位置はランダムに配列している．一方，スメティック相では分子の重心はある程度揃っており，縦方向に周期性をもっている．さらにコレステリック相では，光学異性体であるキラル分子がネマティック相に導入された液晶分子では層状の構造をもち，それぞれの分子は層内で一定方向に配列しており，互いの層は分

| Part II | 研究最前線 |

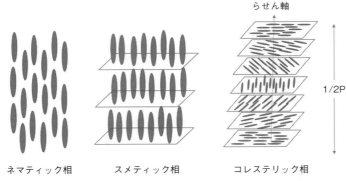

図 5-4 液晶分子が自己組織化で形成する代表的な配列構造

子の配列方向がらせん状に積層している．らせん構造が 180°変化する光学ピッチ 1/2P は $\lambda = nP$（波長 λ，屈折率 n）で表され，ブラッグ回折による選択反射の波長が可視光領域のとき構造色が発色する．

この選択反射は，同じ円偏光のみで逆の円偏光は起こらないことが特長である．

ところで，金属光沢のある甲虫（コガネムシ）には円偏光があることは古くから知られていた．生物の構造色とナノ構造の関係については学際分野であり，国内では構造色研究会を中心に議論が行われてきた．近年，液晶分野の専門家らは，生物に観察されるコレステリック液晶やその生物模倣に高い関心を寄せている．この分野のさきがけとして，渡辺順次らは甲虫の構造色のメカニズムを模倣し，コレステリッ

ク液晶のらせん構造を固定化した構造色材料を開発した[10]．また，コレステリック液晶の構造色材料の工業化を見据え，らせん構造のモノドメインおよびガラス化の技術を確立し，均質透明なフィルム製造を可能にした．

生物（甲虫）のコレステリック液晶とその模倣材料の研究例を図 5-5 に示す．コレステリック液晶の円偏光による構造色では，理論的に反射率は 50%である．これは，逆回転の円偏光（50%）が透過するためである．しかし，キンイロコガネ（*Plusiotis resplendens*）で両方の円偏光を反射する特異な光学特性を示すものが発見され，断面 TEM 像の観察より図 5-5 に示す構造に起因することがわかった．二層のコレステリック液晶層の間に半波長層とよばれ

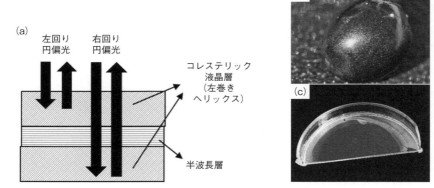

図 5-5 生物のコレステリック液晶の模倣
(a) キンイロコガネのサンドウィッチ構造，マーブルベリーの構造色(b)とナノセルロースによる模倣(c)
［(b)(c)の写真は© 2014 The Authors. Published by WILEY－VCH Verlag GmbH & Co. KGaA, Weinheim］

76

る円偏光を反転する層が存在することで，上層が左回り円偏光を下層が右回りの円偏光を反射する[11]．これは，勾配のある多層膜構造[1]をもつ別種のキンイロコガネ（*Anoplagnathus parvulus*）とは異なるメカニズムである．この仕組みを模倣した液晶ポリマーフィルムが開発された．2枚のコレステリック液晶シートをサンドウィッチすることで，金色コガネに酷似した構造色が再現できる（詳細は Part Ⅲ の「革新論文❹」を参照）[12]．

また，植物のセルロースナノ結晶（CN）のコレステリック液晶を模倣する研究が報告されている[13]．図 5-5(a)は，青い金属光沢を呈色するマーブルベリー（*Pollia condensata*）の写真である．この果実の構造色を模倣した薄膜を，ナノセルロースで形成した〔図 5-5(b)〕．

④ コロイド結晶

コロイド粒子が粒子間の相互作用で自己組織化によって三次元の規則構造をとったものはコロイド結晶とよばれており，ソフトマテリアルの代表的な研究課題の一つである[2]．また，単分散コロイド粒子が自己組織化により最密充填した規則配列は，オパールがそのイリデッセンス（虹色）を生じさせている要因として 1960 年代に解明され，その後，人工オパールの合成に成功している．コロイド結晶の構造色は三次元規則配列した単分散シリカ（コロイド）粒子による可視光のブラッグ回折によって引き起こされる．近年，自己組織化プロセスの技術が進歩し，コロイド結晶のナノ構造を制御することが可能になった．さらに，外場や環境変化によって構造色が変化するスマート材料やその特性の応用に関心が高まっている．

図 5-6(a)に，コロイド結晶の自己組織化プロセスを概観する．粒子径の揃ったコロイド粒子は，サスペンション中でブラウン運動している．サスペンションを濃縮してコロイド粒子の濃度が上がると，エントロピー効果で規則構造を形成する．この秩序形成はアルダー相転移とよばれており，粒子間の静電斥力による自己組織化によって非最密充填型のコロイド結晶が形成される．図 5-6(b)に示すように，コロ

イド結晶の配列面でブラッグ回折によって入射した白色光の一部を選択的に反射し，構造色が呈色する．ここで，回折波長 λ は平均屈折率 n と配列粒子の面間隔 d および入射角 θ から，$\lambda = 2d\sqrt{(n^2 - \sin^2\theta)}$ と表すことができる．

なお，コロイド粒子の三次元規則配列をゲルあるいはエラストマー中で形成することで，コロイド結晶を固定することができ，材料化が可能となる．一方，コロイド粒子を最密充填することで，最密充填型のコロイド結晶であるオパール構造が形成される．粒子間をゲルあるいはエラストマーで固定できる．さらに，粒子を取り除くことでインバースオパール構造が形成される．これらの材料は，三次元の規則配列したコロイド粒子（ボイド）がソフトマテリアルで充填されており，環境変化や外場で配列周期が変化するソフトマテリアルである．オパール型のコロイド結晶もチューナブル構造色材料として，電子ペーパーや構造色の印刷技術としての応用が期待されている（詳細は Part Ⅲ の「革新論文⓳」を参照）[14]．

図 5-6(c)のオパール型のコロイド結晶の構造色変化は，熱帯魚のルリスズメダイ（*Chrysiptera cyanea*）の虹色素胞の構造色変化の仕組みに類似している[15]．

図 5-7 で両者を比較した．ルリスズメダイの虹色素胞（Iridophore）のなかには板状のグアニンが積層しており，屈折率の異なる周期構造が存在する．この板状間隔が拡大することで，ルリスズメダイはコバルトブルーが薄い緑色に変色する．コロイド結晶では，最密充填した粒子配列面の間隔が変化（ここでは膨潤・収縮）し，ブラッグ回折波長が変わることで構造色が変化する．なお，オパール構造のみでなく，非最密型のコロイド結晶，インバースオパール構造でも配列周期を変化させることで，同様な構造色に変化する材料が報告されている．

⑤ 高次ナノ構造に起因する生物の構造色

近年，三次元フォトニック結晶であるオパール構造，ジャイロイド構造およびダイヤモンド構造に起因する構造色が，昆虫（チョウや甲虫）にあることが報告されている．これらの発見は，ナノテクノロ

| Part II | 研究最前線 |

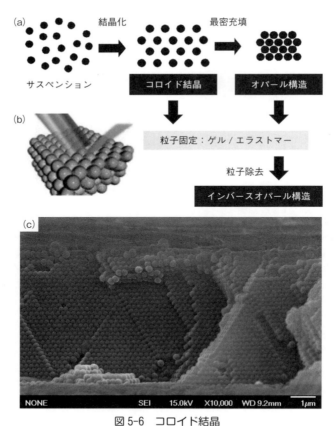

図 5-6 コロイド結晶
(a) コロイド粒子の自己組織化による光学機能材料形成, (b) 可視光のブラッグ回折, (c) コロイド結晶薄膜 (ϕ200 nm のポリスチレン粒子が最密充填し, 隙間をシリコーンエラストマーで固定したオパール構造の薄膜).

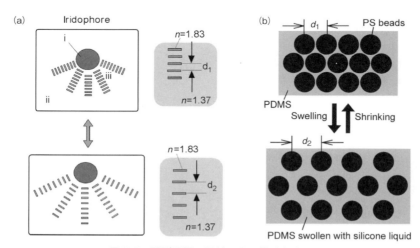

図 5-7 配列間隔の調整による構造色変化
(a) ルリスズメダイの虹色素胞内の構造変化, (b) コロイド結晶（規則配列 PS コロイド粒子と PDMS エラストマー）[カラー口絵参照]

[© 2009 The Society of Powder Technology Japan. Published by Elsevier B.V. and The Society of Powder Technology Japan.]

Chap 5　自己組織化による構造色材料創成

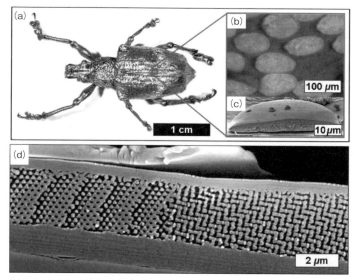

図 5-8　甲虫で発見されたフォトニック結晶：ダイヤモンド格子のナノ周期構造
[© 2008 The American Physical Society]

ジーの進歩に伴うFIB(focused ion beam)加工装置や高分解能TEM装置の性能向上と普及，そして生物学，物理学，化学など異分野の研究者の学際研究が盛んになったためである．

図5-8は，ダイヤモンド格子の周期構造をもつゾウムシ（*Lamprocyphus augustus*）である[16]．下記で説明するようなダイヤモンド構造が甲虫で発見されたことは，フォトニック結晶を自己組織化プロセスで実現する可能性を示唆しており，非常に重要な発見といえる．

三次元フォトニック結晶は，特定波長の光をいずれの方向にも伝搬できないようなフルバンドギャップ（FBG）を形成するので，光制御するメタマテリアルとして脚光を浴びた．とくに，コロイド結晶が自己組織化で三次元周期構造を形成するので，フォトニック結晶を実現する新材料の製造方法として期待された．

しかし，コロイド結晶が自己組織化で形成する面心立方格子（FCC）は理論的にフルバンドギャップが形成できず，一方向の光伝搬を禁止するストップバンドギャップを形成する（構造色を引き起こすブラッグ回折に関係）．コロイド結晶系では，イン

バースオパール構造で屈折率コントラストがある程度大きいときに，バンド幅が小さいフルバンドギャップが形成される．

コロイド粒子をFCC格子でなくダイヤモンド格子に配列できれば，バンド幅が大きいFBGが形成される[17]．さらに理想的に望ましいのは，インバース・ダイヤモンド構造のコロイド結晶である．フォトニック結晶の黎明期より，自己組織化プロセスで形成できていれば工学的に三次元フォトニック結晶を新材料として利用が期待されていたものの，その実現は難しいと考えられていた．図5-9のように，甲虫の外皮でダイヤモンド格子が存在することは，何らかの自己組織化プロセスで新材料を開発できる可能性が期待できる．

6　まとめと今後の展望

生物は多様なナノ構造を利用し，光学特性を制御している．高次構造の解明については，甲虫，チョウのごく一部の種を対象として研究されているに過ぎない．また，研究が比較的進んでいる甲虫（例：ヤマトタマムシ）においても，その光学特性を完全に解明することは簡単ではない．甲虫一つを例とし

79

| Part II | 研究最前線 |

+ COLUMN +

★いま一番気になっている研究者

Stephen Mann
（イギリス・ブリストル大学 教授）

透過電子顕微鏡像
規則的な角柱状の BaCrO4 ナノ粒子鎖［© 1999 Macmillan Magazines Ltd］

バイオミネラリゼーションとは，生物が鉱物結晶をつくりだす現象のことです．たとえば，炭酸カルシウムを主成分とする貝殻や真珠，ハイドロキシアパタイトを主成分とする骨や歯，シリカを主成分とするプラントオパール，珪藻土などがよく知られている．また，鉄分を取り込んで磁気をもつ結晶を合成するバイオナノマグネタイトが有名である．材料科学者は生物模倣で，自己組織現象でナノスケールから高分子/無機複合構造の体を人工的に合成する試みを行ってきた．Mann 教授は 1980 年代よりこの分野を先導してきた．無機結晶と分子界面における分子認識により自己組織化することに成功している（写真：Nature 1999）．合成ナノ粒子表面に分子が吸着し，その分子間の相互作用でナノ粒子が積層した一次元の規則配列を形成する．さらに，二次元の規則配列と高次の自己組織構造が形成した．近年は "Origin of Life"，分子から生命がどのように発現するか，化学と生物学を繋げる研究に取り組んでいる．

ても莫大な種類が存在しており，構造色を利用する膨大な種類の生物それぞれが，どのような仕組みで構造色を利用しているかわかっていない．今後の研究で，人智の想像を超えるような仕組みが隠されている生物が発見されるかもしれない．

また，生物の利用している自己組織化と比較すると，人類が利用している成膜プロセスはきわめて限られている．出発原料（ユニット）の多様化，自己組織化プロセスや複合的なプロセスなどを研究することで，甲虫のような多種多様な構造色材料の創成につながるかもしれない．たとえば，トリコポリマーによるチョウ・甲虫のジャイロイド構造を模倣し，金属粒子を利用したメタマテリアル材料の研究が報告されている[18]．しかし人工的にはラメラ構造やコロイド結晶など，比較的単純な自己組織化プロセスしか利用できていない．今後，ジャイロイド構造やダイヤモンド構造などの，より高度な自己組織化プロセスの実用化が期待される．

異分野融合による学際研究によりバイオミメティクス研究が深化し，自己組織化による構造色材料の新しい製造プロセスが開発され工業化につながることを期待している．

◆ 文 献 ◆

[1] A. R. Parker, D. R. Mckenzie, M. C. J. Large, J. Experimental Biology, 201, 1307 (1998).

[2] 日本化学会編，『（化学総説：No. 40）分子集合体——その組織化と機能化学総説：No. 40』，学会出版センター (1983).

[3] イアン W. ハムレー，『ソフトマター入門——高分子・コロイド・両親媒性分子・液晶』，シュプリンガー・フェアラーク東京 (2002)，p. 189.

[4] K. Naitoh, Y. Ishii, K. Tsujii, J. Phys. Chem., 95, 7915 (1991).

[5] Md. A. Haque, G. Kamita, T. Kurokawa, K. Tsujii, J. P. Gong, Adv. Mater., 22, 5110 (2010).

[6] 今井正幸，『World physics selection: monograph ソ

フトマターの秩序形成』，シュプリンガージャパン (2007)，p. 113.

[7] A. C. Edrington, *et al.*, *Adv. Mater.*, **13**, 421 (2001).

[8] Y. Kang, J. J. Walish, T. Gorishnyy, E. L. Thomas, *Nat. Mater.*, **6**, 957 (2007).

[9] J. J. Walish, Y. Kang, R. A. Mickiewicz, E. L. Thomas, *Adv. Mater.*, **21**, 3037 (2009).

[10] J. Watanabe, H. Takezoe, "Structural colors in biological systems", ed by S. Kinoshita, S. Yoshioka (eds.), Osaka University Press (2005), p. 329.

[11] T. Lenau, "Biomimetics in Photonics", ed by O. Karthaus, CRC press (2012), p. 72.

[12] A. Matranga, S. Baig, J. Boland, C. Newton, T. Taphouse, G. Wells, S. Kitson, *Adv. Mater.*, **25**, 520 (2013).

[13] A. G. Dumanli , G. Kamita , J. Landman , H. van der Kooij, B. J. Glover , J. J. Baumberg, U. Steiner , S. Vignolini, *Adv. Opt. Mater.*, **2**, 646 (2014).

[14] H. Fudouzi, Y. Xia, *Langmuir*, **19**, 9653 (2003).

[15] H. Fudouzi, *Adv. Powder Technol.*, **20**, 502 (2009).

[16] J. W. Galusha, L. R. Richey, J. S. Gardner, J. N. Cha, M. H. Bartl, *Phys. Rev. E*, **77**, 050904 (2008).

[17] J. D. Joannopoulos, S. G. Johnson, J. N. Winn, R. D. Meade, "Photonic Crystals: Molding the Flow of Light, 2nd ed.", Princeton University Press (2008), p. 94.

[18] S. Vignolini, N. A. Yufa, P. S. Cunha, S. Guldin, I. Rushkin, M. Stefik, K. Hur, U. Wiesner, J. J. Baumberg, U. Steiner, *Adv. Mater.*, **24**, OP23 (2012).

Chap 6

自己組織化を利用した モスアイフィルムの作製

Continuous Fabrication of a Moth-Eye Anti-Reflection Film Using a Self-Organizing Porous Alumina

魚津 吉弘
(三菱ケミカル株式会社)

Overview

モスアイフィルムはガの眼を模倣したバイオミメティクス材料であり,表面にナノスケールの微小突起構造を形成したフィルムである.その特徴は可視光全波長域での反射を防止すること並びに角度依存性が少ないことがあげられ,とくに屋外で使用するディスプレイや大型ディスプレイで効果的であるが,ディスプレイ用途で用いる大面積での製造技術はなかった.近年,アルミニウムを陽極酸化する際に自己組織的に形成されるポーラスアルミナが曲面上に形成できるという特徴を活かし,大型ロール金型を作製し,ロール to ロールによるモスアイフィルムの連続賦形技術を開発し,工業化に成功している.本章では,その技術に関して解説する.

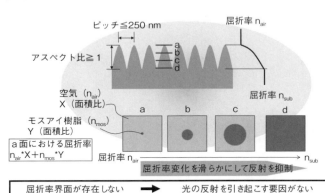

▲モスアイ構造と無反射性となる理由
［カラー口絵参照］

■ **KEYWORD** 📖マークは用語解説参照

- ナノインプリント(nanoimprint)
- 陽極酸化(anode oxidization)
- ポーラスアルミナ(porous alumina)
- ロール金型(roll mold)
- 光ナノインプリント(UV nanoimprint)
- ロール to ロール(Roll to Roll)

はじめに

ディスプレイの進化が止まらない．次々と発表される高性能液晶ディスプレイ，躍進の著しい有機ELディスプレイ，レーザー光源を用いるレーザーディスプレイなど高精細，高鮮度など画像性能は著しく向上している．そのディスプレイがスマートフォンやタブレットのようにモバイル機器で用いられる際には，外光から生じる反射光の影響で，画像が見えにくくなるという問題が生じる．また，ディスプレイが大型化するに従い，周辺部分はある程度の角度をもっての視聴となってしまい，反射光の影響が無視できなくなってくる．このように屋外でのモバイルディスプレイとしての使用やディスプレイの大型化から，とくに反射による画像の劣化を防ぐことが望まれている．その反射光の影響を低減化することが，ディスプレイの特性を改善するための大きなポイントとなっている．

この反射光の影響を防ぐフィルムとしては，反射光を拡散によってぼやかすAG（anti-glare）フィルムと，反射光自体を干渉によって低減化するAR（anti-reflection）フィルムとがある．多くのPC用ディスプレイで用いられているのがAGフィルムであり，AGフィルムはフィルム表面や内面に光を散乱するためにマイクロメートルスケールの散乱体を有しており，光を散乱させて反射光をぼやかすという機能があるために，ディスプレイの解像度を落とすという欠点もある．一方，現在各社より上市されているARフィルムは多層構造をもっており，各層の屈折率および膜厚の制御を行うことで反射光どうしが干渉して打ち消しあうように設計されている．この多層タイプのものは多くの層を積み重ねることで，かなり広い波長範囲の光の反射を抑えることが可能である[1]．ただ，層を重ねることで製造工程が増え製造コストが高くなるため，コストとの折り合いを付けるために，一般的にディスプレイ用途で用いられているフィルムでは二層であり，図6-1に示すように広い波長範囲の反射を防止するのではなく，視感度の最も大きな580 nm付近の光の反射を強く防止するような設計となっている．

これとは異なる原理で，ガの眼の表面で発見されたモスアイ構造では，ナノメートルスケールの微細な凹凸構造を表面に形成することで，空気と基材の界面で屈折率を連続的に変化させて表面反射を防止できることが以前から知られており[2]，小面積での

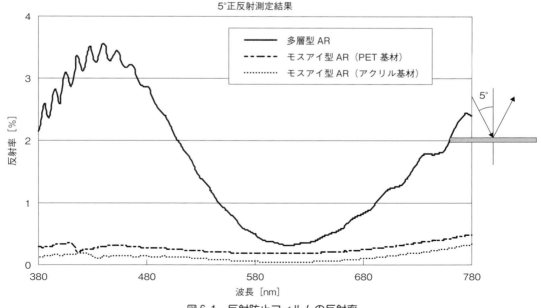

図6-1　反射防止フィルムの反射率

| Part II | 研究最前線 |

図 6-2　ガの眼の表面構造

実用化も実現されてきた[3]．図 6-2 は，ガの眼の表面構造を示したものである．ガの眼は，直径数百 μm のドーム状の複眼から形成されている．多くの光を取り込める構造ではあるが，多くの光を取り込むためには角度をもって入射してくる光を取り込む必要がある．このために角度をもった光でも，反射を防ぎ入射可能なモスアイ構造が形成されているものと考えられている．従来，このモスアイ構造はレーザー光の干渉露光や電子線描画により金型を作製し，その金型を用いてナノインプリントの手法で作製されていた．しかし，干渉露光の手法で形成される突起のサイズは 300 nm 程度が限界であり，可視光域全域で散乱による影響を受けない 250 nm 以下までの微小化は困難である．また，電子線描画では高精細のパターン形成は可能であるが，パターン形成の時間が非常に長いこと，ならびにコストが非常に高いという欠点がある．ナノメートルスケールの微細な凹凸構造を大面積で作製することは難しく，工業的には実現されていなかった[3]．

さらに，現在電子線描画や干渉露光のようなトップダウンの加工方式では，加工設備が非常に過大なものとなってきて，研究開発設備でさえ単独の企業では保有できないようなレベルになってきている．それに対しボトムアップの加工方式である自己組織化の手法では，用いる加工設備はかなり安価なもので済ませられ，一般的に大面積での構造形成が可能だというメリットがある．アルミニウムの陽極酸化によって，無数のナノメートルスケールの孔が形成されるポーラスアルミナは，この自己組織化による構造形成の代表例である．このポーラスアルミナは曲面上にも形成できることから，連続生産技術にとって必須の継ぎ目のないロール金型の作製が可能である．

1 モスアイ反射防止構造を形成するための金型の作製

アルミニウムを酸性電解液中で陽極酸化すると，表面に多孔性の酸化被膜が形成される．この酸化被膜はアルミニウムに耐食性を付与するための表面処理として古くから用いられてきた[4]．現在でも，アルミサッシのような大型の構造物にも処理が行われており，大型の金型を処理することも可能である．

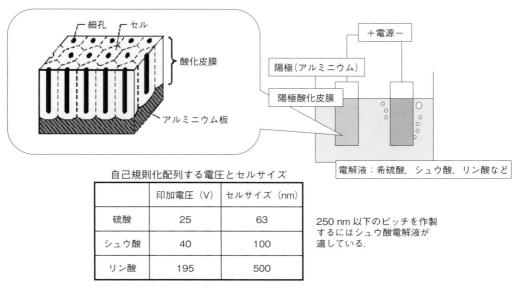

図 6-3 ポーラスアルミナとその作製方法
いわゆるアルマイトのこと．
特定条件下において自己組織化による規則性構造をつくる．

この陽極酸化被膜は特定の処理条件で形成することにより，自己組織的にきれいな配列体を形成することが知られており，ポーラスアルミナと呼称されている．ポーラスアルミナの構造は，セルとよばれる一定サイズの円柱状の構造体が細密充填した構造となる（図 6-3）．各セルの中心には，セルサイズの約 1/3 の径をもつ均一な径の細孔が配置されており，各細孔は膜面に垂直に配向して形成される．それぞれのセルのサイズ（細孔の間隔）は，陽極酸化の際の電圧に比例する．陽極酸化時の電圧を変化させることによって，細孔間隔を 10 nm から 500 nm 程度の範囲で制御することが可能である[5〜7]．

テーパー形状をもつポーラスアルミナからなるモスアイフィルム形成用金型の形成方法を，図 6-4 を用いて説明する．まず，定電圧下でアルミニウムの陽極酸化を行う．次に，形成した細孔をエッチングにより拡大処理を行った．エッチングにより孔径拡大処理を行ったものを，定電圧下でアルミニウムの陽極酸化を行う．すると，孔径拡大処理したナノホール底面より，最初と同じセル径の 1/3 の径である細孔が形成される．底部には，セル径の 1/3 の径を有する細孔，その上部にエッチング処理により拡大した径の部分が形成された複合形状のナノホールアレイが形成される．この一連の処理を複数回繰り返すことにより，擬似的なテーパー形状をもつモスアイ構造形成用金型が形成される[8]．

2 モスアイフィルムの作製

モスアイフィルムの作製には，光ナノインプリントのプロセスが適用されている．モスアイフィルムの作製プロセスのイメージ図が図 6-5 である．①まず，ポーラスアルミナ金型に光硬化性樹脂を充填し，PET などの透明な基板フィルムをかぶせる．この基板フィルムは，酸素による重合阻害を防止するという目的ももっている．②次に，基板フィルム側から UV 光を照射し，光硬化性樹脂を硬化させる．③最後に，保護フィルムと一体化した形状を付与した樹脂を金型から剥離する．この一連の工程を経由して，モスアイ反射防止フィルムが作製される．基板となるフィルムとしては，アクリル系フィルム，ポリエステルフィルム，ポリカーボネートフィルムなどが用いられる．図 6-5 の下側の写真は，左は作製したテーパー形状であるポーラスアルミナをもつモスアイ金型の断面の SEM 写真であり，中央がモス

| Part II | 研究最前線 |

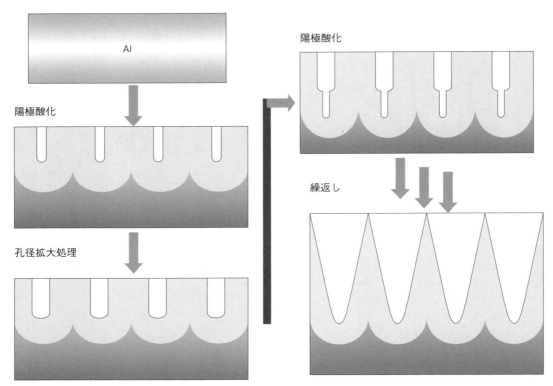

図 6-4　モスアイ金型作成方法の模式図

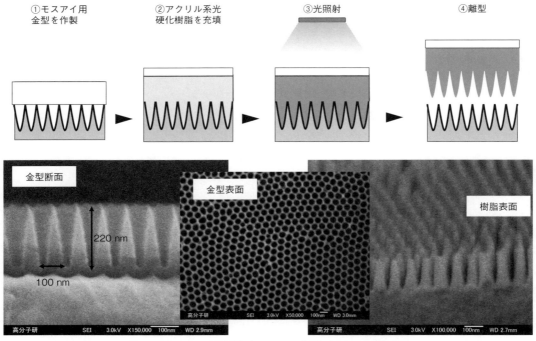

図 6-5　モスアイ反射防止フィルム作製プロセスの模式図

アイ金型の表面のSEM写真である．直径約100 nm のテーパー状の細孔がきれいに配列した形状となっている．また，右の図は，光ナノインプリントにより形成したモスアイフィルム表面のSEM写真である．モスアイ金型の形状がきれいに転写されていることが確認できる．

3 モスアイフィルムの反射率と映り込み

標準的な5°の角度をもたせた正反射を測定する方法により，反射率の測定を行った．測定結果を図6-1に示す．従来品のARフィルムは二層タイプのものを用いた．このフィルムは視感度の最も高い580 nm 付近の反射を選択的に防止するような特性をもち，580 nm 付近の波長では反射率は1%を切っているが，それ以外の波長域では反射率は大きくなっていることがわかる．この特性のために，従来の反射防止フィルムでは斜めから見た際に，色が付いたように見える．それに対し，モスアイフィルムは波長依存性がきわめて小さく，580 nm 付近も含め可視光域全域において反射率が0.5%以下の値となっている．

また，図6-6はモスアイフィルムを両面に貼り付けた樹脂板(左)と従来の二層タイプの反射防止フィルムを両面に貼り付けた樹脂板(右)との映り込みの比較を行った結果である．右側の樹脂板には蛍光灯の映り込みがはっきりと見える．それに対し，左側の樹脂板では映り込みはほぼ確認できなかった．

4 大型ロール金型を用いた連続賦形

ポーラスアルミナは大面積に，しかも曲面に形成できるという特徴をもち，アルミニウムロールへの陽極酸化を行い，大型のロール金型の作製が可能である．このロール金型を用いて連続的に基板フィルム上に，ナノインプリントによりモスアイ反射防止構造を形成できることが確認されている[9]．

大型のロール形状の鏡面加工したアルミニウムを，定電圧下で陽極酸化を行い，次に細孔径を拡大する処理を行った．これらの操作を複数回繰り返して，表面にテーパー形状のポーラスアルミナをもつロール金型を得た．

得られたロール金型を用いて，光硬化性樹脂を用いロールtoロールで連続的に樹脂フィルム上にモスアイ構造を転写した．樹脂表面および断面を電顕観察したところ，100 nm 周期の均一なサイズのモスアイ構造がナノインプリントされていることがわかった．本フィルムの反射率測定を行ったところ，

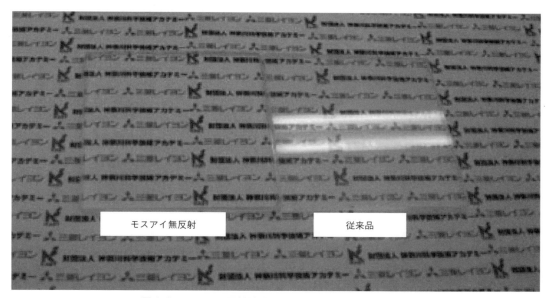

図6-6　モスアイ反射防止フィルムの映り込み評価結果

可視光波長域全域において反射率および反射率の波長依存性が低いことが確認できた.

5 まとめと今後の展望

モスアイフィルムは, ガの眼を模倣したバイオミメティック材料の典型的な材料である. 生体表面構造の多機能性が注目されている. モスアイ表面に疎水性ポリマーを用いると, 水の接触角が140°以上と超撥水性を発現する. 逆に親水性ポリマーを用いると, 水の接触角は20°程度と超親水性に近い性能を発現する. また, 近年モスアイ構造の付いた表面上を, アリなどの昆虫が登れないことが確認されてきた. アブラゼミの翅の表面にも透明ではないがモスアイ構造が付いていることが確認された. 汚れを雨水で落としたり, アリなどの外敵が登れないように, 構造が付いているものと考えられている. 害虫が登れないことを利用して, 体や農作物を害虫から守る目的で応用する取り組みもなされている. スマートフォン時代の到来とともに, モバイルディスプレイの重要度は大きくなってきている. モバイルディスプレイは屋外での使用も前提となっており, 反射防止機能, 撥水・親水特性や害虫滑落特性などを活用し, 多くの活用方法が考えられるなか, モスアイフィルムを大量に安価に製造することが望まれており, その課題解決の最有力候補が, 本章で紹介したポーラスアルミナを用いた連続光インプリントの技術である. この技術は, 従来のトップダウンの方式と対極にあるボトムアップの製造技術である自己組織化の応用例の代表的な事例となっている. このポーラスアルミナの研究は, 長年にわたって首都大学東京の益田秀樹教授の下に積み重ねられてきたものである. その技術を利用して, 神奈川科学技術アカデミー（現：神奈川県立産業技術総合研究所）益田グループと三菱レイヨン（現：三菱ケミカル）との共同研究において, 本技術開発は進められてきた.

◆ 文 献 ◆

[1] 小崎哲生, 小倉繁太郎, "光学薄膜とは何か", *O Plus E*, **30**, (8), 816.

[2] P. B. Clapham, M. C. Hultley, *Nature*, **244**, 281 (1973).

[3] 菊田久雄, "反射低減技術の新展開", 光学, **40**, (1), 2 (2011).

[4] H. Masuda, K. Fukuda, *Science*, **268**, 1466 (1995).

[5] H. Masuda, M. Yotsuya, M. Asano, K. Nishio, M. Nakao, A. Yokoo, T. Tamamura, *Appl. Phys. Lett.*, **78**, 826 (2001).

[6] T. Yanagishita, K. Nishio, H. Masuda, Jpn. *J. Appl. Phys.*, **45**, L804 (2006).

[7] T. Yanagishita, K. Nishio, H. Masuda, *J. Vac. Sci. B*, **25**, L35 (2007).

[8] T. Yanagishita, K. Yasui, T. Kondo, K. Kawamoto K. Nishio, H. Masuda, *Chem. Lett.*, **36**, 530 (2007).

[9] 魚津吉弘, 日本接着学会誌, **46**(5), 173 (2010).

Part II 研究最前線

Chap 7 バイオミメティック・バイオフィルムとしてのナノスーツ
NanoSuit as a Biomimetic Bio-Film

石井 大佑
（名古屋工業大学大学院工学研究科）

Overview

自然を注意深く観察することは，新しい発見に結びつく知見を得ることができる可能性を秘めている．しかし，虫眼鏡や光学顕微鏡などの，一般的な観察方法では，大きな動きや表面のミリメートルからマイクロメートル程度の構造の情報しか得ることができない．細かな動きや細胞サイズより微細な構造を観察するためには，電子顕微鏡を用いる必要があり，被観察物を超高真空環境下に置かなければならない．本章では，ショウジョウバエの幼虫が細胞外に分泌し体表面を保護する粘性の細胞外物質に電子線やプラズマを照射することで，高真空下でも乾燥することなく生きた状態で高分解能走査型電子顕微鏡観察できる"ナノスーツ法"を概説する．

300 μm

▲ナノスーツ法による生きた生物の電子顕微鏡観察 [カラー口絵参照]

■ **KEYWORD** 📖マークは用語解説参照

- ■ナノスーツ（NanoSuit）
- ■プラズマ重合（plasma polymerization）📖
- ■バイオミメティック・バイオフィルム（biomimetic ECS）
- ■走査型電子顕微鏡（SEM）
- ■含水試料（wetting material）
- ■斜入射X線回折（GI-SAXS）
- ■界面活性剤（surfactant）
- ■傾斜構造（gradient structure）

はじめに

近年，生物や植物の表面がもつ特異的なナノ・マイクロ構造と，それらが備えたさまざまな機能を模倣するバイオミメティクスが注目を集めている．バイオミメティクスという言葉と概念は，1950 年代後半に神経生理学者であるオットー・シュミットによって提唱された．生物や植物のバイオミメティクスには，ハスの葉の超撥水性を利用したセルフクリーニングやヤモリの脚裏構造を模倣した粘着テープなどが挙げられる．

植物の葉の外面は，生きた細胞でできているのではなく，生命をもたない殻である"クチクラ"という構造が，さまざまな種類のワックスの層で覆われたものである．ハスの葉の表面は数 μm のコブが配列した構造であり，さらに個々のコブには葉から分泌されたワックスの微結晶が突起状に並んでいる．このような階層性をもつフラクタル的な凸凹構造が，ハスの葉表面の超撥水性をもたらしている．このハスの葉表面では，その微細構造と分泌されるワックス状化合物の相乗効果により，超撥水性とそれに基づくセルフクリーニング効果を示すことが報告されている．

ヤモリの脚のつま先部分には多くの毛が密集して立っている．片脚で 50 万本近い数の，長さ 30〜130 μm の細い毛が生えている．さらに，この毛の先端は 100 本から 1000 本の細い毛に分かれており，その毛の先端はスパチュラ構造をしている．この突起ひとつひとつが面と接触し，ファンデルワールス力によって貼りついていると考えられている．このヤモリの脚裏構造を模倣した粘着テープが開発されている．

このように，生物や植物がもつ構造や機能を模倣して，新しい材料やシステムを開発する研究が多く行われている．しかし，これらの機能を発現しているナノからマイクロ構造を模倣し，新しい材料開発に結びつけるためには，生きている状態での生物の微細構造の観察が必要不可欠である．

1 ナノスーツ法の開発

上述した材料開発を目指したバイオミメティクス

の研究においては，表面微細構造を観察可能な走査型電子顕微鏡（SEM）による生物表面の観察は必要不可欠である．生物表面のナノからマイクロ構造はバイオミメティック材料設計の指針となるだけではなく，構造を精密に観察することは機能発現メカニズムの解明に直結する．しかし，高分解能電子顕微鏡観察では高真空条件に試料を配置しなければならないため，乾燥による収縮や変形を避けることは難しい．また多くの場合，生物表面に導電性はなく，SEM 観察における帯電を防止するために金属薄膜による表面処理が必要となる．とくに含水量の多い生物試料においては，表面処理時の構造変化を最小限にするために化学固定や凍結乾燥などの前処理が必要となる．最近では，蒸気圧が低く電荷をもつイオン性液体が，乾燥と帯電を解決する処理剤として用いられるようになった[1]．

しかし，化学固定や凍結乾燥などの前処理，イオン性液体による置換処置などを施したとしても，表面構造そのものが保たれているのかは明らかではない．10^{-2} Pa 程度の低真空 SEM では可能である含水状態での微細構造観察[2]が高真空下で実現できれば，より精細に微細構造が観察できるのではという非常識とも思える挑戦が，科学技術振興機構戦略的創造研究推進事業（JST-CREST）において，生物学と材料科学の異分野連携チームによってなされた[3]．その結果，"ナノスーツ法"と命名された新規手法により，"生きて動く生物の高解像度電子顕微鏡観察"を実現した[4]．

生きた試料を電界放射型走査電子顕微鏡（FE-SEM）観察の高真空下（10^{-5}〜10^{-7} Pa）に置くと，乾燥し収縮して死に至る．しかし，研究チームの若手研究者らは，昆虫やプラナリアなど身近で入手できる生物を生きたまま FE-SEM の試料室に入れて，高真空下での観察を行い続けた．多くの生物は従来の予想どおり，乾燥して体積収縮してしまったが，ショウジョウバエの幼虫であるウジが乾燥収縮せずに 30 分以上生きて動く状態で観察できることを見いだした．驚くべきことに，電子顕微鏡観察後の幼虫を試料室から取りだして通常の飼育をしたところ，外見的にはまったく正常な成虫になった．しかし，

乾燥収縮して死に至る幼虫も見られることから，観察条件を詳細に検討した結果，電子顕微鏡の試料室で高真空下に静置してから顕微鏡観察を行うまでの時間に関係することが明らかになった．つまり，高真空下に長時間静置しておくと乾燥収縮してしまうのに対し，高真空下に静置後に，観察可能な条件になると同時に電子線照射をし始め，構造観察すると，生きた状態が維持されていた．この結果は，ショウジョウバエの幼虫の表面への電子線照射が，乾燥耐性と生存をもたらしていることを示唆している（図7-1）．

ショウジョウバエと同じような現象はハチの幼虫でも見られた．これらの幼虫は，体外に粘性の物質で体表面が覆われている．ウジが殺菌効果のある物質やタンパク質分解酵素を出しながら腐敗した細胞や壊死細胞のみを食べることを利用して，糖尿病性壊疽などの患部から壊死組織のみを除去するとともに殺菌を行う"マゴットセラピー"（Maggot Debridement Therapy：MDT）が知られている[5]．このような物質は maggot excretions/secretions（maggot ES）とよばれ，タンパク質，脂質，多糖類などを含む細胞外物質（Extra Cellular Substances：ECS）である．

一方，高真空下において有機物に電子線を照射すると，硬化や架橋，グラフト重合などの化学反応が起こることは古くから知られている．同様の反応はプラズマ照射によってももたらされる（プラズマ重合）．そこで，FE-SEM観察の前にショウジョウバエの幼虫に真空プラズマを照射したところ，乾燥収縮することなく動いていた．プラズマ照射が電子線照射と同様の効果をもたらすため，電子線やプラズマを照射することによって細胞外物質（ECS）に化学変化が起こり，高真空下における乾燥耐性が付与されたことを示している．また，FE-SEM観察後に，透過型電子顕微鏡（TEM）によって試料表面の断面観察を行うと，乾燥収縮した幼虫の体表面には電子

・ECSをもつ生物に電子線照射するとナノ薄膜が形成

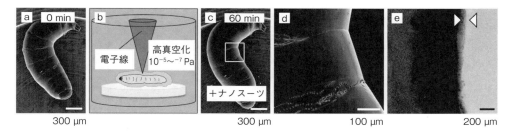

・電子線照射しないとナノ薄膜は形成せず体積収縮

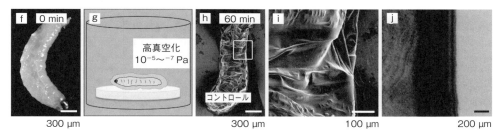

図7-1 ショウジョウバエの幼虫のFE-SEM観察(a)
電子線顕微鏡内の高真空化の元に置くと同時に電子線を照射し観察すると(b)，1時間過ぎてもその乾燥収縮はなく形態は変化していなかった(c，□部の拡大d)．一方，実体顕微鏡下での健常なショウジョウバエの幼虫(f)を電子顕微鏡内に入れて高真空にし(g)，時間を置いた後に電子線を照射して観察すると，60分後には乾燥収縮した(h，□部の拡大i)．FE−SEM観察後に幼虫の体表最外層を透過型電子顕微鏡（TEM）で観察すると，乾燥収縮した試料(j)では観察されない層が電子線照射した試料(e)では明確に観察された（三角矢頭で挟んだ部分）．

密度の高い層がある〔図7-1(j)〕．一方，真空下に晒すと同時に電子線を照射した幼虫では電子密度の高い層の上に50～100 nmの電子密度の薄い層が見られた〔図7-1(e)〕．真空プラズマ照射した幼虫でも，体表最外を覆う電子密度の低い層は観察されている．これらの結果は，電子線照射やプラズマ照射によって幼虫体表のECSが重合し，乾燥耐性などの保護効果がある薄膜が形成されたことを示唆している．この表面保護効果をもつナノ重合薄膜は，"ナノスーツ"と命名された．

2 バイオミメティック・バイオフィルム

通常の電子顕微鏡観察において乾燥収縮して死に至ってしまう生物を観察する場合においても，上述したECSと同等の保護層であるナノスーツを付与できれば，生きた状態でのFE-SEM観察が可能になると考えられる．生物が細胞外に分泌する物質は，脂質，多糖類，タンパク質等，多種多様である．脂質分子は生体膜の主要成分であり，保護膜の模倣モデルとして有力である．そこで脂質分子と同様に，疎水部と親水部の両方をもつ生体適合性の汎用界面活性剤であるTween 20をECS模倣モデル化合物として選択した．

蚊の幼虫であるボウフラは，水面下で生息しているため，分泌したECSはただちに水中に溶解する．そのため，採取したままの状態で電子線照射や真空プラズマ照射をしても，その後のSEM観察時には経時に伴って乾燥収縮してしまう．ところが，体表面に1 wt % Tween 20水溶液を塗布した後に電子線照射またはプラズマ照射をすると，乾燥収縮することなく30分以上も生きて動く状態でのFE-SEM観察ができた．さらに，SEM観察後の体表面の断面のTEM観察により，約50 nmのナノ薄膜の形成が確認された（図7-2）．

・ECSをもたない生物ではナノ薄膜は形成せず体積収縮

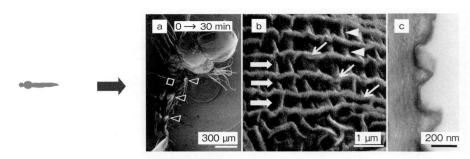

・Tween 20被覆後に電子線照射するとナノ薄膜が形成

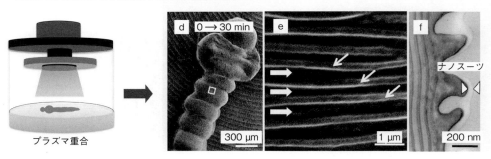

図7-2 バイオミメティック・バイオフィルムとしてのナノスーツ
採取したままのボウフラをFE-SEM観察すると，直ちに体の収縮による変形が起こり，数分の間に扁平になる(a)．一方，1wt % Tween 20水溶液で体表面を被覆した後に真空プラズマ処理すると，乾燥による体積収縮はなく(d)，生きたまま微細構造が観察できる．(b)は(a)の，(e)は(d)の□部分の拡大で，乾燥によって皺が形成されているが，生きた状態では規則性の表面構造であることが明確に判る(e)．表面の断面TEM観察を行うと，Tween 20のナノスーツで被覆した試料ではショウジョウバエの幼虫と同様に最外層に50～100 nmの薄膜が形成されていた(f)．

観察後のボウフラは，飼育すると外見的にはまったく正常な蚊に成長した．実際に昆虫の幼虫だけでなく，それ以外の生物にも Tween 20 水溶液を用いたナノスーツ法による FE-SEM 観察を試みた結果，電子顕微鏡のチャンバー内に入れることのできるサイズの多くの生物において，生命を維持しながら動的な観察に成功した．また，植物や細胞などの異なる含水試料にもナノスーツ法は適用できた．このように，含水試料の生きたままの状態での観察により，生物のもつ未知の生命現象や行動の解明が期待される．

3 ナノスーツの工学応用へ向けた物性評価

バイオミメティック・バイオフィルムの原料である Tween 20 水溶液をガラス基板上にスピンコートした液膜は真空プラズマ照射することで，表面から硬化が進行するとともに，水に不溶な自立膜が得られることもわかっている[6]．Tween 20 がプラズマ照射によってどのように変化するのかを，非破壊で分子配列構造が同定可能な斜入射 X 線回折（GI-SAXS）により検討した．50 wt% の Tween 20 水溶液をガラス基板上に 1500 rpm でスピンコートした後，真空（約 1.0 Pa）下で酸素プラズマを照射した．プラズマ照射時間を 1〜20 分間と変化させた際の GI-SAXS を測定した（図 7-3）．照射初期に面内方向における規則構造の形成が観察され，照射最表面は面内配向性の高い緻密な分子構造をしていた．照射が進むにつれ，面内の回折強度は弱くなり，10 分以上照射した場合は配向性の高い緻密な分子構造は観測できなかった．つまり，膜全体が配向性の高い緻密な分子構造をとっているわけでなく，膜の照射側表面では配向性の高い緻密な分子構造で，膜の内部から基板側表面では密度の低いアモルファスなネットワーク構造を形成していると考えられる．このことから，Tween 20 のプラズマ照射により，照射表面から非照射表面までの連続的な重合密度の勾配が形成されていることが示唆される．図 7-4 に示す Tween 20 の断面 TEM 像や AFM 像，および，EDX による元素分析結果からも重合密度の高い照射側表面から重合密度の低い非照射側表面まで，連続的に変化していることがわかる．

現在，FT-IR などによる構造解析とともに水蒸気透過量の評価を行い，"ナノスーツ"がもたらす表面保護効果の機構を明らかにしている．さらに，Tween 20 以外のバイオミメティック・バイオフィルムを探索しており，脂質をはじめとする両親媒性化合物，糖類，アミノ酸，イオン液体など多くの化合物が，"ナノスーツ"として有効であることが明らかになりつつある[7]．

4 まとめと今後の展望

最近，"ナノスーツ"法が TEM にも応用できることが見いだされ，細胞や組織観察が可能となりつつある．また，ゲル等のソフトマテリアルなど材料観察にも供せられ，医学・生物学に限らない一般的手法として期待されている．一方，"ナノスーツ"の構造やバリア機能などの物理的解明も急がれるところである．そのためにもさまざまな分野へ広く普及さ

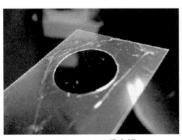

Tween 20 重合膜

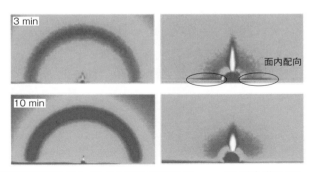

図 7-3 Tween 20 重合膜の写真と，照射時間を 3 分と 10 分と変化させた Tween 20 重合膜の GI-SAXS の結果

| Part II | 研究最前線 |

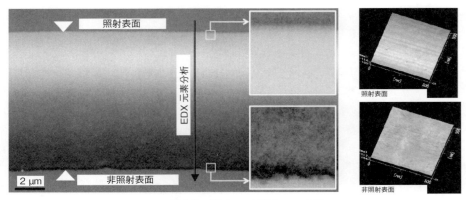

Tween 20 重合膜の断面 TEM 画像と AFM 画像

図 7-4　Tween 20 の断面 TEM 像および AFM 像
重合密度の高い照射側表面から重合密度の低い非照射側表面まで，連続的に変化している．

せることが急務である．

◆　文　献　◆

[1] S. Kuwabata, A. Kongkanand, D. Oyamatsu, T. Torimoto, *Chem. Lett.*, **35**, 600 (2006).

[2] R. F. Pease, T. L. Hayes, A.S.Camp and N. M. *Science*, **154**, 1185 (1966).

[3] JST のプレス発表サイト．FE-SEM 観察の動画を見ることができる．http://www.jst.go.jp/pr/announce/20130416/

[4] Y. Takaku, H. Suzuki, I. Ohta, D. Ishii, Y. Muranaka, M. Shimomura, T. Hariyama, *Proc. Natl. Acad. Sci. USA*, **110** (19), 7631 (2013).

[5] G. Cazander, M. C. van de Veerdonk, C. M. J. E. Vandenbroucke-Grauls, M. W. J. Schreurs, G. N. Jukema, *Clinical Orthopaedics and Related Research*, **468**, 2789 (2010).

[6] H. Suzuki, Y. Takaku, I. Ohta, D. Ishii, Y. Muranaka, M. Shimomura, T. Hariyama, *Plos One*, **8**, e78563 (2013).

[7] (a) 針山孝彦，高久康春，鈴木浩司，平川聡史，河崎秀陽，下村政嗣，石井大佑，太田　勲，村中祥悟，「含水状態の生物試料の電子顕微鏡観察用保護剤，電子顕微鏡観察用キット，電子顕微鏡による観察，診察，評価，定量の方法並びに試料台」，国際出願番号 PCT/JP2015/52404，平成 27 年 1 月 28 日；(b) 針山孝彦，鈴木浩司，高久康春，下村政嗣，石井大佑，太田　勲，村中祥悟，「有機重合薄膜とその製造方法」，国際出願番号 PCT/JP2013/074141，平成 25 年 9 月 6 日．

Chap 8

自己修復型撥液材料

Hydrophobic/Oleophobic Materials Showing Self-healing Properties

穂積　篤
（産業技術総合研究所）

Overview

ハスの葉を模倣した超撥水材料の研究が，最近のバイオミメティクスブームにも乗り再び活況を呈している．最近では対象となる液体も，水だけでなく，油，有機溶剤のような低表面張力液体やマヨネーズのような高粘性液体へと広がりつつある．しかし，人工的なハスの葉模倣表面は，摩耗などによる微細構造の崩壊や，表面を被覆している低表面エネルギー物質の剥離が生じると，その機能は著しく低下し，永久に回復しないため，実用化が思うように進んでいない．これに対し，生物は新陳代謝によって体表組織を再生・補修することにより，表面機能を長期間持続させている．この生物のもつ機能維持メカニズムに倣い，補修物質の徐放による自己修復機能を人工材料に付与することができれば，表面機能の持続性の著しい向上が期待できる．本章では，表面の微細構造，化学組成の再構築に着目した自己修復型撥液材料の最新の研究を紹介する．

▲傷を入れても自己修復する超撥水材料
［カラー口絵参照］

■ **KEYWORD** □マークは用語解説参照

- 撥水性（hydrophobicity）
- 撥油性（oleophobicity）
- 静的接触角（static contact angle）□
- 転落角（tilt angle）
- 離漿（syneresis）
- 自己修復（self-healing）
- SLIPS（slippery liquid infused porous surface）
- SLUG（self-lubricating gel）

| Part II | 研究最前線 |

1 自己修復機能をもった撥液材料が 求められる背景

生物は40億年にわたる進化の過程において，過酷な自然環境や生存競争を生き抜くために必要な機能を，その表面構造を最適化することにより獲得してきた．たとえば，ハスの葉表面には高さ5〜15 μm の突起物が存在し，突起物表面は分泌された nm スケールのプラントワックス(低表面エネルギー物質)の微結晶により覆われている．このような階層性をもつ凸凹構造が，ハスの葉表面の超撥水性・自己洗浄機能の発現に重要な役割を果たしている[1]．また，生物は，常温・常圧というきわめて温和な条件下で，地球上にふんだんに存在する安価で低環境負荷の汎用元素(炭素，水素，酸素，ケイ素，窒素など)を利用して，ボトムアップ(自己組織化)プロセスを利用してこのような階層構造をいとも簡単につくり上げている．レアメタル，有機フッ素化合物，化石燃料，トップダウンプロセスに依存するわれわれ人類のものづくりの手法とは，パラダイムがまったく異なる．

わが国では1990年代後半から，ハスの葉を模倣した超撥水材料に関する研究が盛んに行われてきた．筆者が濡れ性の研究をライフワークにするきっかけとなったのは，大学の博士課程の時，プラズマCVD の成膜条件ミスで偶然にできてしまった超撥水薄膜に遡る[2]．くしくもこの年は，ドイツ，ボン大学の Wilhelm Barthlott らがハスの葉効果の論文を発表した年でもあり[1]，日本では辻井薫ら(当時，花王)が，すでに超撥油材料(アルミニウムの陽極酸化皮膜をフッ素化合物で処理)を開発した年でもあった[3]．21世紀に入り，世界的なバイオミメティクスブームの追い風も受け，超撥水材料に関する研究分野は再び活況を呈している．

ここ数年，毎年1,000報を超える論文が発表されており(Web of Science®，Topic："superhydrophobic*"or "ultrahydrophobic*"で検索)，また最近では，対象となる液体も，水だけでなく，油，有機溶剤のような低表面張力液体やマヨネーズのような高粘性液体へと広がりつつある(本章では水以外のさまざまな液体をはじく，あるいは滑落さ

せることができる表面の性質を撥液性と定義するとともに，接触角が150°を超える場合に"超"を付けることにする)．ハスの葉上の水滴のように油滴が滑落する超撥液材料の開発は，辻井らの研究から10年が経過した2007年に発表された Tuteja らの論文[4]を契機に，世界中で脚光を浴びるようになった．

しかしながら，このような旺盛な基礎研究とは対照的に，人工的な超撥液材料には表面の微細構造に起因する多くの課題が存在するため，実用化が思うように進んでいない．その主たる理由には，摩耗などの損傷による微細構造の劣化/破壊，表面を被覆している低表面エネルギー物質の剥離，不純物の堆積などが起こると，その機能が著しく低下し，永久に回復しないことがあげられる[5]．これに対し，ハスの葉のような植物は，新陳代謝により常にプラントワックスを分泌することで損傷を自己修復し，機能を回復・持続させている．このような生物の分泌による自己修復機能にならい，修復成分を徐放するような機能を人工材料に付与することができれば，表面機能の持続性，耐久性の飛躍的な向上が期待できる．

2 自己修復に着目した撥液/超撥液材料の 研究動向

最近の撥液/超撥液材料に関する研究は主に，1)表面の微細構造化と低表面エネルギー処理により見かけの接触角(静的接触角：θ_S)を極限まで大きくし，液体と固体表面の接触面積を小さくする[3,4]，2)多孔質媒体に潤滑性のある低揮発性液体を含浸させて安定な液体膜を形成し，表面に付着した液体の滑落性を向上させる[5,6]ことに焦点が絞られている．後者の研究は，ハーバード大学[5]や MIT[6]の研究者らによって精力的に進められている．いずれも基本原理は類似しており，食虫植物であるウツボカズラの捕虫機構に着想を得ている．ウツボカズラの捕虫器囲口部の微細な溝は，降雨により湿度が高くなると薄い水膜で覆われ滑りやすい状態となり，囲口部を歩行する昆虫は捕虫器内部に落下する．

この滑落機構を模倣し，水の代わりに低揮発性の

潤滑液を多孔質媒体に含浸させて作製した機能表面/材料を，ハーバード大学は Slippery Liquid-Infused Porous Surface（SLIPS™）[5]，MIT は LiquiGlide™[6] とそれぞれ命名している．安定した液体膜を形成するためには，想定する付着物の物性に合わせた最適な表面設計〔(i)潤滑液と(ii)多孔質材料の組合せ〕が重要であるとされている．たとえば，SLIPS™ では，(i)にフッ素系潤滑液（3M™ Fluorinert™ FC-70），(ii)にパーフルオロアルキルシラン（FAS17）で表面処理を施した多孔質エポキシ樹脂を利用することで，さまざまな液体（水，炭化水素系液体，血液，調味料，氷など）の付着を抑制することに成功している[5]．一方，(ii)の多孔質樹脂表面を FAS17 で処理しなかった場合，付着液は SLIPS™ 表面にピン止めされてしまい，十分な滑落性が得られない．また，潤滑液は液体であるため，SLIPS™ 内部を自由に移動することができる．そのため SLIPS™ は損傷しても，初期の撥液・難付着性が瞬時に回復するという自己修復機能も兼ね備えている．

　しかし，SLIPS™ のような液体膜を利用した撥液材料は，蒸発などによって潤滑液が減少するにつれ，その機能が徐々に低下するという課題があった[7]．そこで，内部に貯液層，あるいは葉脈状空洞を 3D 印刷技術により作製し，それらを潤滑液で充填することで，蒸発によって劣化する表面機能の持続を図っている[8]．現在，ハーバード大学および MIT では，これらの撥液技術をもとにベンチャー企業を立ち上げており，食品包装分野，医療分野，製造設備分野などへの応用展開を視野に入れ，SLIPS™/LiquiGlide™ の実用化を急ピッチで進めている[6,9]．

　上記の液体膜以外では，撥液/超撥液材料の自己修復に関する研究はきわめて少ない．2011 年に Wang らはアルミニウムを二段階で陽極酸化することで，表面にマイクロメートルスケールのラフネスとナノスケールの細孔を導入した．真空下，65℃で perfluorooctanoic acid（$CF_3(CF_2)_5COOH$，PFA）を細孔内に充填したところ，初期表面は各種液体（水，グリセロール，ヨウ化メチレン，n-ヘキサデカン，

菜種油）に対して θ_S が 150°以上の超撥液性を示した．また酸素プラズマ暴露後も，ナノ細孔内から PFA が除放され，超撥液性が自己修復することを確認している．自己修復に要する時間は温度に依存し，室温よりも高温（70℃）ほど早く修復した[10]．また Zhou らは，シリカナノ粒子，バインダーとなるフッ素樹脂，フルオロアルキルシラン〔$1H,1H,2H,2H$-perfluorodecyltriethoxysilane（$CF_3$$(CF_2)_7CH_2CH_2Si(OC_2H_5)_3$）〕を用い，2 段階でディップコーティングすることにより，自己修復性のある超撥液繊維（ポリエステル）を作製している[11]．得られた表面の水，大豆油，n-ヘキサデカンに対する θ_S はいずれも 160°以上で，転落角（θ_T）はそれぞれ，2°，5°，7°であった．この超撥液繊維は Air プラズマに暴露した後も，室温放置，加熱処理（130℃，5 分）により超撥液性は回復した．また，プラズマ/加熱処理を 100 回繰り返した後も優れた滑落性を維持していた[11]．

　これらの材料は，低表面エネルギー物質層がダメージを受けても，あらかじめ含浸しておいた予備の低表面エネルギー物質が外部環境に応じて再び表面に滲み出すことで，超撥液性が自己修復するように設計されている．このほかにも同様のコンセプトで，マイクロカプセル，多孔質皮膜/粒子などに低表面エネルギー物質をあらかじめ充填しておく手法が提案されている[12]．

2-1　離漿を利用した自己修復型撥液材料

　筆者らは，SLIPS™ のように常に液体が大気に曝されている状態は，液体の蒸発，不純物の付着などが生じるため，表面機能の持続性の観点から好ましくないと考えた．そこで，たとえばナメクジが体表から粘液を分泌するかのごとく，機能液体（撥液成分や修復成分）を必要な時に必要な分だけ材料表面に徐放させることができれば，表面機能を持続させることができるのではないかと考え，われわれの日常生活になじみの深い"離漿"（ヨーグルトやゼリー表面に水が浮いてくる現象）に着目した．当初はゲル体のなかにあらかじめ機能液体を入れておけば，環境（温度）に応答して，機能液体が離漿してくるのではないか，と期待した．

| Part II | 研究最前線 |

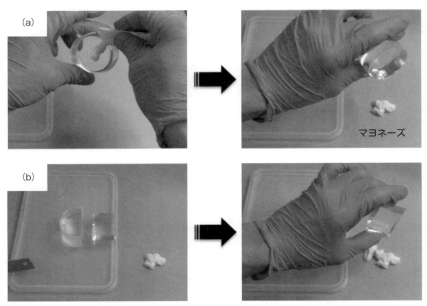

図 8-1 ヘキサデカンを用いて作製した撥液材料の自己修復性
(a)試料切断前，(b)試料切断後．

　そこで，機能液体を保持する材料に，透明性，柔軟性，熱安定性，有機液体に対して親和性を示すポリジメチルシロキサン(PDMS)を選んだ．われわれはまずはじめに，鎖長(炭素数)の異なる油(直鎖状アルカン：C_nH_{2n+2}, n = 10, 12, 14, 16)を用いて，PDMS 前駆液との溶解性，アルカン鎖長と離漿の関係を詳細に調べた．ヒドロシリル(Si−H)基(PDMS_H)およびビニルシリル(Si−CH=CH$_2$)基を含む変性シリコーン(PDMS_V)の混合物(PDMS 前駆液)に直鎖状アルカンを添加し，白金系触媒を用いたヒドロシリル化反応によりゲルを作製した．試料を室温で放置したところ，n = 16(n-hexadecane)を用いた場合のみ，数分でゲル表面より n-hexadecane の離漿が観察された．われわれはこのナメクジの粘液分泌に着想を得て作製したゲルを Self-Lubricating Gel：SLUG(ナメクジ)と名付けた[13]．SLUG 表面では離漿により油膜が形成され，PDMS 樹脂と粘性液体との直接的な接触が抑制されるため，粘性液体(マヨネーズ)はこの試料表面をスムーズに滑落すると考えられる〔図 8-1(a)〕．また，この SLUG をカッターナイフで切断しても，切断面から n-ヘキサデカンが滲み出し，油膜が再形成され撥液性の自己修復が確認された〔図 8-1(b)〕．一方，n ≤ 14 では，離漿は確認されず，粘性液体は表面に付着したままであった．

2-2　表面微細構造が再構築される自己修復型超撥水材料

　次に筆者らは，ハスの葉のプラントワックスを使ってハスの葉表面のごとく，自発的に超撥水表面をつくることはできないか，と考えた．そこで，実際にハスの葉からプラントワックスを抽出し，トルエンに溶解した後，PDMS 前駆液と混合し，上記と同様の手法でゲルを作製した．プラントワックスは表面エネルギーと粘性が低いため，ゲル内部から表面に容易に移動する性質があることを見いだした．そのため，時間経過とともにプラントワックスが離漿し，プラントワックスに由来する超撥水層が試料表面に形成した．この超撥水層を機械的に除去すると超撥水性は直ちに失われたが，プラントワックスは持続的に試料最表面に移動するため，時間とともに凹凸構造が再生し，超撥水性が回復した．同様の凹凸構造の再生はプラントワックスに限らず，超撥

図8-2 オクタデシルトリクロロシランを用いて作製した超撥水材料の自己修復性
(a)作製直後，(b)大気中で24時間放置，(c)電動ドリルで微細構造を破壊，(d)破壊後の表面の撥水性，(e)大気中で24時間放置．

水構造の形成が可能な分子，たとえば，アルキルケテンダイマーなどを利用しても可能であった．

しかし，このプラントワックス由来の凹凸構造は，有機溶媒によって容易に溶解し消失するという欠点があった．そこで，耐溶媒性を向上させるため，加水分解・縮重合反応により，三次元架橋構造を骨格にした超撥水凹凸構造を自発的に形成することが知られているアルキルシラン(たとえば，オクタデシルトリクロロシラン：ODS，$CH_3(CH_2)_{17}SiCl_3$)に着目した．しかし，ODS自体はPDMS前駆液に溶解しない．そこで，この問題を解決するために，ODSとイソセタンをあらかじめ混合し，それを前駆液と混ぜ合わせる手法をとることで，ODSをゲル内部に導入することに成功した．

図8-2(a)に示すように，硬化直後の試料は透明であったが，大気中に3時間放置すると，表面に離繋したODS分子が大気中の水分と徐々に反応し，自己組織化(加水分解・縮重合反応の進行)により微細構造が試料表面に形成した〔図8-2(b)〕．この表面は超撥水性(θ_S：157°)を示し，表面に静置した水滴はピン止めされることなくわずかな傾きで滑落した．表面の微細構造を電動ドリルにより完全に破壊したところ〔図8-2(c)〕，撥水機能は著しく低下し，水滴のピン止めが確認された〔図8-2(d)〕．しかし，大気中に24時間，試料を放置することにより微細構造の再構築が起こり，表面は再び超撥水化した〔図8-2(e)〕．超撥水材料については，すでに10,000報近い論文が報告されているが，微細構造の再構築により超撥水性が自己修復する事例はこれまでになく，まったく新しい超撥水材料であるといえる．しかし残念なことに，ODSの高い反応性が裏目に出て，微細構造の再構築は試料作成後，数日以内しか持続しないことがわかった．

2-3 化学組成が再構築される自己修復型超撥水材料

次に筆者らは，微細構造形成に寄与する成分のほかに，表面の化学特性を持続させるための成分をゲル内部に導入すれば，表面機能の持続性が改善されるのではないかと考えた．そこで，役割の異なる二つの成分，プロピルトリクロロシラン($CH_3(CH_2)_2SiCl_3$，微細構造形成)と非反応性PDMS(機能持続成分)を，前駆液と混合してゲルを作製した．硬化直後の試料は透明であったが，大気中に24時間放置したところ，ナノ～マイクロメータスケールのファイバーが形成し試料表面は超撥水化した〔図8-3(a)〕．

この試料に真空紫外光〔Vacuum UV(VUV)，波長172 nm〕を真空下で1～24時間照射(ドーズ量：36～864 J/cm^2)，あるいは酸素プラズマを照射した

| Part II | 研究最前線 |

> **+ COLUMN +**
>
> ★いま一番気になっている研究者
>
> ### Joanna Aizenberg
> （アメリカ・ハーバード大学 教授）
>
> 2011年，アメリカ・ハーバード大学のJoanna Aizenberg教授の研究グループは，食虫植物であるウツボカズラの捕虫機構に着目し，Slippery Liquid Infused Porous Surface(SLIPS™)とよばれる機能表面を開発した〔Nature, 477, 443 (2011)〕. ウツボカズラの捕虫器内壁には微細な溝があり，湿潤環境下では溝は水性の膜で覆われている．昆虫の脚の油はこの水性の膜によってはじかれ，捕虫器に溜まった消化液の中に落下する．彼女らはこの内壁構造を模倣し，エポキシ樹脂製の多孔質媒体にフッ素系潤滑液を充填してSLIPSを作製した．SLIPSは低表面張力液体で被覆されているため，水，炭化水素系液体，原油，血液などさまざまな液体に対して優れた滑落性(転落角5°以下)を示すだけでなく，自己修復機能も兼ね備えている．SLIPSはこれまでの表面処理では困難とされてきた，粘性物質，エマルション，氷雪の付着抑制表面として幅広い産業分野での応用が期待されている．

図8-3　プロピルトリクロロシランを用いて作製した超撥水材料
(a)表面のSEM写真と超撥水性，(b)屋外暴露試験1年後の試料．

ところ，光酸化により表面は超親水化した．しかし，室温放置あるいは加熱処理により再び超撥水化することがわかった[14]．ゲル内部に留まっていた非反応性PDMSが表面に移行し，表面の化学組成の再構築が起こったためである．波長が違うため直接の比較は困難だが，ドーズ量だけで見れば，1～24時間のVUV光照射は，那覇におけるUV-B量の1～30年分に相当する．VUV光の波長を考えれば，この超撥水材料の耐候性はきわめて優れていることが容易に想像できる．現在，屋外暴露試験を実施しているが，約1年半近く放置した現在も，外観，超撥水性に大きな変化はない〔図8-3(b)〕．

3 まとめと今後の展望

生物の自己修復機能にならい，表面に機械的，化学的な損傷が生じた場合でも，機能液体(撥液成分や修復成分)の1)徐放，2)自己組織化(加水分解・縮重合反応)による表面微細構造の再構築，3)表面移行による化学組成の再構築，により表面機能が回復するこれまでにない新しいバイオミメティック材料について紹介した．自己修復機能をうたったさまざまな超撥液材料がこれまでに報告されているが，微細構造の再構築により表面機能が自己修復する材料はこれまでに報告されていない．

しかしながらわれわれが開発した材料には，生物

のような新陳代謝機能がないため，自己修復機能の持続期間には限界がある．また，現状では撥液対象液体は水に限定されている．さらなる持続性を実現するためには，機能液体の選定と長期保持するためのマイクロ/ナノカプセル製造技術，それらをマトリックス内に均一分散させる技術も重要になってくるであろう．さらには，簡便な手法による修復，外部から機能液体を別途補充するようなシステムの構築も視野に入れて開発を進める必要がある．生物の究極のものづくりプロセス/機能発現メカニズムにならい，そこに人類の叡智を加えることで，コストだけではなく現在の社会が抱えている資源，エネルギー，環境問題を解決し，持続可能性社会を実現することができる．

◆ 文 献 ◆

[1] W. Barthlott, C. Neinhuis, *Planta*, **202**, 1 (**1997**).

[2] A. Hozumi, O. Takai, *Thin Solid Films*, **303**, 222 (1997).

[3] K. Tsujii, T. Yamamoto, T. Onda, S. Shibuichi, *Angew. Chem. Int. Ed. Engl.*, **36**, 1011 (1997).

[4] A. Tuteja, W. Choi, M. Ma, J. M. Mabry, S. A. Mazella, G. C. Rutledge, G. H. McKinley, R. E. Cohen, *Science*, **318**, 1618 (2007).

[5] T.-S. Wong, S. H. Kang, S. K. Y. Tang, E. J. Smythe, B. D. Hatton, A. Grinthal, J. Aizenberg, *Nature*, **477**, 443 (2011).

[6] https://liquiglide.com

[7] J. Zhang, L. Wu, B. Li, L. Li, S. Seeger, A. Wang, *Langmuir*, **30**, 14292 (2014).

[8] C. Howell, T. L. Vu, J. J. Lin, S. Kolle, N. Juthani, E. Watson, J. C. Weaver, J. Alvarenga, J. Aizenberg, *ACS Appl. Mater. Interfaces*, **6**, 13299 (2014).

[9] http://www.slipstechnologies.com

[10] X. Wang, X. Liu, F. Zhou, W. Liu, *Chem. Commun.*, **47**, 2324 (2011).

[11] H. Zhou, H. Wang, H. Niu, A. Gestos, T. Lin, *Adv. Funct. Mater.*, **23**, 1664 (2013).

[12] (a) Y. Li, L. Li, J. Sun, *Angew. Chem. Int. Ed.*, **49**, 6129 (2010)；(b) Q. Rao, K. Chen, C. Wang, *RSC Adv.*, **6**, 53949 (2016)；(c) Q. Liu, X. Wang, B. Yu, F. Zhou, Q. Xue, *Langmuir*, **28**, 5845 (2012).

[13] C. Urata, G. J. Dunderdale, M. W. England, A. Hozumi, *J. Mater. Chem. A.*, **3**, 12626 (2015).

[14] L. Wang, C. Urata, T. Sato, MW. England, A. Hozumi, *Langmuir*, **33**, 9972 (2017).

Chap 9

生物から学ぶ接合技術
Biomimetic Adhesion Technology

細田奈麻絵
(物質・材料研究機構)

Overview

持続可能な開発のための国際目標として SDGs (Sustainable Developement Goals)「持続可能な開発のための 2030 アジェンダ」が国連サミットで 2015 年に採択され,日本の科学技術開発においても SDGs への貢献度が問われようとしている.本書のテーマである"バイオミメティクス"は,生物の循環性・高効率(省エネルギー)・常温プロセス・機能性に優れたものづくりをモデルとしているものであり,SDGs への貢献が期待される.

本章では,リサイクルを基調とした持続可能社会で要求される環境にやさしい接着技術について,バイオミメティクスの視点とともに,生物学的な接着モデルについて研究例を紹介する.

▲ニホンヤモリとヤモリ型接着構造の模式図
[カラー口絵参照]

■ KEYWORD 🔲マークは用語解説参照

- 接着(adhesion)
- 可逆的接着(reversible adhesion)
- 非着(non adhesion)
- バイオミメティクス(biomimetics)
- ハムシ(leaf beetles)
- ヤモリ(gecko)
- 食虫植物(carnivorous plants)
- 水中接着(underwater adhesion)

1 環境に優しい接着・接合技術

接着・接合技術の分野では，従来は強固に接合する信頼性の高い技術が重視されたが，持続可能社会ではリサイクルを基調とした資源分別のために解体しやすいモノづくりが要求されるようになり，とくに接合部を簡単に分離できることが重要となっている．しかしながら，強固に接合することと，簡単に剥がせることは矛盾した要求で，技術的に困難な課題である．

一方，生物の接着では，剥離性や繰返し接着に優れたものがあり，可逆的な接着・接合技術開発のモデルとして注目され始めた．

1-1 接着のしくみを利用する生物

生物は，くっつくしくみを体の固定，移動，捕獲など多様な目的で利用している．その接着方法は多種多様であるが，大きくは『(半)永久的な接着』と『一時的な接着』の二つのタイプに分類できる(表9-1)．『(半)永久的な接着』は，ツタ，フジツボ，イガイ，アコヤガイなどによる体の固定や，クモの巣などに見られる捕食に利用されている．イガイは足糸の接着タンパク質により水中の岩礁表面で界面化学反応を起こし固定している．イガイの接着成分は，シアノアクリレート系やゼラチン-アルデヒド系接着剤のような有害な物質を用いることなく強固な接着ができるため，生体接着のモデルとして研究されている．ツタは，吸盤とよばれる部分により壁や樹木に張り付いている．接着部分は表面付近の隙間に細胞を挿入し，機械的な絡み合い(アンカー効果)によってくっついている[1]．アンカー効果は，接着剤の原理としても多く見られ木材の接着剤や航空機や宇宙船用に使われるAl(ポーラス構造をもつ陽極酸化アルミナ)の接着(エポキシ樹脂など)でもみられる．図9-1に『(半)永久的接着』を利用する生物の例を示した．

『一時的な接着』は，昆虫，ヤモリ，カエルなどの歩行(接着と剥離の繰返し)や，タコやカメレオンなどによる捕食に利用されている．

代表的な生物とともに接着機能のある脚を分けると図9-2のようになる．さらにこれらは三つのタイプに分類できる．

(1) ドライ系：液体を分泌せずに接着する(被着表面のエネルギーや表面の吸着水を利用)
(2) ウェット系：歩脚のふ節の裏や脚の裏に液体を分泌して接着する(被着表面との間に表面張力や毛管力，粘性抵抗などを発生)
(3) 吸盤系：圧力差を利用して接着する．

歩行に利用されるドライ系やウエット系の脚の接着性は，次にあげるような特徴がある．

(1) 自然界にある表面の形状が粗い場所に対してもよく接着する．
(2) 汚れに対しても耐性がある．

図9-1 (半)永久的接着機構と接着部分の図
1-a)壁に張り付いているツタ，1-b)ツタの吸盤．2-a)アコヤガイ．丸で囲んだ部分は貝を固定する足糸．2-b)足糸の拡大．

表9-1 生物接着の分類

	一時的接着	(半)永久的接着
水中の接着	タコ，棘皮動物(ヒトデ)，腹足綱(巻貝)，昆虫(ゲンゴロウ，ハムシ)	イガイ，フジツボ，アコヤガイ
陸上の接着	昆虫(ハムシ，アリ，ナナフシ)，両生類(カエル)，クモ，爬虫類(ヤモリ)	地衣類，ツタ

| Part II | 研究最前線 |

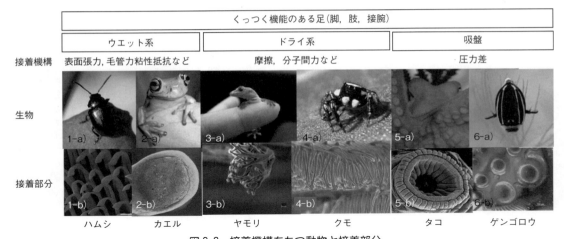

図 9-2 接着機構をもつ動物と接着部分

1-a)：ハムシ，1-b)：付節裏の剛毛．2-a)アマガエル．2-b)：脚指[2]．3-a)：ニホンヤモリ．3-b)：肢裏のヘラ状毛．4-a)マミジロハエトリグモ．4-b)脚裏のヘラ状毛．5-a)タコ．5-b)吸盤[3]．6-a)ゲンゴロウ，6-b)オスの付節裏の吸盤．

(3) 汚れても自己洗浄により接着性が回復する．
(4) 剥離も簡単に行うことができる．
(5) 接着と剥離を繰り返しても接着性が維持される．

一方，人工的な接着技術は，汚れや被着表面の微細な形状の影響を受けやすいため，生物の接着の特徴は，接着技術の開発にとって魅力的であり，可逆的な接着・接合技術開発（バイオミメティクス）のモデルとして注目を集めている．

本章では，昆虫やヤモリの接着機能とともに，植物と昆虫の攻防から学ぶ非着の例，人工的な可逆接着の開発（ヤモリタイプ），新しい水中接着機構の発見について紹介する．

2 昆虫の脚による接着性の研究

昆虫の脚は，根元から基節，転節，腿節，脛節，ふ節という節に分かれている．ふ節には接着性の毛状構造や爪などがあり，さまざまな形状の上を滑らずに歩くことができる．茎のような棒状では，棒の直径により脚の使い方が異なる[4]．ふ節より棒の直径が大きい場合はふ節を曲げて茎に剛毛を密着させ，直径が小さい場合は対側性のふ節の間で挟む．平たい葉では接着性の剛毛と爪を使い，非常に平らな場合はふ節の剛毛により接着する．この剛毛により，昆虫（ハムシ，テントウムシなど）は，ガラスのような硬くて平滑な表面を，垂直にも，天井のように逆さまにも歩行できる．このような剛毛が，接着技術の開発に魅力的なモデルとなる．

図 9-3 には，ガストロフィーザ・ビリドゥラ（ハムシ科の昆虫）がエゾノギシギシ（タデ科の植物）の上にいる写真(a)を示す．このときの脚裏と葉の表面の状態について，脚裏にある接着性の剛毛の先端が表面レプリカと接触している様子を電子顕微鏡像により観察した(b)．剛毛の先端は，長さ約 10 μm，幅約 5 μm で，表面の凹凸より小さいので，細長い毛の構造が接触部分の形状に密着している[5]．

3 被着表面の影響（表面粗さ・ポーラス・汚れ）

接触部の密着性や，被着表面の汚れなど，表面状態は接着力に大きく影響する．ナノスケールの微細構造（表面粗さ）を変化させた基板を用いて昆虫の歩行能力を調査したところ，昆虫の剛毛先端の接着性は被着表面の微細構造の影響を[6〜8]受ける．

図 9-4 には，ハムシの牽引力に及ぼす表面粗さの影響を示す．表面粗さ 100 nm（rms）付近で滑ってしまい，接着の限界が見いだされた[9]．ハムシが生息するエゾノギシギシの表面は，剛毛先端よりも大きい細胞なので歩行（接着）ができる．

また，微小なポーラス状（多孔）の表面形状では，接着性が強く阻害されることがテントウムシを対象に研究され，接触点の減少との他に，剛毛表面の分

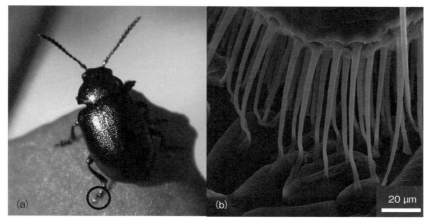

図 9-3 （a）ホストプラントのタデ科エゾノギシギシの上にいるハムシ科の昆虫ガストロフィーザ・ヴィリドゥラ．（b）葉のレプリカ表面上に接触するハムシの脚裏先端の剛毛

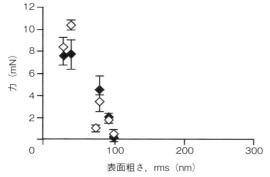

図 9-4 表面粗さ（rms）とハムシの牽引力の関係
粒径が 0.9 μm でさまざまな表面粗さ（rms）をもつ表面上を歩くハムシの牽引力の関係．黒点はメス，白点はオスのデータ．

泌液がポーラス構造に吸収されることが原因と考えられている[10]．

昆虫の脚の汚れによる接着力の阻害は，ガラスビーズを用いて実験されている[9]．図 9-5 には，ガラスビーズが接着性の剛毛に着いた様子を示す．汚れにより接着が阻害されても，グルーミング（脚を擦り合わせる行為）をすることで接着力を回復した．

4 接着性にみる植物と昆虫の攻防

4-1 プラントワックスで虫を滑らす植物

植物には，葉の表面に結晶性のワックスを形成しているものが多く存在する．ワックスの形状は，糸

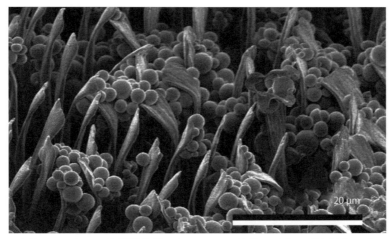

図 9-5 ハムシの接着性剛毛にくっついているガラスビーズ（直径 2 μm）

状，フィラメント状，小板状，微細粒状などさまざまで，昆虫の脚裏の剛毛よりもはるかに小さく，接触面積を激減させる．脆性のワックスが多く，脚を引き剥がすときにワックスが壊れて脚裏に着き接着性を下げる効果がある．ワックスの化学的成分が接着に影響することも報告されている[11]．

図9-6に示すように，食虫植物のウツボカズラは，ぶら下がった袋（ピッチャー）のような形状をした捕虫器官をもつ．虫がピッチャー内側のスリップゾーンを歩くと滑って袋の中に落ち，消化吸収される．この滑り落ちるしくみが，捕虫のキーテクノロジーともいえる．近年，電子顕微鏡観察によりウツボカズラ属のネペンテス・アラータ（Nepenthes alata）の表面構造が観察され，滑るメカニズムが明らかになった[12]．

図9-7は，ネペンテス・アラータ（ウツボカズラ属）のスリップゾーンの2層構造を示す．1層目は厚いワックスで，薄い結晶板が密集した形状で，脆く剥がれやすい[13]．結晶板状のワックスが昆虫の脚について剥がれ，接着力を減少させる．2層目はより固い材質で，尖った形状の結晶で覆われ，1層目が剥がれた後に昆虫が来ても十分な接触面積が得られないように，昆虫の接着力を阻害している．

4-2　溝の液層で虫を滑らす植物

同じウツボカズラ属でも，ネペンテス・バイカルカラータ（Nepenthes bicalcalata）は昆虫を滑らすしくみが異なる．ピッチャーのスリップゾーンは完全な親水性で，上部から内部まで続く連続的な溝で覆われている．この溝は，果汁や雨水，湿った気象などで液層に覆われ，昆虫の脚は表面に接着できずに滑り落ちる．このしくみはアリの研究で確認されて

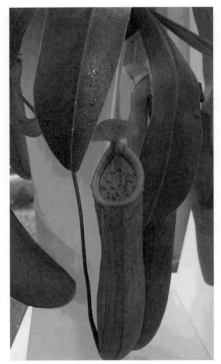

図9-6　ウツボカズラの捕虫器官
ピッチャー内側にスリップゾーン．

いる[14]．

4-3　植物の粘液接着を回避する昆虫

ロリドゥラ・ゴルゴニアス（ロリドゥラ属）は，表面に密生した毛から粘液を分泌し，触れた虫を捕らえる植物である．しかし，パルメリダエ・ロリドゥラエ（カメムシの一種）は，この粘液の中を移動して，植物が捕らえた虫を食べる．近年，この虫が粘液に捕らえられないしくみが明らかにされた[15]．脚の表皮の分泌液（脂質）が，植物の粘液との直接接触を妨げている．分泌液の粘性が弱いので，植物の粘液

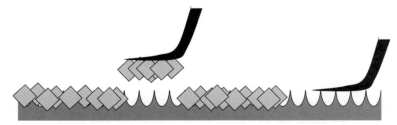

図9-7　ネペンテス・アラータ（ウツボカズラ属）のスリップゾーンにおける二重構造と昆虫の剛毛の接着イメージ
菱形はプラントワックス．

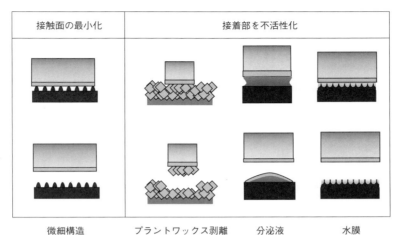

図9-8 生物が利用している非着のおもな原理

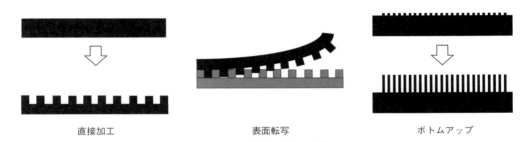

図9-9 毛状表面加工方法

から簡単に脚を離すことができるのである．この際，植物の粘液上には虫の分泌液が残る．

5 おもな非着の原理

図9-8に生物が利用する非着のおもな原理を示す．非着表面は二つに大別される．一つは，接触部を点接触するような尖った表面構造による「接触面の最小化」．もう一つは，脆いワックスの利用，脂質による粘着性分の非着化，微細構造を水で被い水膜により非着化するなどの「接着部の不活性化」である．

6 ヤモリタイプの接着機構の開発

ヤモリは日本でも家の窓や壁などに貼り付いているのを観察することができる．このような行動は，肢の裏に大量に生えているナノサイズの毛の接着機能により成し得ている．

ヤモリの可逆的に優れた接着は，環境調和型の接着として興味深く，これまで毛状の構造が提案されている．

6-1 ヤモリタイプの毛の特徴

ヤモリタイプの毛の構造の特徴をまとめると次のようになる[16]．(1)毛のアスペクト比，(2)毛の密度，(3)基板に対する毛の傾斜角，(4)根元から先端方向へ毛の固さの傾斜を作る(階層構造，材質変化)，(5)最先端の接触面の形状，(6)動かす方向に対して非対称形状，(7)相互付着防止．

これらすべての項目についてヤモリは設計し，常温で製造しているが，人工的につくることはまだ困難である．上記項目(4)に対応する薄い層を先端に形成したマッシュルーム型の毛構造は繰返しの接着性もあり，汚れた場合でも水洗いにより接着性が復帰することが報告されている[16]．

6-2 ヤモリタイプ(毛状)接着機構の製造技術

毛の作製法は，大きく分けると(1)直接加工，(2)

| Part II | 研究最前線 |

円柱型

キノコ型

傾斜型

階層構造型

図 9-10　提案されているいろいろな毛の形状

表面転写，(3)基板から成長させる方法(ボトムアップ)などがあげられる(図 9-9)．直接加工法とボトムアップ法は柱状のシンプルな毛を作製するのに適しているが，複雑な形状は表面転写による方法で作製されている．図 9-10 に開発されている毛の構造を示した．

毛の素材は，ボトムアップ法では，カーボンナノチューブ[17]などが使われているが，表面転写法を用いて作製されている毛は，高分子材料が使われている．

6-3　人工的な接着機構の評価

先端の形状と付着性について 7 種類の形状(図 9-11 参照)のうち(e)の形状が最も高い接着力を生じると報告されている[18]．傾斜した毛の場合は，ヤモリと同様に，垂直方向には弱く，水平方向の力には強いことが確認されている．近年では図 9-10 の階層構造(木の枝のような構造)のように，より複雑な階層構造の毛状表面も開発されるようになった．

ヤモリタイプの接着は，可逆性接着に期待されているが，剥離のしにくさ(高い剥離強度)は接合のメカニズムから考えても限界がある．毛状構造にイガイの接着剤を組み合わせたものでも最高で 120 nN (1 本当たり)である[19]．このような特徴からヤモリタイプの接着は垂直な表面を移動するロボットの歩行や繰り返し性の高い接着部や医療用の接着など実用化が進められている．

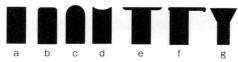
図 9-11　いろいろな毛先端の形状

7　新しい接着機構の発見

昆虫研究の歴史は長いが，まだ，新しい生態が発見され続けている．ハムシの水中歩行もその一つである．ハムシの歩脚のふ節の裏は毛状構造で，分泌液で被われている．分泌液の接着力が発揮できない水中では歩行ができないと考えられていた．しかし，筆者らは昆虫の歩行能力の調査のなかで，ハムシが水中を自由に歩けることを発見した[20]．

図 9-12 には，水底を歩行するハムシの写真を示す．水中では，浮力が働くため，昆虫のように軽い体重では水面に浮かんでしまう．水底を歩くには，浮力で体が浮き上がらないように歩脚裏に接着力が必要である．ハムシは，接着に「泡」を利用して水中歩行していることがわかった．気泡は，ハムシが水中の歩く表面への接着に寄与するとともに，水を弾いて毛状構造を直接歩く表面と接触させる役割も果たしていた．雨天時に濡れた葉の上でも，この機構が役立っていると考えられる．

8　クリーンな接着技術(気泡が接着剤)

この発見をもとに，気泡を接着剤とした新しい水

Chap.9 生物から学ぶ接合技術

図 9-12　水中を歩行するハムシ
矢印は脚裏の気泡.

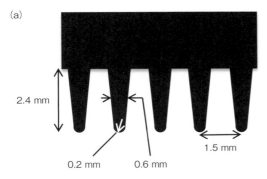

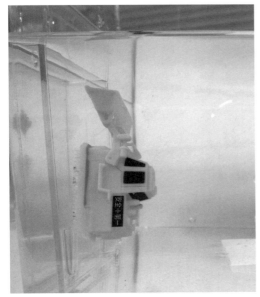

図 9-13　(a)気泡を利用した水中接着機構. (b)水中接着機構による模型ブルドーザーの接着

中接着技術の開発に成功した[20]. 有害な接着剤を使用しないため, 水質を悪化させないクリーンな接着技術として注目される. たとえば, 壁に沿って移動する水中ロボットなどへの応用が考えられる. 図9-13には, 気泡を接着剤として利用するために考案した毛状の水中接着機構と模型のブルドーザーを接着させた応用例を示す.

9　まとめと今後の展望

本章では生物の接着する仕組みとそれをモデルに開発が進められている新しい接着技術の例を紹介した. 実用化に向け生産技術の低コスト化, 微細加工の大面積化などの課題が残されている. 一方で, 近年プラスアルファー機能(たとえば静電気を利用したスイッチ機能や電気的な性質など)の付加により多方面への応用の広がりを見せている. 今後の発展に期待したい.

◆　文　献　◆

[1] K. Seidelmann, B. Melzer, T. Speck, *American Journal of Botany*, **99**, 1737 (2012).
[2] W. Federle, W. J. P. Barnes, W. Baumgartner, P. Drechsler, J. M. Smith, *J. Royal Soc. Interface*, **3**, 689 (2006).
[3] W. M. Kier, A. M. Smith, *Integr. Comp. Biol.*, **42**, 1146 (2002).
[4] D. Gladun, S. N. Gorb, *Arthropod Plant Interact.*, **1**, 77 (2007).

| Part II | 研究最前線 |

[5] 細田奈麻絵，S. N. Gorb，第18回バイオエンジニアリング講演会講演論文集，2006, 389.

[6] S. N. Gorb, "Attachment Devices of Insect Cuticle", Kluwer Academic Publishers（2001）.

[7] A. G. Peressadko, S. N. Gorb, First International Industrial Conference Bionik 2004", ed by I. Boblan, R. Bannasch VDI-Verlag（2004）, p. 257.

[8] N. Hosoda, S. N. Gorb, Bionik: Innovationsimpulse aus der Natur（2004）.

[9] N. Hosoda, S. N. Gorb, *Proc. Royal Soc. B*, **278**, 1748（2011）.

[10] E. V. Gorb, N. Hosoda, C. Miksch, S. N. Gorb, *J. Royal Soc. Interface*, **7**, 1571,（2010）.

[11] D. S. Eigenbrode, R. Jetter, *Integr. Comp. Biol.*, **42**, 1091（2002）.

[12] E. Gorb, K. Haas, A. Henrich, S. Enders, N. Barbakadze, S. Gorb, *J. Exp. Biol.*, **208**, 4651（2005）.

[13] E. V. Gorb, S. N. Gorb, *Plant Biology*, **8**, 841（2006）.

[14] F. H. Bohn, W. Federle, *Proc. Natl. Acad. Sci. USA*, **101**, 14138（2004）.

[15] D. Voigt, S. N. Gorb, *J. Exp. Biol.*, **211**, 2647（2008）.

[16] S Gorb, M. Varenberg, A. Peressadko, J. Tuma, *J. Royal Soc. Interface*, **4**, 271（2007）.

[17] Y.-C. Tsai, W.-P. Shih, Y.-M. Wang, L.-S. Huang, P.-J. Shih, *2006 IEEE 19th Int. Conf. Micro Electro Mech. Syst.*, **2006**, 926.

[18] A. Campodel, C. Greiner, E. Arzt, *Langmuir*, **23**, 10235（2007）.

[19] H. Lee, B. P. Lee, P. B. Messersmith, *Nature*, **448**, 338（2007）.

[20] N. Hosoda, S. N. Gorb, *Proc. Royal Soc. B*, **279**, 4236（2012）.

Chap 10

化学センシング
Chemical Sensing

光野 秀文　北條 賢　森 直樹
(東京大学先端科学技術センター)(関西学院大学理工学部)(京都大学大学院農学研究科)

Overview

進化の歴史では，他の生物に関する情報をより上手くセンシングし，迅速に生理状態をコントロールできる生物が生き残ってきた．すなわち，生物の進化とは，生物間相互作用におけるセンシングとコントロールの先鋭化である．そこで，生物に見られる巧妙なセンシングとコントロールの具体的な例として，昆虫における同種のメスや巣仲間の認識，植物における昆虫の食害の認識に着目した．これらの認識の分子機構を理解し，次世代バイオミメティクスの発想を基盤にした，新しいコンセプトの高感度センサーの開発，低環境負荷型植物保護法の確立を目指した．

本章では，「ガ類の性フェロモン受容機構」，「多成分匂いブレンド比の検出機構」そして「植物に生理的変化を引き起こす昆虫由来エリシター」について，われわれの研究と関連する最先端の研究について解説する．

▲性フェロモンのブレンド比を嗅ぎ分けるヒメアトスカシバ(♂) [カラー口絵参照]

■ KEYWORD　□マークは用語解説参照

- ■性フェロモンブレンド(sex pheromone blend)
- ■性フェロモン受容体(sex pheromone receptor)
- ■社会性昆虫(social insects)
- ■化学感覚タンパク質(chemosensory proteins)
- ■昆虫由来エリシター(insect-produced elicitors)
- ■脂肪酸-アミノ酸縮合物(fatty acid-amino acid conjugates)
- ■植物の誘導抵抗反応(induced resistance for plant defense)

1 ガ類の性フェロモン受容機構

昆虫は，揮発性の化学物質の放出とその受容によって，お互いを識別する．その顕著な例が，雌雄間の個体認識に使われるガの性フェロモン交信系である．メスのガは，その体内で種に特異的な性フェロモンを産生し，尾部のフェロモン腺から大気中に分泌する．この性フェロモンを同種のオス個体が受容することにより，同種のメス個体を識別し，匂い源(メス個体)へと定位して，交尾行動に至る．性フェロモンは，1959年にButenandtらによって，カイコガ(*Bombyx mori*)で初めて発見された[1]．それ以降，さまざまな目に属する昆虫種から性フェロモンが発見され，現在までに1,500種類以上の昆虫種でその化学構造が明らかにされている[2]．通常，性フェロモンは，化学構造の異なる複数の成分が，異なる比率で混じり合ったブレンド(フェロモンブレンド)で構成される[3]．たとえば，ヒメアトスカシバ(*Nokona pernix*)では，(*E*,*Z*)-3,13-octadecadien-1-ol (*E*3,*Z*13-18:OH)と(*Z*,*Z*)-3,13-octadecadien-1-ol (*Z*3,*Z*13-18:OH)の2成分を，それぞれ9:1の比率で混合したフェロモンブレンドを利用している[4] (図10-1)．データベースに登録された1,572種のガ類のうち，その大半で2成分以上の成分から構成されるフェロモンブレンドを利用している[5]．各ガ類は，このフェロモンブレンドを種に特異的な成分で，種に特異的な比率で構成することにより，種の保存や生殖隔離を達成している．このように，性フェロモン交信系は，メスによるフェロモンブレンドの分泌と，オスによる受容によって成り立っている．

昆虫は，頭部に備えた触角で環境中のさまざまな匂い物質を検出する．性フェロモンも同様に触角で検出する．触角上には，嗅覚感覚子とよばれる毛状の突起が多数存在し，その内部には複数の嗅覚受容細胞が存在する．嗅覚受容細胞の樹状突起には，性フェロモン成分を受容する嗅覚受容体(性フェロモン受容体)が発現している．原則として一つの嗅覚受容細胞には，1種類の性フェロモン受容体が発現しており，受容体が性フェロモン成分と相互作用すると，嗅覚受容細胞で活動電位が発生し，脳内の匂い情報処理の一次中枢である触角葉へとシグナルを伝達する．とくに，性フェロモンの情報は，触角葉における性フェロモンの情報処理に特化した大糸球体へと伝達される．同じ性フェロモン受容体を発現する嗅覚受容細胞は，同一の糸球体へと投射され，性フェロモンの情報が処理される．

性フェロモン受容体は，2004年にカイコガで初めて同定された[6]．それ以降，ニセアメリカタバコガ(*Heliothis virescens*)，アズキノメイガ(*Ostrinia scapulalis*)など，現在までに10種類程度のガ類から同定されている[7～9]．筆者らも，さまざまな科に属する3種類のガ類，コナガ(*Plutella xylostella*)，アワヨトウ(*Mythimna separata*)，ワタヘリクロノメイガ(*Diaphania indica*)から性フェロモン受容体を同定してきた[10]．オス触角の性フェロモンを受容する嗅覚受容細胞で発現する性フェロモン受容体遺伝子を単離し，アフリカツメガエル卵母細胞を用いた機能解析の結果，各ガ類で性フェロモンの主成分に特異的に応答する受容体であることを特定した．昆虫の嗅覚受容体は，一般に化学構造の類似した匂い物質に幅広く応答する一方，性フェロモン受容体

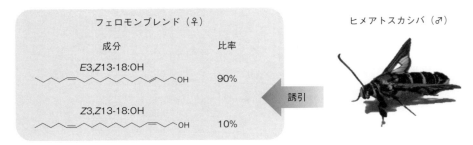

図10-1　ヒメアトスカシバの性フェロモン交信系
ヒメアトスカシバメスのフェロモンブレンドは2成分(*E*3,*Z*13-18:OH，*Z*3,*Z*13-18:OH)で構成され，ある特定の比率(9:1)の場合に最もオス個体の誘引効果が高くなる．

は比較的高い選択性で性フェロモン成分に応答することで，各成分を識別している．また，分子系統樹解析の結果，ガ類の性フェロモン受容体は，昆虫の嗅覚受容体のなかで，一つのファミリー（性フェロモン受容体ファミリー）を形成することから，同一の祖先型嗅覚受容体から派生する受容体を性フェロモン受容体として利用していることがわかった[10]．2成分系フェロモンブレンドを利用するヒメアトスカシバにおいても，性フェロモン受容体ファミリーに属し，主成分と副成分をそれぞれ選択的に検出する2種類の性フェロモン受容体をもつことがわかっている．

それでは，これらの性フェロモン受容体を用いて，ガ類はどのようにフェロモンブレンドを識別しているのだろうか．その明確な答えは，いまだ得られていない．しかしながら，ガ類は一つの種ごとに複数種類の性フェロモン受容体をもち，これらの性フェロモン受容体が機能発現して性フェロモン成分を受容していることから，フェロモンブレンドを検出する仕組みが触角に備わっていると想像できる（図10-1）．Baker らは，各ガ類で性フェロモンの主成分を受容する嗅覚感覚子の割合が，フェロモンブレンドの主成分の比率と関係があることを示唆している[11]．興味深いことに，筆者らが同定した性フェロモン受容体遺伝子の触角での発現様式を調査した結果，主成分の受容体を発現する嗅覚受容細胞が，フェロモンブレンドの主成分の比率と類似した割合で，存在することもわかってきている[10]．今後，さらなる性フェロモン受容体の同定が，フェロモンブレンドの識別機構解明への糸口になるものと期待される．

② 多成分匂いブレンド比の検出機構

アリやハチに代表される社会性昆虫は，複雑な匂い情報を巧みに利用して高度に組織化された社会を形成しており，フェロモン研究における興味深いモデルの一つである．この節では，アリが個体から分泌される複雑な匂いブレンドをいかにセンシングし，コミュニケーションを行っているのか，その分子機構について最近の研究を紹介したい．

アリは女王や働きアリといったカーストによる分業体制が発達しており，個体間の相互作用を介して雌雄の識別だけでなく，日齢・繁殖状態・仕事の種類・巣仲間などのさまざまな情報を個体から発せられる匂いをもとに識別している．たとえば，同種であっても異なる巣のアリに出会えば働きアリはその匂いの違いを識別し，攻撃的に振る舞うことで排除する[12]．また，女王と働きアリが発する匂いは異なり，女王の匂いが存在していると働きアリは自らの繁殖を抑制し，労働に専念する[13]．このようにアリは個体情報を匂いで識別することで，集団として統率の取れた振る舞いを行うことができる．アリ類におけるフェロモン研究の歴史は古く，働きアリには50 以上の外分泌腺が存在し，実に多様な匂い物質を分泌していることが知られている．その中で，個体情報をコードする匂いの実体は，体の表面に存在する長鎖の炭化水素の複雑なブレンドであることがわかっている[14]．アリは約 10〜40 成分からなる炭化水素混合物を体表面に保持しているが，その組成は種によって異なる．さらに，同種のアリであっても巣やカーストが異なればその組成比が異なり，この多成分匂いブレンド比の違いをもとに，さまざまな個体情報を識別している．

匂いの実体に関する研究が進むにつれ，アリがいかにしてこの多成分匂いブレンド比を識別し，個体情報を得ているのか，その受容メカニズムに関する研究が行われ始めた．それはショウジョウバエやカイコガといったモデル生物における匂いの処理機構が明らかになるにつれ，より複雑な社会行動を示す社会性昆虫に研究者が興味をもち始めたことも理由の一つである．匂いの一次中枢である触角葉は，他の昆虫と比較してアリで非常に発達している[15]．昆虫の主嗅覚器は触角に存在する毛状の化学感覚子であるが，そのうち錐状感覚子とよばれる感覚子が炭化水素の匂いブレンド比を検出する[16, 17]．この錐状感覚子の内部には 100 個以上の受容神経細胞が存在し，それらは触角葉の特定領域に投射しているが，その領域はメス特異的な構造である[18]．これは社会行動を示す働きアリや女王がすべてメスであるアリやハチの社会システムとうまく合致している．

| Part II | 研究最前線

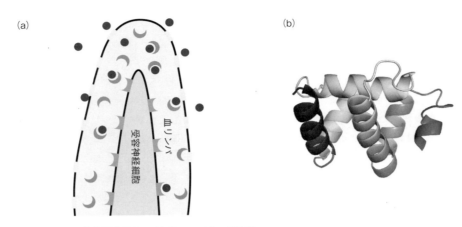

図 10-2 化学感覚子の内部構造
受容神経細胞は親水性の血リンパ液に取り囲まれている(a). 疎水性の炭化水素は水に溶けにくいため, 親水性と疎水性の両方を兼ね備えた化学感覚タンパク質(b)に運ばれることで受容神経細胞までたどり着く.

　このメス特異的な要素が多成分匂いブレンド比の識別に重要であるという考えは, 次世代シーケンサーを用いた最近の研究によっても支持されており, 匂い受容に関わるさまざまな遺伝子がメス特異的に作用することで, 多成分匂いブレンド比の識別が行われていることがわかってきた. 前節でも述べた嗅覚受容体遺伝子は, 昆虫におけるモデル生物であるショウジョウバエでは約60個ほどゲノム上にコードされている. 一方, 社会性昆虫のセイヨウミツバチでは162個, アリ類では300個以上の嗅覚受容体遺伝子が見つかっている[19]. このうち約三分の一(100個程度)の受容体はメス特異的に発現しており, これらは匂いブレンド比の識別に重要な錐状感覚子内の受容神経細胞に発現していることが示唆されている[20,21]. これら100個程度の受容体それぞれが匂い混合物の構成成分に特徴的な応答を示すことで, ブレンド比に応じた神経応答のパターンが形成されると考えられている[21].

　一方, 多成分匂いブレンド比の識別は, 受容神経細胞上に発現する受容体遺伝子の働きだけでは十分に説明することはできない. 化学感覚子内部の受容神経細胞は親水性の血リンパ液に取り囲まれる形で存在するが, 多成分匂いブレンドを構成する炭化水素は水に溶けにくいため, 受容神経細胞までたどり着くことができない〔図10-2(a)〕. 大型のアリであるクロオオアリにおいて触角に発現するタンパク質を調べると, 化学感覚タンパク質(chemosensory protein: CSP)がその大部分を占めていた. CSPは脂溶性と水溶性の両方を兼ね備えた特殊な構造をもつタンパク質である. このCSPをCjapCSP1と命名し〔図10-2(b)〕, その機能を調べたところ, アリの体表炭化水素混合物と結合して神経細胞の活性化を導くことで, 多成分匂いブレンド比の違いによる神経応答パターンの差を生じさせることがわかった[16]. そこで, クロオオアリがもつCSPのレパートリーを次世代シーケンサーによる網羅的遺伝子解析によって調べると, 全部で12個のCSPが働きアリで発現していることがわかった. そのうち二つのCSP (CjapCSP12, 13)はアリ類で特別に多様化しており, 錐状感覚子内でCjapCSP1と共発現していた. このことは複数のCSPが錐状感覚子で協力して働くことにより, 多成分匂いブレンド比を検出していることを示唆している[22].

3 植物に生理的変化を引き起こす昆虫由来エリシター

　発芽して根を張った植物は, その場所の環境が悪くなったからといって, 羽根や脚を使って移動できる手段をもたない. したがって, 取り巻く生育環境が悪化しても, その環境のなかで植物は生き抜かざ

るを得ない．その事情から，植物は独自のストレス応答機構を進化の過程で確立してきた．本節では，昆虫の食害に晒された植物がどのようにこれらの生物的ストレスをいち早くセンシングし，対策を講じているかに注目した．そして，その分子機構の一端を明らかにし，耐性植物の作出につながる新技術の開発を目指している．

植食性昆虫のチョウ目やコウチュウ目幼虫の吐き出し液に含まれる化学物質（エリシター）が植物に抵抗反応を誘導する現象が明らかになりつつある．エリシターとは植物に生体防御反応を誘導する物質である．昆虫由来のエリシターとして最も研究が進んでいるのは，アメリカ・農務省の研究グループが同定した脂肪酸－アミノ酸縮合物である（Fatty acid-Amino acid conjugates，FACs）[23]．チョウ目幼虫に食害されたトウモロコシが (E)-β-caryophyllene，(E)-β-farnesene といったテルペン類の芳香を放出する．幼虫の天敵である寄生蜂がこの香りを利用して寄主である幼虫を発見するので，植物の揮発成分の放出は天敵が介在する植物の間接防御反応と位置付けられている[24]．実際にシロイチモジヨトウ幼虫に食害されたトウモロコシからは，驚くほど良い香りが放出される．この揮発成分の放出を幼虫の吐き出し液中の化学物質から再現できないかと考えたのは，アメリカ・農務省の研究者の優れた直感であった．吐出し液を各種クロマトグラフィーで細かく分画しながら，得られたサンプルをトウモロコシに与え，芳香の揮発成分が放出されるかを丁寧に調べた．この分離・精製操作を繰り返し，最終的には吐出し液から FACs が同定された．同定された FACs の中で，トウモロコシに対して揮発成分放出活性が最も強い成分は 17 位がヒドロキシ化されたリノレン酸とグルタミンの縮合物ボリシチン[N-(17-hydroxylinolenoyl)-L-glutamine] である[23]．また，ボリシチンに反応し揮発成分を放出する植物はトウモロコシ以外にも存在し，タバコ，ナス，ダイズなどでも揮発成分の放出活性が確認された[25]．ただし，放出される芳香成分のパターンはそれぞれの植物で異なっている．最近，FACs は植物の間接防御反応に関わる揮発成分の誘導だけでなく，幼虫の消化酵素の阻害剤であるプロテアーゼインヒビター[26]をタバコに誘導したり，幼虫の生育阻害に関わるイソフラボン類をダイズに誘導[27]するなど，種々の植物の直接防御反応にも関わっていることが報告されている．FACs は，さまざまな植物の誘導抵抗反応に関わっているようである．

一方，吐出し液中にボリシチンをもつチョウ目幼虫はどれくらいいるのだろうか．30 種近くの幼虫の吐出し液を分析したところ，ボリシチン（やその類縁体）をもつ鱗翅目幼虫はおよそ三分の二にあたる 19 種も見つかった[28]．アミノ酸部分は，いずれもグルタミン（またはグルタミン酸）であり，それ以外のアミノ酸が縮合した FACs は現時点では報告されていない．興味深いことには，グルタミン部分をロイシン，フェニルアラニン，プロリンやトレオニンに置換したところ，トウモロコシに対する揮発成分誘導活性は消失した．すなわち，トウモロコシは FACs のアミノ酸部分を厳密に識別している可能性が示唆された[29]．また筆者らは，ヨーロッパ・アメリカの害虫で日本にはいない大型のチョウ目タバコスズメ幼虫から，ヒドロキシ基が 17 位ではなく 18 位（末端）に結合した新種のボリシチンを同定した[30]．タバコスズメはナス科植物の大害虫で，イネ科トウモロコシを食草としない．そこで，トウモロコシの 18 位ヒドロキシ化型のボリシチンに対する活性を調べたところ，新種のボリシチン類縁体のエリシター活性はボリシチンの活性の半分以下であった．トウモロコシは 18 位ヒドロキシ化型のボリシチンに対する感受性は低かった．これに対して，タバコスズメの本来の食草であるナス科ナスを 18 位ヒドロキシ化型のボリシチンを処理すると，こちらは 17 位ヒドロキシ化型のボリシチンとほぼ同様に強い活性が認められた．実際ナスは 18 位ヒドロキシ化型のボリシチンをもつタバコスズメだけでなく，17 位ヒドロキシ化型のボリシチンをもつニセアメリカタバコ（Heliothis virescens）にも食害される（図 10-3）．つまり，植物はそれぞれの害虫がもつボリシチン類の化学構造に合わせてチューンアップし，応答メカニズムを発達させてきた可能性が示唆された[30]．

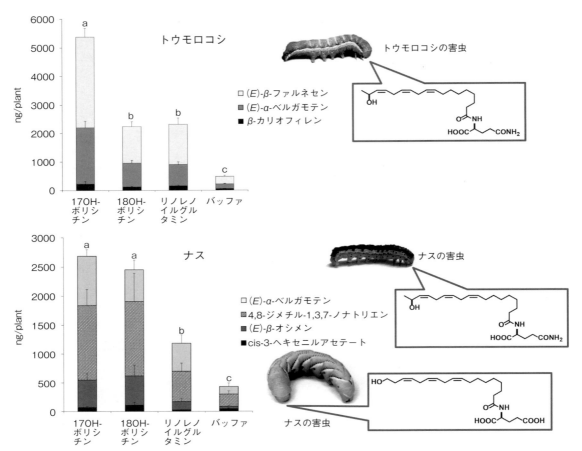

図10-3 三種のチョウ目幼虫(シロイチモジヨトウ,ニセアメリカタバコ,タバコスズメ)の吐出し液に含まれるFACs類の構造とトウモロコシとナスに対するエリシター活性の比較
シロイチモジヨトウに食害されるがタバコスズメには食害されないトウモロコシは18-ヒドロキシ化型ボリシチンよりも17-ヒドロキシ化型ボリシチンに強く反応する。ニセアメリカタバコとタバコスズメの両方に食害されるナスは18-ヒドロキシ化型,17-ヒドロキシ化型ボリシチンともに強く反応する。

4 まとめと今後の展望

ガ類やアリ類の匂い情報処理機構の精巧さはわれわれの想像を大きく超える。フェロモンブレンドの構成成分の同定とともに,匂いのブレンド比を検出する受容体の解明やその情報を処理するアルゴリズムを見いだすことで,複数成分が異なる比率で混合したガスの高感度検出など,新たなセンシング技術の開発が可能になる。また,昆虫の食害に対する植物の反応から,食害時にのみ抵抗性を発現させる植物の独自の防御機構が明らかにされつつある。そこでは,植食者の食害を検出するため,食害する昆虫の特有の吐出し液成分にターゲットを絞り,センシングする植物の巧妙な認識機構が基盤となっている。おそらく,植物は自分を攻撃する昆虫がいない場合には自分の成長にエネルギーや資源を投入し,食害を受けた時点に防御反応を活性化する戦略を進化させてきたのだろう。この現象は,植物が本来もつ防御機構を活性化させる薬剤の開発の可能性を示唆する。昆虫由来エリシターをモデルにした,低環境負荷型の植物保護剤の開発にはずみがつく。

このように,バイオミメティクスの観点を積極的に取り入れながら,種々の生物間相互作用を眺めると,新しい植物保護技術のシーズを発掘することができると期待される。

◆ 文 献 ◆

[1] V. A. Butenandt, R. Beckmann, D. Stamm, E. Hecker, *Z. Naturforsch.*, **14b**, 283 (1959).

[2] A. M. El-Sayed, The Pherobase: Database of Pheromones and Semiochemicals, (2016), http://www.pherobase.com

[3] Y. Tamaki, H. Noguchi, T. Yushima, C. Hirano, *Appl. Entomol. Zool.*, **6**, 131 (1971).

[4] H. Naka, T. Nakazawa, M. Sugie, M. Yamamoto, Y. Horie, R. Wakasugi, Y. Arita, H. Sugie, K. Tsuchida, T. Ando, *Biosci. Biotechnol. Biochem.*, **70**, 508 (2006).

[5] J. A. Byer, *J. Animal Ecol.*, **75**, 399 (2006).

[6] T. Sakurai, T. Nakagawa, H. Mitsuno, H. Mori, Y. Endo, S. Tanoue, Y. Yasukochi, K. Touhara, T. Nishioka, *Proc. Natl. Acad. Sci. USA*, **101**, 16653 (2004).

[7] E. Grosse-Wilde, T. Gohl, E. Bouche, H. Breer, J. Krieger, *Eur. J. Neurosci.*, **25**, 2364 (2007).

[8] N. Miura, T. Nakagawa, S. Tatsuki, K. Touhara, Y. Ishikawa, *Int. J. Biol. Sci.*, **5**, 319 (2009).

[9] N. Miura, T. Nakagawa, K. Touhara, Y. Ishikawa, *Insect Biochem. Mol. Biol.*, **40**, 64 (2010).

[10] H. Mitsuno, T. Sakurai, M. Murai, T. Yasuda, S. Kugimiya, R. Ozawa, H. Toyohara, J. Takabayashi, H. Miyoshi, T. Nishioka, *Eur. J. Neurosci.*, **28**, 893 (2008).

[11] T. C. Baker, M. J. Domingue, A. J. Myrick, *Chem. Senses*, **37**, 299 (2012).

[12] R. Yamaoka, *Physiol. Ecol. Japan*, **27**, 31 (1990).

[13] A. van Oystaeyen, R. C. Oliveira, L. Holman, J. S. van Zweden, C, Romero, C. A. Oi, P. d'Ettorre, M. Khalesi, J. Billen, F. Wäckers, J. G. Millar, T. Wenseleers, *Science*, **343**, 287 (2014).

[14] S. J. Martin, F. Drijfhout, *J. Chem. Ecol.*, **35**, 1151 (2009).

[15] C. Zube, W. Rössler, *Arthropod Struct. Dev.*, **37**, 469 (2008).

[16] M. Ozaki, A. Wada-Katsumata, K. Fujikawa, M. Iwasaki, F. Yokohari, Y. Satoji, T. Nisimura, R. Yamaoka, *Science*, **309**, 311 (2005).

[17] K. R. Sharma, B. L. Enzmann, Y. Schmidt, D. Moore, G. R. Jones, J. Parker, S. L. Berger, D. Reinberg, L. J. Zwiebel, B. Breit, J. Liebig, A. Ray, *Cell Rep.*, **12**, 1261 (2015).

[18] C. Kelber, W. Rössler, C. J. Kleineidam, *Dev. Neurobiol.*, **70**, 222 (2010).

[19] X. Zhou, A. Rokas, S. L. Berger, J. Liebig, A. Ray, L. J. Zwiebel, *Genome Biol. Evol.*, **7**, 2407 (2015).

[20] X. Zhou, J. D. Slone, A. Rokas, S. L. Berger, J. Liebig, A. Ray, D. Reinberg, L. J. Zwiebel, *PLOS Genet.*, **8**, e1002930 (2012).

[21] S. K. McKenzie, I. Fetter-Pruneda, V. Ruta, D. J. Kronauer, *Proc. Natl. Acad. Sci. USA*, **113**, 14091 (2016).

[22] M. K. Hojo, K. Ishii, M. Sakura, K. Yamaguchi, S. Shigenobu, M. Ozaki, *Sci. Rep.*, **5**, 13541 (2015).

[23] H. T. Alborn, T. C. J. Turlings, T. H. Jones, G. Stenhagen, J. H. Loughrin, J. H. Tumlinson, *Science*, **276**, 945 (1997).

[24] T. C. J. Turlings, J. H. Tumlinson, W. J. Lewis, *Science*, **250**, 1251 (1990).

[25] E. A. Schmelz, J. Engelberth, H. T. Alborn, J. H. Tumlinsom, P. E. A. Teal, *Proc. Natl. Acad. Sci. USA*, **106**, 653 (2009).

[26] A. Roda, R. Halitschke, A. Stepphum, I. T. Baldwin, *Mol. Ecol.*, **13**, 2421 (2004).

[27] R. Nakata, Y. Kimura, K. Aoki, N. Yoshinaga, M. Teraishi, Y. Okumoto, A. Huffaker, E. A. Schmelz, N. Mori, *J. Chem. Ecol.*, **42**, 1226 (2016).

[28] N. Yoshinaga, H. T. Alborn, T. Nakanishi, D. M. Suckling, R. Nishida, J. H. Tumlinson, N. Mori, *J. Chem. Ecol.*, **36**, 319 (2010).

[29] Y. Sawada, N. Yoshinaga, K. Fujisaki, R. Nishida, Y. Kuwahara, N. Mori, *Biosci. Biotechnol. Biochem.*, **70**, 2185 (2006).

[30] N. Yoshinaga, C. Ishikawa, I. Seidl-Adams, E. Bosak, T. Aboshi, J. H. Tumlinson, N. Mori, *J. Chem. Ecol.*, **40**, 484 (2014).

Part II
研究最前線

Chap 11

音響センシング
Acoustic Sensing

高梨 琢磨
(森林研究・整備機構森林総合研究所)

Overview

「虫の音」は，日本人にとってなじみ深く，鳴く虫の代表であるコオロギやセミは万葉集にも登場している．われわれヒトが聞こえる昆虫の音と，その昆虫の聴覚についての研究は，1970年代以降盛んに行われてきた．一方，ヒトには聞こえない超音波や，空気でなく物体を伝わる振動も昆虫が利用しているが，これらの研究は機器の性能向上に伴い，ようやく近年になって増加し始めている．しかし，これらの工学的応用に結び付くバイオミメティクスの研究はいまだ限られている．本章では，バイオミメティクスの動向に注目し，昆虫が利用する音響，すなわち音や振動と，それらに対するセンシングに関する基礎的背景および研究事例について解説する．

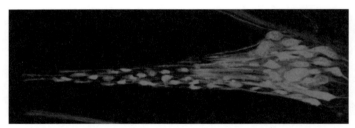

▲振動受容器としてのマツノマダラカミキリの弦音器官 [カラー口絵参照]

■ KEYWORD 📖マークは用語解説参照

- 受容器(receptor)
- コミュニケーション(communication)
- 害虫防除(pest management) 📖
- 弦音器官(chordotonal organ) 📖
- 鼓膜器官(tympanal organ)
- 感覚子(sensilla)
- 行動制御(behavioural control)

1 音や振動のセンシングと行動

　昆虫は空気を伝わる音だけでなく，固体を伝わる振動のセンシングも行う．それらは昆虫において特殊化した弦音器官とよばれる受容器によるものであり，ヒトの可聴域である約 20 Hz から 20,000 Hz の範囲はもちろん，超音波や基質を介した振動を受容する[1, 2]．弦音器官の感度はきわめて高く，オングストロームレベルの変化量（変位）を検知できる．これらの受容器によって，空気や基質を介したコミュニケーションや捕食回避など，生存にとって必須な行動をとる．　現在までに，これらの行動研究は，コウチュウやチョウなどの 20 の分類群（目）で報告されている．そのほとんどが，少なくとも基質を介した振動を利用する（表 11-1）[1~4]．一方で，空気を介した音を利用する分類群は約半数となり，その中でも超音波は上記 2 目とバッタ，カマキリ，アミメカゲロウのみとなる．

　音や振動を用いた行動について，以下に具体例をあげる．1) 異性間・同性間のコミュニケーションにおいて，コオロギやセミなどが用いる音は，遠距離からヒトも聞こえる，空気の粗密が変化する波の圧力，すなわち音圧である[2]．この音によってオスがメスを誘引し，交尾に至る．また，テナガショウジョウバエのオスは，近距離において空気の粗密を表す粒子の動き（粒子速度）を音の情報として利用し，メスに求愛する．オスは翅をはばたいて規則的な音を発するうえに，メスの腹部を脚で擦って振幅の大きい音を発する[5]．後者の音（粒子速度）は，ライバルとなる他のオスに盗聴され，メスが横取りされることもある．次に，2) 食うもの（捕食者）や食われるもの（被食者）に関わる例として，コウモリは餌となるガに定位するために超音波のソナーを用いるが，アワノメイガなどはこれを検知し自身の飛翔行動を変えることで，コウモリを避けることができる[6]．さらに，コウモリのソナーを大音圧の超音波で妨害するトモエガが知られている．植物を伝わる振動も，捕食者や被食者に関係する．ガの幼虫に産卵する寄生バチは，幼虫が運動時に発する振動によって幼虫を探索する．一方，幼虫はこれに対抗して，寄生バチの産卵時の振動を検知し，寄生を回避することも

ある[7]．最後に，3) 親子間や社会性に関わるものがあげられる．フタボシツチカメムシの母親は，体を揺すって胚に振動を与えて，幼虫を一斉に孵化させる[8]．また，土中に生息するカブトムシの蛹は，振動を発することで，同種の幼虫の接近を防いで蛹室を守っている[9]．

　これらの音や振動を受容する弦音器官は，脚，胸部，腹部，翅などのさまざまな部位にあり，昆虫において複数回にわたって進化してきた．具体的には，鼓膜器官やジョンストン器官などの音受容器，そして膝下器官，腿節内弦音器官などの振動受容器がある[1, 2, 10]．以下では，それらの構造と機能，そしてバイオミメティクスに着目して解説する．

2 振動受容器としての弦音器官

　昆虫では，脚の弦音器官が約 5 kHz までの振動を受容する[10]．具体的には，ヒトの腿にあたる腿節の腿節内弦音器官や，脛にあたる脛節の膝下器官がある．腿節内弦音器官や膝下器官は，コオロギやゴキブリ，クサカゲロウなどにおいて，その構造や機能は示されていたが，コウチュウの知見は乏しかった[1]．そこで筆者の所属する森林総合研究所と，北海道大学電子科学研究所の西野浩史との長年にわたる共同研究によって，マツの重要害虫であるマツノマダラカミキリの振動受容器を特定し，振動に対する反応性を明らかにした[11]．振動受容器となる弦音器官を探索したところ，6 本すべての脚の腿節に，60～70 個の神経細胞をもつ弦音器官（腿節内弦音器官）を特定した（図 11-1）．

　一方，脛節や脚先となるふ節には，少数の神経細胞をもつ弦音器官のみであり，脛節の膝下器官は存在しなかった．これらの結果から，主要な弦音器官である腿節内弦音器官が振動を検知すると推測された．そこで腿節内弦音器官を除去する外科手術を行った．手術前に，歩行中に振動を与えると高頻度で不動化（行動を停止すること）が起こったが，手術後には不動化がほとんど起こらなくなった．手術による悪影響がないことを確認するために，弦音器官を除去せずに体表のみ傷つける手術（偽手術）を行った場合も，手術前と同様に不動化を起こした．以上

| Part II | 研究最前線 |

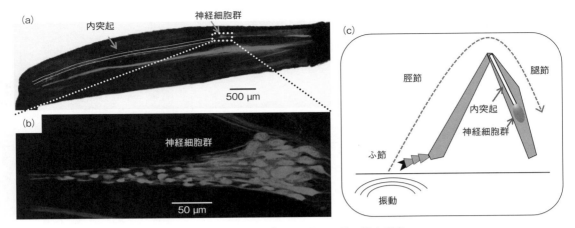

図 11-1　マツノマダラカミキリの肢の弦音器官
(a)腿節の弦音器官は，1本の内突起と 60〜70 個の神経細胞から成る（[11]を改変）．(b)振動はふ節，脛節，腿節の内突起を通じて，弦音器官の神経細胞に伝わる．［カラー口絵参照］

より，腿節の弦音器官が，マツノマダラカミキリの不動化を起こす振動受容器であることが明らかになった．この弦音器官は，すべての神経細胞が，付着細胞を介して1本の細長く硬い内突起につながる構造をとっていた（図 11-1）．他の昆虫では，内突起はコオロギなどでも存在するが，カメムシにはなく，代わりに短い束となった付着細胞が直接関節回転軸につながっている[12]．脚の接地面からの振動は，ふ節，脛節から腿節に伝わり，腿節の内部において内突起から神経細胞に伝わる〔図 11-1(c)〕．以上より，振動を検知して不動化を起こす弦音器官の詳細な構造が初めて明らかになった．

昆虫の感覚器をモデルとしたセンサーの開発例は増えつつあるが，脚の弦音器官をモデルにした例はまったくない．マツノマダラカミキリの弦音器官についての著者らの成果[11]から，内突起をもつ弦音器官をモデルとした，片もち梁の振動センサーの開発が期待される．細長く硬い内突起はキチン質を主成分とするクチクラ（角皮）からなるが，振動を増幅している可能性があるため，その材質や物性がヒントになると考えられる．

3　音受容器のセンサー技術への応用

昆虫において音圧を受容するのは鼓膜器官であり，比較的シンプルな構造であるためセンサー技術へ応用しやすい．その構造は，薄い鼓膜と，鼓膜で隔てられた気嚢や気管，そして神経細胞を含む弦音器官からなる[1, 10]．この神経細胞は付着細胞を介して鼓膜につながっている．このため神経細胞は鼓膜の振動によって刺激を受けるが，鼓膜の外側だけでなく，気嚢のある内側からの振動も受容する．これは音源の方向を検知するのに適している．また鼓膜器官は，通常約 300 Hz から数 kHz の音を受容するが，種によっては 150 kHz までの超音波も受容できる．さらに鼓膜器官の位置は，昆虫種によって，前脚，胸部，翅，腹部，口器，と大きく異なっている[1, 2, 10]．

コオロギに寄生するヤドリバエの一種 *Ormia ochracea* は，約 5 kHz のコオロギの誘引歌を検知する鼓膜器官を胸部にもつ（図 11-2）[1]．その音源定位の能力はヒトに匹敵し，音源が±2度の差異をも検知することが知られている．体長1 cm に満たないヤドリバエの左右の鼓膜は，わずか 520 μm しか離れておらず，左右の鼓膜に到達する音の時間差の検出だけでは理論的には音源定位ができない．しかし，二つの鼓膜は蝶番につながった構造をとっているため，左右で受容される音の差異が強調されて，検知できる〔図 11-2(b)〕．

この特殊な構造をモデルとしたセンサーの開発研究によって，生物学だけでなく工学の視点からも理解が進んでいる．たとえばアメリカのメリーランド

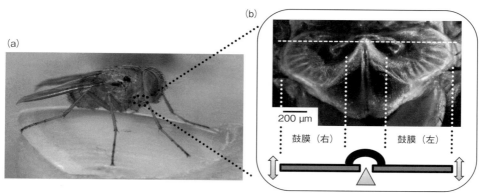

図 11-2　ヤドリバエの鼓膜器官
(a)メス成虫([23]を改変),およびその胸部にある鼓膜の写真(Daniel Robert 氏提供)と横断面の模式図(b).左右の鼓膜は蝶番でつながっており(b),この構造を模倣して高い方向性感度を示すセンサーが開発された.

大学では,2枚の人工膜(直径 1 mm のポリシリコン)が架橋したセンサーを MEMS(Micro electro mechanical systems)技術により製作し,このセンサーによる特定周波数の音圧に対する高い方向検出能を実証した[13].これは,人工膜が同時に両方とも上向きになったり,あるいは上向きと下向きで逆になったりする,同調または非同調的なカップリングにより,高い方向性感度を実現している.さらに東京大学の安藤研究室では,上記とは異なる原理で,円盤(リン青銅またはポリシリコン)の内側にある梁のねじれによって音の方向性を検知する,センサーを複数開発した[14].ヤドリバエの鼓膜の設計原理から,従来のマイクロフォンでは実現困難な,優れた方向性感度をもつ超小型の音源定位センサーの開発がさらに進められている.

ヤガの一種 *Noctua pronuba* の鼓膜の共振周波数は通常 40 kHz だが,コウモリの高音圧の超音波を受容すると,共振周波数が 70 kHz に上昇することがわかっている[15].これは,感覚神経または中枢神経の作用を受けて,鼓膜の形状が微妙に変化するためと考えられている.このガの鼓膜の神経生物学的特性を応用し,シグナル処理の一部を兼ねるセンサーの研究開発が,イギリスのストラックライド大学で進められた[15].このセンサーの周波数特性は,高分子(カプトン)の薄膜をアクチュエータ(圧電素子)によりひずませることで上昇する.このように,ガの鼓膜をモデルとした,新しい周波数検出方式に

よるスマートセンサーの開発が期待される.

触角の基部にあるジョンストン器官はほとんどの昆虫で見られ,近距離の音である粒子速度を受容する[1, 2, 10].たとえば,前述のテナガショウジョウバエの触角には羽毛状の付属物があり,それによる触角の回転をジョンストン器官の神経細胞が受容する.また,ジョンストン器官は音だけでなく,気流も受容する.さらに別の器官の体表にある糸状感覚子も,粒子速度や気流を受容する[2,10].コオロギやゴキブリの腹部末端には尾葉という器官があり,ここに気流を検知する毛状感覚子が多数生えている.長さ数百 μm,直径数十 μm の細長い感覚子の傾きを,根元の神経細胞が電気信号に変換する.この感覚子によって,捕食者であるクモやカリバチから生じる気流から,捕食者の接近する方向を検知し,捕食を避けることができる[10].

この感覚子に関するバイオミメティクス研究は,フランス・ツール大学の Casas 教授(本章末のコラム参照)を中心に精力的に進められている.コオロギの一種 *Nemobius sylvestris* の尾葉にある毛状感覚子〔図 11-3(a)(b)〕を MEMS 技術により模倣し,コオロギの感度には劣るが高感度なセンサーの製作に成功した[16].感覚子に類似した円柱(底面直径 50 μm,長さ 900 μm)が気流により傾くと,その傾きを基部のシリコン基板電極が検出する〔図 11-3(c)〕.この感覚子センサーを複数配置したアレイは空気中だけでなく,音の伝達効率の良い水中での活

121

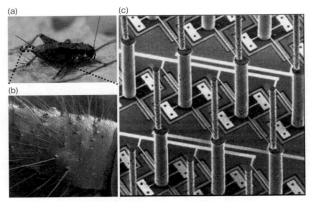

図 11-3 コオロギの感覚子とそれを模倣した気流センサー
(a)コオロギ腹部末端の尾葉上にある(b)多数の感覚子と(c)センサーの走査電子顕微鏡画像([16]を改変).

用も期待される．また，センサーの円柱間を通過する気流を可視化して動態を調べたところ，円柱間つまり感覚子間の距離が狭くなるほど，気流が検出されやすくなることから，感覚子が高密度(例：400本/mm^2)に配置される意義が示された[17].

4 音や振動を用いた害虫防除への応用

捕食者の音響情報を検知し，危険を回避する昆虫は多い(表11-1)．たとえば，コウモリの超音波を検知すると急旋回するガや，土中のモグラの振動を検知すると不動化するカブトムシの幼虫などである[6, 9].これらの習性を利用して，害虫の行動を制御したり阻害する害虫防除のための応用研究が国内外において行われている．農業・食品産業技術総合研究機構の中野らは，モモやクリの害虫であるモモノゴマダラノメイガにおいて，キクガシラコウモリが発する超音波パルスを模倣して与えると，本種の果実への飛来は6分の1以下に減少することを示している[18].わが国における先駆的な研究例として，徳島県ではモモの果樹園の上部にコウモリのパルスを模倣した超音波をスピーカーより発信し，超音波のバリケードをつくることで，アケビコノハというヤガの侵入を防止することに成功している[19].今後，超音波を用いた害虫防除の実用化が期待される．

振動に関して，ブドウの病気を媒介するヨコバイの一種 Scaphoideus titanus を対象とした試験が，イタリアで進められている．本種は，オスとメスが

表 11-1 音，超音波，振動を利用する昆虫

分類群(目)	音	超音波	振動
コウチュウ	+	+	+
チョウ	+	+	+
アミメカゲロウ	+	+	+
ハエ	+		+
ハチ	+		+
トビケラ			+
シリアゲムシ			+
ヘビトンボ			+
ラクダムシ			+
バッタ	+	+	+
カマキリ	+	+	
ゴキブリ	+		+
カメムシ	+		+
シロアリ			+
アザミウマ			+
チャタテムシ			+
ジュズヒゲムシ			+
カワゲラ			+
シロアリモドキ			+
カカトアルキ			+

上段：完全変態昆虫，下段：不完全変態昆虫．文献[2〜4]に基づき作成．

相互に振動を交わすコミュニケーションによって，植物上でオスがメスを探索し交尾にいたる．これに加えて，オスがライバルを妨害する振動を発する．この妨害のためのオスの振動を模倣した人工振動を与えたところ，交尾率が激減してコミュニケーショ

ンの阻害が確認された[20]．振動によりコミュニケーションを阻害する防除の実用化はこれからであり，装置や使用法等の改良を通じて適用範囲が増えると期待される．

　振動コミュニケーションの有無にかかわらず，昆虫は振動に感受性をもつ．このため，振動によって特定の行動を阻害したり，忌避させることによる防除が可能である．筆者は，電気通信大学ほかと共同して，マツの病気（マツ材線虫病，いわゆる松枯れ）を媒介するマツノマダラカミキリなどの害虫の防除を目的とした研究を進めている[11,21]．この病気は国内外にて猛威をふるっており，日本での被害量は年間で木造家屋2万戸分に相当する．マツノマダラカミキリは振動コミュニケーションを行わないものの，振動に対してさまざまな行動反応を示す．静止している成虫に振動を与えると，触角や脚などの体の一部を瞬時に動かす驚愕反応を示す[11]．この反応は，1 kHz以下の振動に対して感度よく起こる．また，歩行中の成虫に100 Hzの振動を与えると，不動化を起こす．さらに，高振幅の振動を与えると，さまざまな行動を阻害することが確認できた．そのほかに，マツノマダラカミキリは摂食を通じて病原体がマツに感染するが，その摂食が振動によって阻害されることを見いだしている．

　マツに振動を発生させる装置には，超磁歪素子という磁界の変化によってひずみを生じる希土類金属－鉄系の合金を用いる[21]．これは，既存の電磁式や圧電素子よりも耐性が強いうえに，高出力で発生させることが可能である．本装置を使ってマツに振動を発生させて，害虫の産卵や摂食，定着などの行動を阻害したり，忌避させる試験を行っている（図11-4）．また本装置1台によって，マツの樹1本に十分な振幅の振動を与えることができるのも特徴である．実際の防除現場においては，慣れを防ぐために間欠的に振動を与える．この超磁歪素子を用いた装置によって，マツノマダラカミキリの定着が阻害されることも確認している．現在，筆者のグループでは，他種の害虫に適用範囲を拡大し，実用化に向けた研究を進めている．

図11-4　振動を用いた行動制御による害虫防除法

5　まとめと今後の展望

　生物が利用する音や振動に関する研究分野である，生物音響学やバイオトレモロジー[22]という比較的新しい学際分野について，欧米がイニシアチブをもっている．しかし，わが国でも研究は進んでいるため，学問分野として発展させる意義が大きい．コウモリやイルカが利用するソナー，ヒトの聴覚なども対象となる．バイオミメティクスとの関連性は深いため，これらの分野との一層の連携が期待される．

　センサー技術の応用について，今後，昆虫の振動や音の受容器をモデルとした，新しい原理によるセンサーの開発研究がさらに進むと期待される．小型のセンサーは，ロボットやマイクロデバイスなどに将来利用される可能性がある．また，害虫防除への応用について，振動や超音波を用いた防除法は，化学農薬に頼らない環境低負荷型である．とくに振動は，感受性をもつ幅広い害虫が対象となり（表11-1），汎用性が高い．このため，農業害虫だけでなく，ヒトの生活に密着した衛生害虫なども対象となり，農作物の栽培施設や家屋などにも適用されるだろう．

　昆虫の音や振動に関する生物学的知見が蓄積されて，音や振動に関する工学的技術が発達した今こそ，新たなセンサー技術や害虫防除法をバイオミメティクスとして実現化する契機となる．本章を読まれてバイオミメティクスのヒントとなる，昆虫が利用する振動や音とそれらのセンシングへの興味が深まれば本望である．

　なお本章で紹介した研究成果の一部は，科学研究

| Part II | 研究最前線 |

+ COLUMN +

★いま一番気になっている研究者

Jérôme Casas
（フランス・ツール大学　教授）

　フランス・ツール大学昆虫生物学研究所の Casas 教授（55歳，スイス出身）は，昆虫の気流受容器としての機械感覚子と，それを模倣した MEMS センサーに関する研究の第一人者である．生物学者として，おもに昆虫の行動・生理・生態現象を対象としながら，粒子画像流速測定法（PIV）などの最先端計測技術や数理解析などによる研究を行い，センサー開発におけるバイオミメティクス研究を牽引している．コオロギの気流受容器である感覚子を模倣した高感度 MEMS セン

サー[16]については本章で解説している．このセンサーを利用した解析より，機械感覚子の密度[17]などについてフィードバックによる生物学的知見を得ている点も注目すべき点である．筆者は Casas 教授の研究室を訪問した際，PIV を用いた感覚子や捕食者であるクモの流速測定系の緻密さに驚嘆したことを鮮明に覚えている．その他，寄生バチによる振動の利用[7]や，昆虫の共生微生物による植物への操作など，複数分野に渡るユニークな研究業績があげられる．Casas 教授による気流受容器に関する総説については下記を参照されたい．

J. Casas, O. Dangles, *Annu. Rev. Entomol.*, **55**, 505（2010）

費（新学術領域研究 JP24120006）と総合科学技術・イノベーション会議の SIP（戦略的イノベーション創造プログラム）「次世代農林水産業創造技術」による援助を受けた．

◆ 文　献 ◆

[1] D. D. Yager, *Microsc. Res. Tech.*, **47**, 380（1999）.

[2] M. D. Greenfield, "Signalers and Receivers: Mechanisms and Evolution of Arthropod Communication," Oxford Univ. Press (2002), p. 414.

[3] R. B. Cocroft, R. L. Rodríguez, *BioScience,* **55**, 323（2005）.

[4] M. J. B. Eberhard, D. Lang, B. Metscheret, *Arthropod Struct. Dev.*, **39**, 230（2010）.

[5] S. Setoguchi, A. Kudo, T. Takanashi, Y. Ishikawa, T. Matsuo, *Proc. R. Soc. B*, **282**, 20151377（2015）.

[6] R. Nakano, T. Takanashi, A. Surlykke, N. Skals, Y. Ishikawa, *Sci. Rep.*, **3**, 2003（2013）.

[7] I. Djemai, R. Meyhofer, J. Casas, *Anim. Behav.*, **67**, 567（2004）.

[8] H. Mukai, M. Hironaka, S. Tojo, S. Nomakuchi, *Anim. Behav.*, **84**, 1443（2012）.

[9] W. Kojima, Y. Ishikawa, T. Takanashi, *Biol. Lett.*, **8**, 717（2012）.

[10] J. Yack, *Microsc. Res. Tech.*, **63**, 315（2004）.

[11] T. Takanashi, M. Fukaya, K. Nakamuta, N. Skals, H. Nishino, *Zool. Lett.* **2**, 18（2016）.

[12] H. Nishino, H. Mukai, T. Takanashi, *Cell Tissue Res.* **366**, 549（2016）.

[13] H. J. Liu, L. Currano, D. Gee, T. Helms, M. Yu, *Sci. Rep.*, **3**, 2489（2013）.

[14] N. Ono, A. Saito, S. Ando, 12th International Conference on Solid-State Sensors, Actuators and Microsystems, (2003).

[15] J. Guerreiro, J. C.Jackson, J. F. C. Windmill, *IEEE Sens. J.*, **17**, 7298（2017）.

[16] J. Casas, C. Liu, G. Krijnen, "Encyclopedia of Nanotechnology," ed by B. Bhushan, Springer (2012), p. 264.

[17] J. Casas, T. Steinmann, G. Krijnen, *J. R. Soc. Interface*, **7**, 1487（2010）.

[18] R. Nakano, F. Ihara, K. Mishiro, M. Toyama, S. Toda, *J. Insect Physiol.*, **83**, 15（2015）.

[19] 小池明，植物防疫，**62**, 10519（2008）.

[20] A. Eriksson, G. Anfora, A. Lucchi, F. Lanzo, M. Virant-Doberlet, V. Mazzoni, *Plos One*, **7**, e32954（2012）.

[21] 高梨琢磨，大村和香子，大谷英児，久保島吉貴，森輝夫，小池卓二，西野浩史，特許第5867813号.

[22] P. S. M. Hill, A. Wessel, *Curr. Biol.*, **26**, R181（2016）.

[23] https://en.wikipedia.org/wiki/Ormia_ochracea

Part II 研究最前線

Chap 12 眼に学ぶ光センシング

Learning the Light Sensing from the Eye

針山 孝彦
(浜松医科大学医学部)

Overview

動物は，およそ5.4億年前のカンブリア紀に「光スイッチ」が入った．光の信号をセンシングする眼の出現によって，生き物どうしの位置関係が明瞭になり，「食う食われるの関係」が始まり，進化のスピードがアップしたのだ．進化論を提唱した C. Darwin が悩んだ複雑な眼の構造も，近年に至り D-E. Nilsson によって数十万年という短い時間に扁平な光受容細胞が並んだ状態からカメラ眼まで進化できることが示された．5億年という時間は，それぞれの動物の眼が，性能テストを繰り返して工夫を重ねるのに十分な時間だといえる．ここでは，視物質が光を受容できることを概説し，その視物質を含む細胞膜と眼の構造によって動物がいかに外界の信号を情報として活用しているかについて，いくつかの例を示す．

▲カモシカ，両眼視で警戒している

それぞれの動物の眼は，それぞれのニッチに適応して工夫が重ねられている．草食動物のカモシカの瞳は水平方向にスリットが入り，両眼視の範囲が少ない．

■ **KEYWORD** マークは用語解説参照

- ■カンブリア紀(Cambrian period)
- ■視物質(visual pigment)
- ■発色団(chromophore)
- ■偏光感度(polarization sensitivity)
- ■光量子(photon)
- ■ラブドーム(rhabdom)
- ■ボロノイ分割(Voronoi partition)

はじめに

ほとんどの生物は，太陽光なしの環境では生存不能である．植物性プランクトンや植物そのもののように，太陽光エネルギーを同化し，すべての生物が利用しやすい有機物としてエネルギーを蓄えるこれらの生物を，独立栄養生物という．独立栄養生物が蓄積した有機物を捕食して生命維持する従属栄養生物も，つまりは太陽光エネルギーを食べていることになる．これらの従属栄養生物のなかでも，移動のための運動を伴う動物は，有機物を餌として捕食するために，光センシング機能を特化させている．動物にとっては，情報としての光の利用が生存戦略の一つなのだ．

およそ5.4億年前のカンブリア紀の三葉虫の化石を見ると，すでに立派な複眼が完成していることがわかる[1]．嗅覚や聴覚なども遠距離からの情報を受容できるが，これらの感覚に比べて視覚は，より早く正確に受容することができ，生存のために有利に働く．A. Parkerは，著書[1]のなかで「カンブリア紀の生物大進化が，眼の誕生によって引き起こされたことは尤もらしい」と主張したF. Crick (DNA二重螺旋構造の発見者)を引用し，進化における「光スイッチ説」を提起した．

確かに，先カンブリア時代の多細胞真核生物となったわれわれの先祖の生物のなかに「光感覚能」をもつものが突然現れれば，獲物を効率よく探せたり容易には食べられないように逃げたりできたであろう．しかし，精緻な眼がいかにつくられたのだろうか．進化論を世に出したC. Darwinが悩んだ「眼のようなあまりにも複雑な器官が自然選択によってつくられたとは考えられない」という問題は，スウェーデンLund大学のD-E. NilssonとS. Pelgerが，「pessimistic estimate」と断りながら，数十万年あれば皮膚光覚などの平面上の光受容部位が，われわれのカメラ眼のような形態に変化できることを推定した[2]．われわれヒトの誕生がおよそ20万年前であり，生物史のなかではヒトの出現が本当に短い期間であることを考えると，地質学的にみればごくごく短期間に複雑な構造が完成することが推論されたのだ．「光スイッチ説」を信奉するまでもなく，ヒトにとって"眼"が重要な感覚器であるのと同じように，他の動物にとっても視覚情報は重要で，生存戦略に不可欠なものであるために，進化という性能テストのなかで，さまざまな工夫を重ねられてきたことは容易に想像できる．

1 眼が光受容できるわけ－第一段階

波動としての光は，横波として電場と磁場が，進行方向に対して直交して振動している．この光を受容し信号に変える第一段階は，光受容物質である．一般にロドプシン(以下，「視物質」と表記)と総称されるこの物質は，視物質発色団(レチナールなど)と，アポタンパク質のオプシンが，シッフ塩基結合したものである．11-*cis*型の視物質発色団が光を吸収し，all-*trans*型に光異性化することが光受容の開始となる．

光の波の山と山，あるいは谷と谷の長さを波長とよぶが，一つの視物質は，特定波長帯域に高い吸収効率を示すため，視細胞は特定波長帯域に高い感度をもつ．この特性を決めているのは，視物質発色団の種類とオプシンのアミノ酸配列である．ヒトの場合は三種の錐体細胞に，別々の波長帯域に感度をもつ視物質をもつので，色弁別能をもつことができる．一方，視物質発色団は，直線偏光に対する方向依存的な吸収特性がある[3]ので，動物のなかには偏光弁別能をもつものもいる．

一方，光量に対しての光受容分子の振る舞いに関しては，光の粒としての性質である光量子を考える

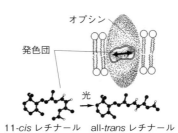

図12-1 すべての動物の視物質
7回膜貫通型のタンパク質オプシンと，ビタミンAアルデヒド体の発色団(両矢印)からなっている．光が発色団を11-*cis*型からall-*trans*型に変化させることで，視細胞が興奮する開始となる．

必要がある．光量子1個が視物質に吸収され，視物質発色団が cis 型から trans 型に異性化反応をする効率（量子収率，quantum yield）をかけた値[4]で，視物質は活性型視物質に変換する．この活性型視物質が，視細胞内の情報変換分子に作用し，視細胞が興奮し，続く神経系に情報を伝えることが可能になる．つまり視細胞は，どれだけの光量子を捕捉できたかを，ほぼ線形に信号に変える素子として理解できる．実際には，この光異性化が，脊椎動物[5]や無脊椎動物[6]でも，ほぼ1光量子反応であることが強く示唆されている．

2 動物の分類と眼の多様性と共通性

魚の仲間からヒトまで，脊椎動物には体内部の背側にたくさんの神経を含む脊椎があり，体表面は比較的柔らかい皮膚で覆われているのだが，エビなどの無脊椎動物は，体の外側に骨格があり，体内部の腹側の中心に神経系が走っている．この2点を見るだけで，脊椎動物と無脊椎動物の設計原理が逆転している動物がいるのではないかと想像できるだろう．

実は，この設計の違いは，受精卵が卵割を重ねて成長していく過程の違いにも見られる．受精が完了し卵割が開始されて，胞胚とよばれるボール状になった段階で，そのボールの一箇所（原口）から内部に向かって陥入が始まり，将来消化管になる原腸が形成される．原腸は，最初の入り口（原口）の反対側に，もう一つの口を形成する．原口側が将来の口になる動物を前口（旧口）動物，原口側が肛門になる動物を後口（新口）動物という．この発生の逆転とともに，上記のように神経の場所や骨格の場所などの体制もほぼ逆転している．眼のつくられ方も逆転していて，前口動物では皮膚側から発生が始まり，後口動物では脳側から誘導が始まる．レンズから視細胞までの並びも前口動物と後口動物とで逆になっていて（図12-2），前口動物では光の入射側に視細胞層があるが，後口動物では，光の入射側と視細胞層の間に神経細胞層が存在している．

視細胞そのものの形も，前口動物と後口動物で大きく異なり，前口動物ではマイクロビライ（微絨毛）が集まった光受容部位であり，後口動物では，シリ

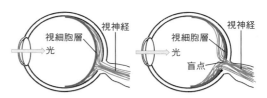

図 12-2 軟体動物と脊椎動物のカメラ眼
イカやタコなどのカメラ眼は，入射光に近いレンズ側に視細胞層がある（左）が，脊椎動物ではレンズ側に神経の層がある（右）．

アをもつ視細胞が外節とよばれる場所に，生体膜が円盤状になり層状構造を形成している所が光受容部位となる．

このような動物の分類による眼の構造の違いは，進化学者を悩ませてきた．種々の系統で，別々に眼という器官が誕生したと考えざるを得ないからである．しかし近年に至って，W. Gering が *Pax*-6 遺伝子が眼になる部分ですべての動物で共通に働いていることを発見した[7]．これは *Pax*-6 遺伝子が，眼をつくるための最初の指令を出す遺伝子であるという発見にとどまらず，前口動物の昆虫と後口動物の脊椎動物といった系統樹上で大きく離れた動物にもかかわらず，共通の体づくりの仕組みがあることの発見でもある．

3 脊椎動物のカメラ眼の工夫

3-1 瞳孔の工夫

脊椎動物の瞳孔の形は種によって異なっていて，ネコやワニなどは垂直のスリット型瞳孔，ヤギやウマやヒツジなどは水平のスリット型瞳孔をもつ．ネコ科の動物がすべて垂直方向にスリットがあるかというわけではなく，ライオンやチータなどはヒトと同じ円形の瞳孔をもつ．円でもスリットでも暗順応して瞳孔が開いた状態であれば，大きな円形の瞳孔となるが，瞳孔が閉じた場合に形状の違いが顕著になる．円形の瞳孔に比べてスリット型の方が有利な点は，瞳孔が閉じられているときも，網膜周辺部の視細胞を用いることができることである．肉食動物の餌となる草食動物が，水平のスリット型瞳孔をもつことで，横方向の視野を広げて攻撃をかわすように進化したものと考えられている．瞳孔は，光量に

応じて径が変化し，ヒトではおよそ 2 mm から 8 mm の範囲で縮瞳と散瞳を行う．この調節で，およそ 1.2 log の範囲の光量調節ができる．

一方，ヒトの眼は，瞳孔調節よりも広い 12 log の範囲の光を知覚できる．これは，網膜運動や，錐体や桿体という感度の異なった視細胞の存在や，視細胞内部での光順応機構などの存在でなし遂げている．カメラのフィルムでは 3 log の範囲の調節であることを考えると，動物の調節機能の巧妙さがわかる．

3-2 ヒトのカメラ眼の特徴

ヒトでは，二つのタイプの視細胞があり，錐体細胞と桿体細胞とよばれる．両細胞とも外節に視物質があり，錐体細胞では 3 種類，桿体細胞では 1 種類の視物質をもつ．錐体細胞は 650 万個，桿体細胞は 1 億 2 千万個ほどといわれ，錐体細胞は三種類の視物質が別々の視細胞に含まれていて，それらの応答を比較することで色弁別を可能にしている．桿体細胞は光量の少ない時にも応答することから，暗所視に適している．カメラのフィルムで写真乳剤が均一に塗られているのと異なり，動物では錐体細胞と桿体細胞の分布に場所的な差がある．錐体細胞は主に像が結ばれる中心部に多く，桿体細胞は周辺部を占めている．物を注視する際は，錐体細胞が多い部分を使うことが多いが，その場所で薄暗い星を感じることはできない．視点を少しずらして桿体細胞が多い部分に星の像を結ばせると，感度の高い桿体細胞によって星の存在を知ることができる．

先に述べたように光は，視神経の網を潜ってきて，視細胞には後ろ側から当たることになる．視神経は束となって脳に至るために，網膜を突き破る必要があり，そこには視細胞がなく，盲点(盲斑)とよばれる．

4 節足動物複眼の工夫

4-1 レンズの工夫

複眼は，個眼とよばれるそれぞれ独立した光学系の単位からなっていて，一つの個眼には一つのレンズ系(角膜と円錐晶体)と数個の視細胞が含まれ，一つの視細胞は数多くのマイクロビライを出している．そのマイクロビライの集合をラブドメアという．1

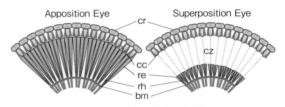

図 12-3 節足動物の複眼
主に昼行性の節足動物複眼では Apposition eye であり，夜行性のそれでは Superposition eye である．Cr: 角膜，Cc: 円錐晶体，re: 視細胞，rh: ラブドーム，bm: 基底膜，cz は透明層であり，それぞれの角膜と円錐晶体(レンズ系)を通った光は一定のラブドームに混合して集光されるので，夜に適応していると考えられている．

個眼内のラブドメアの集合体がラブドームである．マイクロビライは直径 80 nm 前後の脂質二重膜の筒状構造で，ラブドメアはそれらの高密な集まりであるために，細胞質側よりもわずかに屈折率が高くなり，ライトガイド効果を示す．マイクロビライ上に，多くの視物質が存在しているために，ラブドーム内を導波する光は視物質に吸収され，視物質発色団は異性化されて，視細胞は脱分極性の受容器電位を発生させる．

1826 年に，J. Müller が複眼に関する仮説としてモザイク像説を記載[8]してから現在に至る 200 年間，数多くの研究が報告された．なかでも S. Exner は，それまで考えられてきた apposition eye に加えて，superposition eye の存在を記載した[9](図 12-3)．

その後，D-E. Nilsson は，superposition eye のレンズ系の種類を分類し，屈折型(refractive type)，反射型(reflective type)，放物面型(parabolic type)に分けた．Superposition eye では，このように多数の個眼から光が集められるので，夜間あるいは十分に暗順応した superposition eye の感度は，apposition eye のそれより高くなる．

4-2 角膜表面の工夫—モスアイ構造—

一方，superposition eye のようなレンズ系の工夫だけでなく，角膜表面の構造を修飾することで感度上昇を図っている昆虫もいる．モスアイとよばれるように，鱗翅目のガの眼の表面で発見されたこの構造は，四分の一波長程度の凸凹(ナノパイル)構造で無反射性を備えている．夜行性のガが月明かりを反射して捕食者に見つかることを回避しているという

Chap.12 眼に学ぶ光センシング

説明が多いが，実際には夜間にガの複眼を光照射すると強い反射をするので，この考え方は誤りである．夜間に訪花して吸蜜するガの仲間のベニスズメ *Deilephila elpenor* は，星明かり程度しかない光環境下で，青色や黄色を灰色と完全に弁別できることが実験的に明らかにされた[10]．ヒトでは色をまったく弁別できない光環境下で，ガが色弁別可能にしているのは，superposition eye という集光装置に加えて，モスアイ構造の無反射性によって少しでも集光できるようにしている結果なのだろう．

最近，S. Yoshioka らによって，このナノパイル構造の配列が「いい加減なロバストネス」であることが発見された[11]．光学的に無反射性を備えることを考えると，結晶のように整然とした構造の配列が想定されるが，生物は「いい加減」によって光学的ロバストネスを達成していたのである．エゾハルゼミの透明な翅にもナノパイル構造があって無反射性を備えていることを発見し，オオタバコガの複眼のナノパイルの配列の乱れの度合いを比較した．方法として，ナノパイルの中心を点配列と仮定し，ボロノイ多角形に分割してみた（ボロノイ分割）．この方法により配列が規則的であれば，同じ大きさの正六角形になり，配列に乱れがあれば五角形や七角形が含

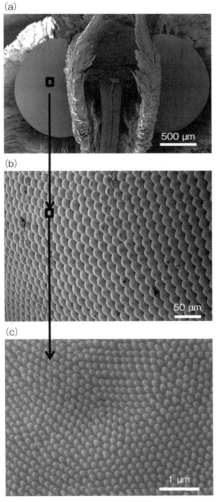

図 12-4　オオタバコガの複眼と個眼
オオタバコガの複眼(a)と，個眼の配列(b)，および一つの個眼の強拡大の走査型電子顕微鏡像．(c)では，200 nm 程度の高さのナノパイル構造が観察される．

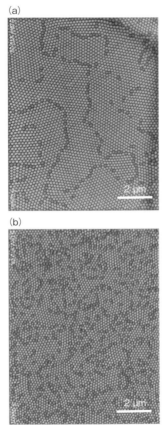

図 12-5　オオタバコガの複眼とクマゼミの翅
［カラー口絵参照］
オオタバコガの複眼(a)と，クマゼミの翅(b)のナノパイル構造の頂点を用いてボロノイ分割して，乱れを表現した図．クマゼミの翅のほうがオオタバコガの複眼よりも乱れているが，「いい加減」の乱れの範囲であり低反射性が維持される．

129

まれ，辺の長さや角度や面積が異なったものになるので，乱れを評価することができる．オオスカシバやクマゼミなどの透明な翅も，エゾハルゼミの翅やオオタバコガの複眼のナノパイル構造と同様に，乱れはあるが一定の範囲の乱れで高い透過性を維持できることがわかった．

一方，アブラゼミの茶色い翅にもナノパイル構造があることがわかり，同様のボロノイ分割によってより大きな乱れがあることがわかった．色の付いた翅では，大きく乱れていて高性能の低反射性が維持されなくてもかまわないのだろう．では，なぜナノパイル構造をもつのだろうか．アブラゼミでは，ナノパイル構造表面によって，他の昆虫が登れないという滑落性を備えていることが発見されている．等脚目のイソヘラムシなどでは，海中プランクトンの付着を減らす汚染防止の機能があることも示唆されている．つまり「生物では，同様の生体分子を素材として，遺伝的に少しだけ改変された同様の構造が多機能性をもっている」ということが，これらの研究を通して発見されたのである．

5 偏光弁別能

膜タンパク質である視物質は，脂質二重膜内に浮遊するような状態で存在しており，膜中で自由に回転したり（フリーローテーション），流動性があり拡散などによって場所を自由に移動したり，ごく少ない確率で膜の内側と外側をフリップフロップしたりすることが知られている．脊椎動物の円盤膜を用いて膜の流動性について調べた実験では，脂質二重膜はオリーブオイルとほぼ同じ粘性であることから，脂質二重膜の中で視物質がどこにもアンカーすることなく浮遊していたとすると，視物質発色団が直線偏光に対する方向依存的な吸収特性をもっていても，直線偏光に対する細胞としての偏光特性はなくなってしまう．そのため脊椎動物では通常偏光を弁別できない．ところが，外節の円盤膜に対して光が横から当たった場合は，直線偏光の方向を区別することができる．いくつかの魚種などで直線偏光の弁別能があることが報告されている．

実は，ヒトでも偏光している可視光を見ると視野の中心に鉄アレイ状の色の付いた像が見えることがある．個人差はあるが，偏光を輝度調整に用いているコンピュータ画面を白くして見つめると「ハイディンガーのブラシ」とよばれる像が見える．この現象は，ヒト眼球の中心窩付近の視細胞外節が入射光に対して横向きになっていることが原因といわれている（この像はコントラストが薄く，注意を払って見ることによって気付くことができる）．

節足動物の視細胞がもつマイクロビライは筒状をしていて，筒を形成している生体膜のなかに視物質が存在していることで，もし視物質がフリーローテーションしていても，マイクロビライの長軸方向に対する直線偏光の吸収率は短軸方向に比べておよそ2倍高いと考えられている．

視細胞に微小電極を刺入して，光刺激に対する視細胞の応答を記録する細胞内記録法という技術がある．実際に，直線偏光刺激に対する細胞電位を記録するとほとんどの節足動物で2倍（2：1）よりも高い偏光感度を示し，ザリガニ視細胞などの測定では20：1となることもある．この値は，視物質が生体

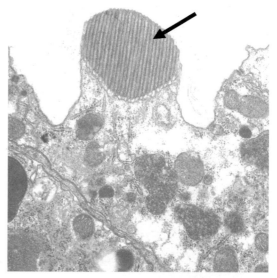

図 12-6　ショウジョウバエの複眼を形成する個眼
これは八つの視細胞から形成されている．分散型ラブドメア（ラブドメアどうしが離れている構造）の一つの個眼がもつラブドメアは多くのマイクロビライで形成されており，それぞれのマイクロビライの中には電子密度の高い物質が生体膜に平行にあることが観察される．これがアンカープロテインとして機能している可能性がある．

膜中で運動を制限されていなければ理論的にあり得ない。直径80 nm前後のマイクロビライを長軸に垂直に切断し，輪切りの像を電子顕微鏡で観察すると中心に軸のような構造が観察され，この軸の周辺には自転車のスポークのような像も観察できることから，これらの構造がアンカープロテインとして視物質と結合している可能性が考えられている。しかし長い研究の歴史のなかで，生理学的な実験により示唆された視物質の運動性の制限を司るアンカープロテインの詳細な報告も，視物質の配列の結晶性の報告もいまだ得られていない。

節足動物の複眼は，ラブドームの形態の違いによって，分散型，集合型，重集合型の三つのタイプに分類される。分散型は，ラブドメアどうしが離れていて，各視細胞が独立した光情報を得る。集合型は光軸に対してラブドメアが付着していて，重集合型は，マイクロビライの方向を同一にした固まりが交互に櫛状に重なり合っている。

いくつかの節足動物の視細胞にガラス電極を刺入し，その直線偏光の偏光角に対しての応答性を調べると，偏光方向の角度の違いによって応答の高さに違いが見られる。イエバエやフナムシなどの分散型ラブドームをもつ種に比べて，サワガニやザリガニといった重集合型のラブドームをもつ種のほうが圧倒的に高い偏光感度を示し，トノサマバッタなどの集合型ラブドームをもつものでは分散型と重集合型の中間的な値を示すというように，ラブドームの形態によって偏光感度が異なっていることは明らかである。光の吸収は光路の長さと光吸収をする物質の濃度の影響を受ける（Lambert-Beer's Law）ので，光路であるラブドーム（またはラブドメア）でおこる光吸収は，入射側から光吸収されると，奥に進めば進むほど途中で到達する光量は減少する（self-screening effect）。これをマイクロビライにある視物質の偏光の吸収能に当てはめて考えると，吸収確率の低いものであっても，光路が長く濃度が高いと偏光感度は減少することがわかる。ラブドームの形態の違いが生理学的記録による偏光感度の違いに結びつくのは，self-screening effectによる直線偏光の吸収に差が生じるからである。光吸収はLambert-Beer's Lawに従うので，視物質の濃度が高く光路長が長ければ偏光感度は下がる。逆に，視物質の濃度が低く，光路長が短ければ偏光感度を高く保つことができる。たとえば分散型，集合型および重集合型の濃度も光路長も同じだと仮定すると，分散型では光吸収はLambert-Beer's Lawに従うが，重集合型では光が一つのラブドメアから隣のラブドメアに導波されるときに，偏光方向が変わることになる。その現象が最も顕著に表れるのは，マイクロビライの方向が垂直（光軸）に交互に直交する重集合型の場合である。

動物にとって，偏光を識別できることは生存戦略にも役立ち，1.（色は波長のコントラストであるが）偏光による対象間のコントラストを増強，2. 動く対象物の識別（魚の鱗など，反射で生じた光強度の偏光依存性が身体の動きによって変化する現象を利用して餌となる動物などを見つける），3. 水面からの水平方向の直線偏光を見ることによって，水中が見えなくなることで水面を識別，4. 水平方向の

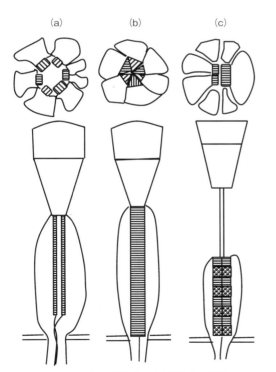

図12-7　節足動物複眼を構成する個眼
(a)分散型，(b)集合型，(c)重集合型の模式図．

| Part II | 研究最前線 |

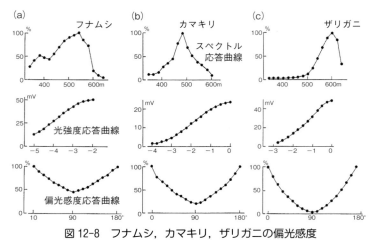

図 12-8　フナムシ，カマキリ，ザリガニの偏光感度
分散型(a)のフナムシの偏光感度は約 3.5，集合型(b)のカマキリでは約 9.9，重集合型(c)のザリガニでは約 28.0 である．図 12-7 の模式図で示したラブドメアが形成するラブドームの形態によって偏光感度が異なることが推論される．

直線偏光をカットすることで水面を通して水中を見る（魚釣り用の偏光サングラスと同じ），5. 空の偏光パターンを識別して，動物の移動であるオリエンテーションやナビゲーションを行う，などの働きがある．

6　ハエトリグモの距離測定ーピンぼけの利用

家の中で足早に歩いているクモを見ることが時々ある．巣をつくらないハエトリグモであることが多い．節足動物ハエトリグモ科に分類されるこのクモは，他のクモに比べて視力が良いとされ，この高度な視力によって給餌をしたり求愛をしたりする．クモは通常 8 個の眼をもつが，ハエトリグモは 6 個の眼によって正確に対象物の距離を測ることができる．獲物を見つけたハエトリグモは，獲物までの距離を推定し，正確にジャンプして獲物を捕まえる．

個体自身の位置から対象までの距離の感覚を，「奥行き知覚」という．たとえば，両眼視差（二つの眼の見え方の違い）を利用した感覚で，ヒトは左右の眼を用いることで距離を推定している．また，一方の眼だけを用いて距離を推定する方法も用いられており，この時はレンズの厚みを変えたり，レンズを前後に動かしたりする動物がそのピント調節の際にどれだけレンズを変化させたかという信号を用い

ている．カメレオンなどでは，片目で正確に距離測定ができる．運動視差を用いている動物もいて，昆虫などレンズ調節をできないものが用いている．カマキリなどが餌を捕獲する前に，小さく頭部を動かす．左右に振られた頭部に密着しただけの複眼に映る対象物の映像の大きさや速さの違いを，信号として捉えて距離推定を行うものである．

T. Nagata[12]らは，6 個の眼のうち，主眼とよばれる前方 2 個の眼が距離測定をしていることに注目した．その眼の構造を見ると，一般的なクモでは通常，前中眼の網膜が一層であるのに，ハエトリグモでは 4 層構造である．彼らは，これらの層における視物質は異なっていることを明らかにした．具体的には遺伝生理学的技術を用いて，吸光する光の波長のピークは，眼の近位（体内部）側から遠位（レンズ）側にかけて，緑色（第 1 層），緑色（第 2 層），紫外線（第 3 層），紫外線（第 4 層）であることを明らかにした．そして，ハエトリグモの眼のレンズが色収差を生じさせることに着眼し，第 1 層の緑色受容層には焦点を結ぶが，第 2 層目では焦点を結ばない緑色を受容していることを明らかにした．第 2 層におけるピンぼけの量（層に当たる光の面積に比例）と第 1 層の量を比較してハエトリグモが距離測定しているのだと推測した．距離が近いと第 2 層目のピンぼけの

COLUMN

★いま一番気になっている研究者

Helmut Schmitz
（ドイツ・ボン大学 教授）

世界を見渡すと毎年森が燃える場所がある．*Melanophila* 属のナガヒラタマムシ *M.acuminata* 〔図(a)〕は，森が燃えることが次世代を生み出すのに不可欠という行動生態学的特徴をもつ甲虫だ．数 10 km も離れた場所の山火事を発見し，火に焼かれた木々に集まり交尾して産卵し，幼虫はその木の中で成長する．山火事だけでなく，工場が出す熱を感知し定位接近することから，赤外線を受容していることが想像された．生物学者の Schmitz 教授らは，胸部腹側の中脚基部体側にある赤外線センサーを見つけた〔図(b)〕．硬いクチクラで包まれた 70 個ほど並ぶ感覚子の中には，熱で膨張する体液を含む組織と機械受容器があった〔図(c)〕．器の中で膨張した組織が感覚細胞を圧迫することにより，高感度の赤外線センサーとして機能していたのだ．MEMS や機械工学などの異分野連携で，この昆虫の作動原理を規範とした新しい赤外線センサーが開発されている．

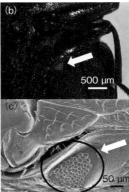

図 タマムシの高感度赤外線センサー
ナガヒラタマムシ(a) と赤外線センサー（b）．走査型電子顕微鏡で観察するとドーム状の感覚子がある(c)（国立科学博物館，野村周平博士撮影）．

量は広くなり，距離が離れているとそのピンぼけの量は狭くなることを利用しているというのだ．

この仮説を検証するために，彼らは巧妙な実験をした．レンズに色収差がある場合，波長によって焦点までの距離が異なる．第 1 層と第 2 層の緑受容層の視細胞がもつ視物質は赤色にも感度をもつので，緑光環境下で正確に距離測定できるハエトリグモに赤色光下で獲物を狩る行動をさせ，ジャンプの長さを計測した．すると，獲物よりも近くに着地したのである．レンズの色収差から推論すると，第 2 層におけるピンぼけの量は増加する（第 2 層に当たる面積が広くなる）ことになり，緑光環境下で獲物までの距離の近い時にピンぼけの量が増加したときと一緒になると解釈できる．つまり，通常白色光下で生活しているハエトリグモでは，緑色を用いて正確に距離測定して生存しているが，赤などの単色光環境下では正確な距離測定ができないのである．ピンぼけを用いて対象物までの奥行きを知覚していること

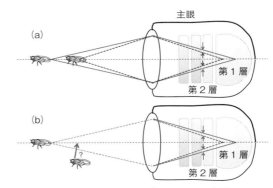

図 12-9　ハエトリグモの二つの主眼
二つの主眼の視野は重なっていない．(a)のように緑光環境下では正確に距離を計測できるが，(b)の赤環境下ではレンズの色収差によって距離計測を誤る．

が強く示唆されたことになる．

7 まとめと今後の展望

ヒトは視覚性動物だといわれる．しかし，実はわれわれの先祖が夜行性の類人猿だったヒトは，進化

| Part II | 研究最前線 |

の過程で一度色覚を失っている．現在，昼行性のヒトは，色を弁別する錐体細胞の青色受容細胞と，緑色受容細胞と赤色受容細胞の興奮の差をつかって色弁別しているが，緑受容細胞と赤受容細胞のスペクトル感度曲線のピークが非常に近い．失った色弁別能をむりやり回復させるようにしたため，長波長側の視細胞のスペクトル応答は，視物質のオプシンの一部の配列を変えることで，色弁別の違いを生み出している．他の昼行性の脊椎動物の多くが，紫外線領域にも感度をもつ視細胞をもち，かつそれぞれの視細胞のスペクトル応答のピークが適度に離れていることと大違いである．このようにヒトを例にとっても，生活環境（ニッチ）の変化によって，感覚器が適応していることがわかる．生物は，生存しているものが現在の環境にほぼ適しているものであり，われわれの先祖が命を賭して性能テストを繰り返してきたものでもある．

　ここに述べた光センシングの解説と例は限られたものであるが，光に関しては数多くの解説書も論文もあり，学ぶことにこと欠かない．学ぶことはまねることにつながり，新たな発想を生み出すことにつながる．光センシングの学びを通して，生物の工夫を知り，サスティナブルな社会を生み出すためのものづくりの規範としていただければ幸いである．急激に地球環境を変えているヒトは，生命38億年の歴史を振り返ることもなく「強欲」に地球から搾取を繰り返している．新しい学びと，ものづくり，そしてライフスタイルの変化なくして次世代はないだろ

う．今必要なのは，生物を見つめ理解できる"心の目"だ．

◆　文　献　◆

[1] A. Parker, "In the Blink of an Eye" Basic Books (2004).

[2] D-E. Nilsson, S. Pelger, *Proc. Roy. Soc. Lond. Ser B.*, **256**, 53 (1994).

[3] G. Drikos, H. Dietrich, H. Rüppel, *Eur. Biophys. J.*, **16**, 193 (1988).

[4] T. Okano, Y. Fukada, Y. Shichida, T. Yoshizawa, *Photochem. Photobiol.*, **56**, 995 (1992).

[5] N. Sim, M. F. Cheng, D. Bessarab, C. M. Jones, L. A. Krivitsky, *Phys. Rev.*, **09**, 113601 (2012).

[6] P. G. Lillywhite, *J. Comp. Physiol.*, **122**, 189 (1977).

[7] W. J. Gehring, *J. Hered.*, **96**, 171 (2005).

[8] J. Müller, Zur vergleichenden Phsiologie des Gesichtsinnes des Menschen und der Tiere, Leipzig, 1-462 (1826).

[9] S. Exner, "The Physiology of the Compound Eyes of Insects and Crustaceans" translated and annotated by R. C. Hardie, Springer-Verlag (1989).

[10] A. Kelber, A. Balkenius, E. J. Warrant, *Nature*, **419**, 922 (2002).

[11] 下村政嗣，『トコトンやさしいバイオミメティクスの本』，47 自己組織化は好い加減さの起源？「セミとガを比べてわかったこと」，日刊工業新聞社 (2016).

[12] T. Nagata, M. Koyanagi, H. Tsukamoto, S. Saeki, K. Isono, Y. Shichida, F. Tokunaga, M. Kinoshita, K. Arikawa, A. Terakita, *Science*, **335**, 469 (2012).

134

Part II 研究最前線

Chap 13 メカノバイオミメティクスによる細胞操作工学
Cell Manipulation Based on Mechanobiomimetics

木戸秋 悟
(九州大学先導物質化学研究所)

Overview

細胞の動きのしくみを解明し，その動きを模倣し，制御することで生体組織を構築する工学は，バイオミメティクスの取組みのカテゴリーに属するものである．しかし，細胞が対象となると途端に工学的色合いが薄れ，細胞生物学の問題として生き物そのものの研究に包含されてしまうため，バイオミメティクスとは異質に感じられる読者も多いのではないだろうか．本章では，細胞の力学的挙動や周囲環境の力学場を模倣する生物規範工学～メカノバイオミメティクス～の具体例について紹介する．そしてメカノバイオミメティクスによる細胞操作技術の本質は，マテリアル側の設計を通じた細胞の応力状態制御にあることを解説する．

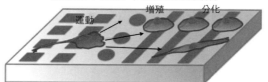

▲生体模倣力学場設計による細胞操作
[カラー口絵参照]

■ KEYWORD 📖マークは用語解説参照

- ■メカノバイオミメティクス (mechanobiomimetics)
- ■デュロタクシス (durotaxis) 📖
- ■間葉系幹細胞 (mesenchymal stem cell)
- ■応力状態 (stress state) 📖
- ■接着斑 (focal adhesion)
- ■メカノトランスダクション (mechanotransduction)
- ■メカノシグナル (mechanosignals)
- ■メカノバイオロジー (mechanobiology)

はじめに

バイオミメティクスは，生物が実現している機能的微細構造や，効率的運動・行動の原理，習性を導く分子的原理などに着目し，それを模倣して，工学的応用に展開する新技術の体系を指す．本書においてさまざまな展開が網羅されているが，この技術領域は生物規範工学とよばれている．模倣すべき生物の原理のなかでも，たとえば生物の示す運動のしくみは大変魅力的な対象の一つである．昆虫や鳥の飛行における羽ばたき運動や，魚の遊泳運動，そして人体の歩行や腕の動きなどの模倣の先には超精密ロボットの構築が可能となり，生物から学ぶバイオミメティクスならでは技術的アプローチといえる．

ここでは，同じく生物の運動現象として，生体を構築する細胞および組織自体の運動に目を転じてみよう．生体はすべてオリジンとなる単一の細胞が増殖し，分化しつつ，移動し適切に秩序集積化をとげた姿である．すなわち，生体構築の鍵を握るものは，細胞自体の動きにあるといっても過言ではない．この意味において，細胞の動きのしくみを解明し，その動きを模倣し，制御することで生体組織を構築する工学は，バイオミメティクスの取組みのカテゴリーに属するものである．しかし，細胞が対象となると途端に工学的色合いが薄れ，細胞生物学の問題として生き物そのものの研究に包含されてしまうため，バイオミメティクスとは異質に感じられる読者も多いのではないだろうか．

このようなギャップは，細胞自体がいくら分子の秩序集合体であるとしても，単純に物理化学や機械力学のみで扱い得ないほどに，あまりにも複雑・精巧な挙動を示す“生もの”そのものとして，捉えどころのない側面をもつ対象であることによるものと考えられる．工学的に模倣できる余地はどこにあり，どのような取組みが可能なのであろうか？　この疑問に対しては，細胞の運動が実際には機械力学的しくみによっても支配される現象であり，これを操作するうえでは生体模倣的に細胞周囲の力学的環境を設計することが有効であることを踏まえると，細胞の操作もまたバイオミメティクスの研究対象となることがわかる．このような立場から本章では，細胞

の力学的挙動や周囲環境の力学場を模倣する生物規範工学～メカノバイオミメティクス～の具体例について紹介したい．

1 細胞運動に関するメカノバイオミメティクス

細胞運動は生体組織のさまざまな生理的・病理学的挙動の本質的な基礎をなしているが（炎症反応，創傷治癒，形態形成，がん転移など），そのような生物学的動的過程の適切な制御は疾病の治療戦略開発のうえでの重要な基盤の一つであり，細胞運動を制御する生体材料設計は再生医工学の拡充においても強く求められる．

興味深いことに細胞は，周囲の硬さ軟らかさといった力学的特性を運動方向制御のためのシグナルとして活用できる．たとえば，接着系細胞は培養基材の表面弾性勾配に対して特徴的な硬領域指向性運動を示す．Lo らは，架橋剤濃度を調節して弾性率を変えた PAAm ゲルを隣接させ，30 kPa と 14 kPa の硬軟隣接境界を作製して線維芽細胞の運動を観察したところ，30 kPa の硬領域へと細胞が侵入し，14 kPa の軟領域には再び戻らないことを見いだし，これを Durotaxis と名付けた[1]．

Durotaxis の活用は，材料表面設計による細胞の局在操作を可能とするため，その制御技術の確立が望まれるところである．筆者らは，表面弾性率可変の細胞接着性ハイドロゲルである光硬化性スチレン化ゼラチンゲルの表面弾性マイクロパターニングを確立し，Durotaxis を誘導し制御する弾性境界の勾配強度条件を明らかにしてきた．線維芽細胞の Durotaxis の誘起には，細胞一体の接着界面内で一定度以上の勾配強度が必要であり，ゼラチンゲルの場合，40% ゼラチンマトリックスでは数 kPa の軟領域からは 40 kPa/50 μm，20 kPa の軟領域からは 100～200 kPa/50/m[2]，30% ゼラチンマトリックスでは 10 kPa の軟領域からは 300～400 kPa/50 μm の急峻な弾性率勾配が必要である[3,4]．一方，血管平滑筋細胞は 1～4 kPa/100 μm の勾配強度で Durotaxis を起こすとの報告もあり[5]，弾性勾配強度条件には細胞種依存性がある．このような違いは，

細胞のかたちの顕著な違いによるものと考えられる. 弾性基材上での細胞接着界面には, 弾性特性依存的な接着斑の成長と牽引力分布が誘導され, その分布は細胞のかたちの決定とともに, 細胞運動の方向性に影響を及ぼす. 線維芽細胞は大きな葉状仮足をもつ非対称性の高い不定形であるのに対し, 血管平滑筋細胞は紡錘形状で仮足は貧弱でありもともと動きの活発な細胞ではない. Durotaxis は弾性勾配場において, 細胞一体の接着界面内に非対称な接着斑分布と接着牽引力分布が強制的に生成されることがトリガーとなって起こる極性運動であり[3], その接着斑分布の差異が細胞種依存的な弾性勾配感受性の差異を導くものと考えられる. そして, このような細胞種依存性は組織構築の際の異種細胞の局在にも影響を与え得るため, 材料の微視的力学場設計は細胞局在制御の基礎としても重要である. 弾性勾配をもつゲルの作製についてはこれまでに, マイクロ流路加工により作製したグラジエントメーカーを用いて架橋剤の濃度勾配を与えて形成させる技術[6,7]や, 連続光リソグラフィーによる手法[8]が報告されており, 近年では三次元の力学場設計への取組みも進展しつつある[9]. 力学場設計による細胞運動制御が重要となる生体材料構築への応用例としては, 神経再生足場等があげられる. 神経組織の発生は周囲力学場条件に強く依存した調節を受け, たとえば中枢神経系ではグリア細胞の形成する軟らかい組織特性に依存した軸索成長が, 抹消神経系では顕著に硬い組織も含む周辺環境に依存した樹状突起の成長が, それぞれ異なる特徴を示す[10,11]. 再生足場の力場設計は効果的な神経組織再生のための重要な設計要因の一つとしても注目されている.

2 細胞分化に関するメカノバイオミメティクス

　細胞周囲環境の微視的力学場は, 細胞の運動方向ばかりでなく, 分化の方向にも影響を与える[12-14]. 培養液組成の条件が一定であっても, 接着基材の弾性率といった微視的材料条件の違いに依存して幹細胞の操作が可能となる現象である. ペンシルバニア大学の D. E. Discher らは, 架橋度を変えて異なる弾性率を設定し, 最表面にコラーゲンをコーティングして細胞接着性をもたせたポリアクリルアミドゲルの上で間葉系幹細胞(Mesenchymal Stem Cell : MSC)を培養したところ, 分化誘導因子を用いなくともマトリックスの硬さのみに依存して神経($0.1\sim1$ kPa), 筋($8\sim17$ kPa), 骨($25\sim40$ kPa)のそれぞれの原細胞への分化が誘導されることを見いだした[13]. Blebbistatin により非筋ミオシン II を阻害するとこのような分化応答が見られなくなることから, 細胞-基材間接着の機械的相互作用によって細胞骨格系全体に負荷される細胞内部応力と, 分化系統決定に関わる細胞内シグナル伝達経路のクロストークが示唆されている.

　材料弾性率の設計による幹細胞分化制御は, 生体内でのさまざまな組織の弾性率環境に応じた各種細胞の力学的順応現象を模倣するアイデアであり, メカノバイオミメティクスの一角に属する. しかし一方, このような細胞の分化応答は必ずしも周囲の弾性率の違いだけによって起こるものではない. たとえば, ジョンズ・ホプキンス大学の S. Chen らは, フィブロネクチンの表面マイクロパターニングを用いて細胞形態を制御した場合, よく伸展させた間葉系幹細胞は骨芽細胞へ, 伸展を抑制した場合には脂肪細胞へ分化することを報告した[12]. 表面化学の設計により幹細胞操作が可能となる例であるが, ここで重要なことは, 細胞分化の方向決定には, 周囲の力学場や表面化学のいずれを通じてでも制御可能な"細胞のかたち"が本質的に関与しているということである. 細胞のかたちはこれらの環境変数により変化, すなわち変形を示し, 細胞の変形には必ずその内部の応力状態の変化が伴う. 細胞分化のメカノバイオミメティクス原理の本質は, 周囲環境の力学場の模倣にあるのではなく, 細胞の応力状態を天然の状態に模倣する材料の構築の側にあることを改めて指摘したい.

　細胞の応力状態制御が実用上重要となる事例の一つとして, 改めて MSC の未分化維持培養系があげられる. MSC は分裂回数に上限があり, 培養中における細胞老化や望まぬ細胞系統への偏向を起こしやすく, その品質を管理し保証する培養技術の確立が

強く求められている.培養中のこのようなMSCの品質変化に関連し,微視的な培養力学場設計を通じた細胞の応力状態メモリーの重要性について近年大きな注目が集まっている.Ansethらの報告では,MSCのそのような基材弾性依存的な系統決定は,培養期間の長さによってその分化成熟度の制御がなされ,いわば経験した基材弾性の履歴を記憶するかのような挙動を示すことが明らかとされている[15].MSCの通常の維持培養では標準的なプラスチックシャーレが用いられることが多いが,これらの知見が示すように硬いシャーレ上での培養履歴は幹細胞の未分化性や分化誘導効率を損なう可能性があり,とくに骨系統への偏向は典型的なMSCの品質変化である.MSCは臨床応用にも近い安全性の高い幹細胞として期待されている一方で,実はその従来の培養法にはこれらの未制御・未定義の基材条件が混入していることにも起因して,その有効性の担保には一定の課題がある.臨床応用に直結するニーズとして,MSCの高品質保持培養のための細胞応力状態の制御はきわめて重要な実学的な課題の一つである.このような品質保持培養に関連して,培養力学場の設定によって細胞形態を球状の低応力状態に誘導することで,幹細胞の休眠誘導の可能性を示した2010年のWinerらの報告が注目される[16].彼らは250 Paという,ごく軟らかい,コラーゲン塗布poly(acrylamide)(PAAm)ゲル上でMSCを培養したところ,球型状態を維持したまま長期にわたって生存し,その状態でDNA合成が止まっていること,さらにその培養後の脂肪分化誘導効率が通常のディッシュ上での培養に比べて顕著に増強されていることを報告している(図13-1).分化誘導効率を高いレベルで維持する培養が,細胞の低応力状態・増殖停止状態の設定によりなされ得るという知見であるが,これはMSCの品質保証という実践的な課題に対して培養力学場の最適化が必要となることを示唆した重要な研究例である.

また,再生医工学におけるメカノバイオミメティクスの実践的な活用例として,*in vivo*系での適用可能性を示す系が2014年にHashmi, Ingberらによって報告されている[17].彼らはpoly(*N*-isopropyl acrylamide)(PNIPAAm)とビニル化RGDのコポリマーを合成し,共重合比を調整してLCSTを体温より若干低めとしたゲルマトリックスに間葉細胞を三次元培養し,コポリマーの収縮時に誘導可能な間葉細胞の凝集(間葉凝縮)の際の細胞応力状態制御が,上皮—間葉相互作用を最適化し歯根の器官原基形成を促進することを *in vivo* において示した(図13-2).実際,生体組織の発生におけるダイナミクスには上皮と間葉の生物学的相互作用とともに,機械力学的相互作用が重要な役割を果たすことも永楽,笹井らの研究によるES細胞からの眼杯形成の系においても示されている[18].組織再生,器官構築を目指すバイオマテリアルの取組みにおいては,器官原基の作製とその効果的な成長をサポートする上皮細胞—間葉細胞群の空間配置や微視的力学場環境の設計は本質的であり,その応用に関与するバイオミメ

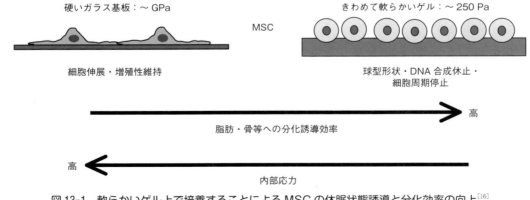

図13-1 軟らかいゲル上で培養することによるMSCの休眠状態誘導と分化効率の向上[16]

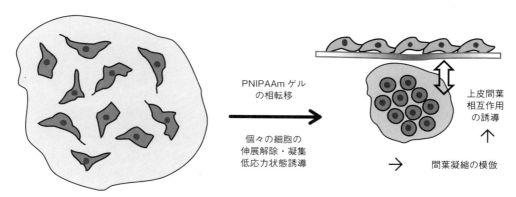

図 13-2 感温性高分子 PNIPAAm ゲルの相転移を利用した細胞の伸展解除および凝集誘導[17]

ティクスは再生医工学の重要な取組みのひとつとなるものと考えられる.

3 メカノバイオミメティクスにおける設計変数

　メカノバイオミメティクスの本質は，細胞の応力状態制御を模倣することにあると述べた．では，細胞の応力状態を制御することに関与する，外的環境の設計変数とは何であろうか？　このことを整理するため，まずバイオマテリアルとの物理的・力学的相互作用が細胞行動に及ぼす影響を概観してみよう．接着系の細胞が基材との相互作用において示す挙動は一般に，接着・伸展・移動・増殖・分化の 5 種の事象のカテゴリーに区別することができるが，これらのいずれもが基材の力学物性によって調節を受ける．たとえば，硬い基材上では典型的には細胞の接着力が強まるとともに，伸展面積が増大する[19]．よく伸展することの結果として硬い基材上では細胞の運動は鈍重となり，移動速度が低下する[20]とともに，細胞は硬い領域を指向して移動する[3]．また硬い基材上でよく伸展する細胞は増殖活性が高まる[21]．そして幹細胞については基材硬さのレベルに依存した分化系統の偏向を被る[13]．このような基材硬さ依存的な細胞応答は，基材と細胞の相互作用の起点となる接着における硬さの検知から始まり，その硬さの情報が，接着斑に連結している細胞骨格の力学的活動を通じて細胞内部を伝搬することで細胞の応力状態を制御し，最終的に細胞核内のクロマチンの代謝反応調節を駆動すると考えられている[22]．このような細胞内での一連の事象の流れはメカノトランスダクションとよばれ，これらの各過程の駆動に関わるシグナルタンパク質群の動態が「メカノシグナル」の伝搬の実態である．メカノバイオミメティクスによる細胞操作とは，このメカノシグナルの入力と伝搬を制御することに他ならない．では，どのような材料設計変数がメカノシグナルの入力・伝搬の制御を可能とするのだろうか．その典型的な変数としては以下の四つがあげられる．

1) **細胞接着リガンドの表面密度**：リガンド密度はマテリアルの表面化学特性に属するもので，マテリアルの力学的特性に直接影響するものではないが，個々の接着斑自体の成熟度やサイズ，分布等に影響し細胞全体の接着界面積を調節することで細胞の伸展形状を制御するため，細胞の内部応力状態を変調する効果をもつ．この際のメカノシグナル変調は細胞の増殖[23]や分化[24]，および運動[25]の各挙動を制御する．

2) **細胞接着リガンドの分子運動性**：メカノシグナルの最上流の入力は，細胞膜上のインテグリンが細胞接着タンパク質や接着ペプチドなどのリガンドと結合して活性化を受けることに始まる．このとき，これらの接着リガンドがマテリアル表面に対して物理吸着または化学結合しているかによって，インテグリンとの結合寿命が異なる．結合寿命の長短はインテグリンの活性化の持続パターンを変えることで接着斑タンパク質の集積特性に影響するため，メカノ

| Part II | 研究最前線 |

シグナルの伝搬を変調する．このような接着リガンドの運動性の効果はトポロジカルゲルを用いて部分鎖の運動性を変えた培養系で鮮やかに示されている[26]．接着分子の運動性の差異により，培養されたMSCの分化の方向が影響を受けることも由井らにより明らかにされている[27]．

3) **マトリックスの弾性**：幹細胞分化の系統決定との関わりで近年広く注目されている変数である．マトリックス弾性の効果はおもに，接着斑に連結した細胞骨格が生成する基材牽引力の強度調節に関わる．この牽引力強度は，マトリックス弾性のレベルに呼応した接着斑と細胞骨格の両者のメゾソコピック構造の成長度や安定性によって制御され，メカノシグナル分子の活性はその制御過程に連動している（Rho/ROCK[28]，YAP/TAZ シグナルなど[29,30]）．それらの下流で上述のような接着，伸展，運動，分化の各表現型が制御される．

4) **マトリックスの粘性**：細胞がマトリックスに牽引応力を負荷したとき，弾性の寄与ばかりでなく粘性の寄与が重要となる系では，応力緩和の速度が細胞行動に重要な影響を及ぼすことが報告されている．応力緩和のない弾性のみしか示さないマトリックスでは低弾性条件で細胞の伸展は抑制されるが，一方，応力緩和が顕著な場合にはマトリックスの初期弾性が同程度であっても細胞はよく伸展する[31]．またアルギン酸ゲルにおいて，分子量条件の設定とPEG スペーサーの有無によるイオン架橋度の調節により，同程度の弾性率をもつが，応力緩和速度の異なるマトリックスを作製しMSCを三次元培養すると，応力緩和速度が速くなる条件でMSCはよく伸展し骨方向に偏向する[32]．弾性成分より粘性成分の多いマトリックスでは細胞の生成する牽引力の緩和速度自体が顕著に速くなり，その速度特性自体がメカノシグナルの生成と伝搬のダイナミクスを制御する変数となる．

　メカノバイオミメティクスの設計では，扱う細胞・組織について望みの機能や活動を引き出すために，メカノシグナルを制御するこれら四つの変数を系統的に調節，最適化することが重要である．

④ まとめと今後の展望

　本章では，細胞の力学的挙動や周囲環境の力学場を模倣するメカノバイオミメティクスの具体例について紹介し，その設計に関わる四つの変数を整理した．また，メカノバイオミメティクスによる細胞操作技術の本質はマテリアル側の設計を通じた細胞の応力状態制御にあることを述べた．従来の細胞操作技術の大半は，細胞機能を調節する低分子化合物やタンパク質，核酸，糖質の利用によっていたため，細胞を対象とする工学的取組みはバイオミメティクスからのアプローチというよりも薬学的・生化学的アプローチによるものと考えられがちである．しかし，本章で紹介したように，細胞の操作は細胞の応力状態制御もまた強く影響している．このような研究領域はメカノバイオロジーと大きく重なっており，力覚感知センタータンパク質の同定と機能解析における分子レベルの問題から，細胞膜・接着装置・細胞骨格・細胞核・クロマチン高次構造等の分子集合体メカニクスとメカノトランスダクションの研究を土台として，細胞・組織・器官レベルでのメカニクス応答メカニズムの研究まで広範に展開されている．メカノバイオロジーが工学と融合・合体する分野において，メカノバイオミメティクスがさらなる発展をとげるものと期待される．

◆ 文 献 ◆

[1] C-M. Lo, H-B. Wang, M. Dembo, Y-L. Wang, *Biophys J.*, **79**, 141 (2000).

[2] S. Kidoaki, T. Matsuda, *J Biotechnol*, **133**, 225 (2008).

[3] T. Kawano, S. Kidoaki, *Biomaterials*, **32**, 2725 (2011).

[4] T. Kawano, S. Kidoaki, *Biomaterials*, **35**, 7563 (2013).

[5] B. C. Isenberg, P. A. Dimilla, M. Walker, S. Kim, J. Y. Wong, *Biophys. J.*, **97**, 1313 (2009).

[6] J. A. Burdick, A. Khademhosseini, R. Langer, *Langmuir*, **20**, 5153 (2004).

[7] N. Zaari, P. Rajagopalan, SK. Kim, AJ. Engler, JY. Wong, *Adv. Mater.*, **16**, 2133 (2004).

[8] JY. Wong, A. Velasco, P. Rajagopalan, Q. Pham, *Langmuir*, **19**, 1908 (2003).

[9] HF. Lu, K. Narayanan, SX. Lim, S. Gao, MF. Leong, AC. Wan, *Biomaterials*, **33**, 2419 (2012).

[10] LA. Flanagan, YE. Ju, PA. Janmey, *Neuroreport*, **13**, 2411 (2002).

[11] PC. Georges, WJ. Miller, PA. Janmey, *Biophys. J.*, **90**, 3012 (2006).

[12] R. MacBeath, DM. Pirone, CM. Nelson, K. Bhadriraju, C. S. Chen, *Dev. Cell.*, **6**, 483 (2004).

[13] AJ. Engler, S. Sen, HL. Sweeney, DE. Discher, *Cell*, **126**, 677 (2006).

[14] EKF. Yim, SW. Pang, KW. Leong, *Exp. Cell Res.*, **313**, 1820 (2007).

[15] C. Yang, MW. Tibbitt, L. Basta, KS. Anseth, *Nature Materials.*, **13**, 645 (2014).

[16] JP. Winer, PA. Janmey, ME. McCormick, M. Funaki, *Tissue Eng. Part A.*, **15**, 147 (2009).

[17] B. Hashmi, LD. Zarzar, T. Mammoto, A. Mammoto, A. Jiang, J. Aizenberg, E. Ingber, *Adv. Mater.*, **26**, 3253 (2014).

[18] M. Eiraku, N. Takata, H. Ishibashi, M. kawada, E. Sakakura, S. Okuda, K. Sekiguchi, T. Adachi, Y. Sasai, *Nature*, **472**, 51 (2011).

[19] J. Solon, I. Levental, K. Sengupta, PC. Georges, PA. Janmey, *Biophys. J.*, **93**, 4453 (2007).

[20] RJ. Pelham, Y-L. Wang, *PNAS.* **94**, 13661 (1997).

[21] JY. Wong, JB. Leach, XQ. Brown, *Surf. Sci.*, **570**, 119 (2004).

[22] N. Wang, JD. Tytell, DE. Ingber, *Nature Reviews*, **10**, 75 (2009).

[23] J. Folkman, A. Moscona, *Nature*, **273**, 345 (1978).

[24] X. Wang, C. Yan, K. Ye, *Biomaterials*, **34**, 2865 (2013).

[25] BK. Brandley, RL. Schnaar, *Dev Biol.*, **135**, 74e86 (1989).

[26] S. Kakinoki, J-H. Seo, Y. Inoue, K. Ishihara, N. Yui, T. Yamaoka, *Acta Biomater.*, **13**, 42 (2015).

[27] J-H. Seo, S. Kakinoki, T. Yamaoka, N. Yui, *Adv. Healthcare Mater.*, **4**, 215 (2015).

[28] M. Schwartz, *J. Cell Sci.*, **117**, 7457 (2004).

[29] S. Dupont, L. Morsut, M. Aragona, E. Enzo, S. Giulitti, M. Cordenonsi, F. Zanconato, JL. Digabel, M. Forcato, S. Bicciato, N. Elvassore, S. Piccolo, *Nature*, **474**, 179 (2011).

[30] M. Ohgushi, M. Minaguchi, Y. Sasai, *Cell Stem Cell*, **17**, 1 (2015).

[31] O. Chaudhuri, L. Gu, M. Darnell, D. Klumpers, SA. Bencherif, JC. Weaver, N. Huebsch, DJ. Mooney, *Nature Commun.*, **6**, 6364 (2015).

[32] O. Chaudhuri, L. Gu, D. Klumpers, M. Darnell, SA. Bensherif, JC. Weaver, N. Huebsch, H-p. Lee, E. Lippens, GN. Duda, DJ. Mooney, *Nature Mater.*, **15**, 326 (2016).

トピックス①

カタツムリに学ぶセルフクリーニング建材

井須 紀文
（株式会社 LIXIL Technology Research 本部）

はじめに

人類の暮らしを支えている化石燃料は，現在から約1～3億年前に活動した生物の遺骸が起源とされ，有限である．産業革命以降の化石燃料に依存したエネルギー消費構造によって，わずか200年の間に大気中のCO_2月間平均濃度が120 ppm以上も上昇し，2015年に危険水準である400 ppmを超えたとアメリカの海洋大気庁は発表した[1]．

持続可能な地球を維持するためには，「つくる」，「つかう」，「もどす」，の各段階で環境負荷低減と商品価値向上を同時に実現する必要があり，その一つのヒントは，エネルギーや物質をカスケード的に効率よく利用している生物や地球にあると考えている．住宅材料はライフサイクルが長いため，とくに「つかう」段階で，いかにエネルギーを使わずに快適な生活を実現するかが重要な課題である．ここでは，カタツムリに学ぶ住宅建材の防汚技術を紹介する．

1 カタツムリの住宅

生物が鉱物を生成するプロセスをバイオミネラリゼーションとよび，生体硬組織の形成に主に利用されている．その機能はカンブリア紀に獲得したといわれており，有機物が関与する常温常圧下での溶液中からの析出反応である．生体硬組織には，主にリン酸カルシウムと炭酸カルシウムが用いられている．

カタツムリは腹足類に属する軟体動物で，肺呼吸をする巻き貝である．カタツムリの殻は，炭酸カルシウムとタンパク質の複合材料であり，最上部の殻

皮層と三層の石灰質層（稜柱層，層板層，真珠層）からなる層状構造をとる[2]．殻皮層は硬タンパクだけからなるが，石灰層は炭酸カルシウム結晶がタンパク質マトリックスで囲まれている．殻のバイオミネラリゼーションにあたっては，海水中に生息していれば豊富に溶けているカルシウムを容易に利用することができるが，陸生のカタツムリは効率よく経口摂食する必要がある．そのためか殻の厚さは薄いが，一方で軽量であり，移動に必要なエネルギーを下げることができる．このようにカタツムリは省資源，省エネルギーなプロセスで彼らの住宅である殻をつくっている．さらにカタツムリの殻表面には，住宅にとって重要なメンテナンスに関する工夫が施されている．

2 カタツムリの防汚技術

表面の汚れ難さを評価する指標の一つに，接触角がある．空気中での水の接触角は，カタツムリの殻は約80度で，殻の主成分と同じ組成の方解石に比べ2倍以上と水に濡れにくい．これは殻表面がタンパク層で覆われているためと考えられる．また，空気中での油の接触角は，カタツムリの殻と方解石とほぼ同じ約10度である．しかし，水中での油接触角を測定すると，空気中とは逆転し，カタツムリの殻には油滴が付着しなくなる．これは，殻表面に無数にある約10 μmの幅の溝が雨樋のような役割を果たし，水が溝に入り込んで水膜が形成され，油が付着しなくなるからと考えられる（図1）．つまり，油汚れが付いたとしても水をかければ，汚れの下に水が入り込んで，汚れを浮かし洗い流すことができる．

3 ナノ親水防汚タイル

タイルはもともと汚れが付きにくい素材であるが，ばい煙などの油分を含む都市型汚れは，どんな材料にも付着しやすく，防汚性を上げるために親水性をより高めることが必要になった．そのため，タイルよりも親水性が高い直径約20 nmのシリカ系ナノ

トピックス① カタツムリに学ぶセルフクリーニング建材

COLUMN

★いま一番気になっている研究者

Lei Jiang
(中国・中国科学院 教授)

　Lei Jiang 教授は 1992 年から 94 年にかけて東京大学に留学．光触媒研究の第一人者である藤嶋昭教授（現・東京理科大学学長）の指導を受け，博士号を取得後，東京大学でポスドク，神奈川科学技術アカデミーで研究員を務め 1999 年に帰国．1998 年には中国科学院「百人計画」に選ばれた，いわずと知れた，中国バイオミメティクス（とくに，生物から学んだスマート表面/界面材料）のプリンスである．これまでに，ハスの葉，クモの巣，ガや蚊の目，サボテン，ウツボカズラ，魚の鱗といった生物表面の特異な濡れ現象（親水性，撥水性）を解明し，世界を驚かせてきた．得られた成果は Nature〔たとえば，Nature, 463, 640（2010）〕をはじめとする国際誌に数多く掲載されている．彼は学術研究だけに満足することなく，そうした研究成果をもとに，産業分野に役立つ機能材料に仕上げ，数多く実用化している．Lei Jiang 教授は講演の際，古代中国の哲学者，老子の言葉「道法自然（Learning from nature）」，古代中国の歴史家，班固の言葉「實事求是（Seek law from facts）」を必ず引用する．賢人達の教えを材料化学の世界で実践しているバイオミメティクスの世界的トップランナーの一人である．

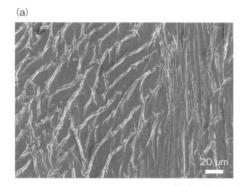 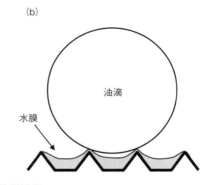

図1　カタツムリの防汚技術
(a)カタツムリの殻表面の電子顕微鏡写真．(b)カタツムリの防汚メカニズム．

粒子（カタツムリよりも約 1000 倍細かい溝）をコーティングし，表面積を増加させて親水性を高めたナノ親水防汚タイルが開発された（図2）．光触媒のように光を必要とせず，24 時間，雨だけで汚れを落とす効果があり，目地部分にシリコーン系シーリング材を詰めた屋外曝露試験でも高い防汚効果を確認できた（図3）．この技術により，洗浄に使う水，洗剤，エネルギーを低減し，メンテナンス費を約半減できる．

　防汚技術は掃除の手間から解放されるユーザーメリットとともに，節水による環境負荷低減を同時に実現することから，ニーズは高く，トイレやキッチンなどの水周り製品についても防汚・抗菌処理技術の開発が現在も進められている．

| Part II | 研究最前線 |

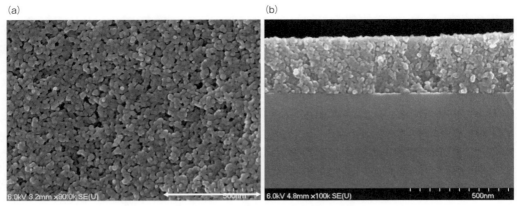

図2 ナノ親水防汚タイルの電子顕微鏡写真[カラー口絵参照]
(a)表面，(b)断面．

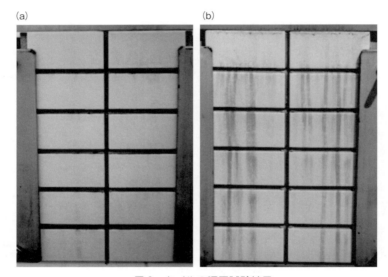

図3 タイルの曝露試験結果
(a)ナノ親水タイル，(b)通常タイル．

◆ 文　献 ◆

[1] National Oceanic and Atmospheric Administration, http://research.noaa.gov/News/NewsArchive/LatestNews/TabId/684/ArtMID/1768/ArticleID/11153/ (accessed 2017.06.24).

[2] 内田亨，山田真弓編，『動物系統分類学，5，下，軟体動物 II』，中山書店(1999)，p.13.

トピックス②

低摩擦船底防汚塗料LF-Seaの開発～マグロの皮膚から学ぶもの～

山盛 直樹
（日本ペイントマリン株式会社）

はじめに

海洋生物のなかで，フジツボ，ムラサキイガイなどの動物類や，アオノリ，シオミドロなどの藻類は大半を基盤に固着して成長し，付着生物とよばれる．この付着生物が船底に付着すると（図1），船舶と海水面との摩擦抵抗が増加し，運航スピードの低下や航行燃費の増大など多大な影響を与える．今までの船底防汚塗料は，生物付着による燃費増加を防ぐことに主眼が置かれていた．

ここでは，生物の機能をヒントに，低摩擦効果を付与した低摩擦船底防汚塗料について紹介する．

1 船底防汚塗料の歴史

船底への生物付着防止の記録は，すでにギリシャ時代（B.C.200年頃）に見られる．19世紀になると，造船から鋼鉄船に船舶の主役が移るに従い，付着生物を防止する目的の「船底防汚塗料」が現れた．初期の船底防汚塗料は，海水に対し不活性なバインダーとなる樹脂に，生物付着を防止するための化合物（防汚剤）を混合したものを基本としていた．

1970年代になると，有機スズ化合物を組み込んだ樹脂をバインダーとする自己研磨型船底防汚塗料（SPC：Self-Polishing Copolymer）が出現し，今までにない長期の防汚性の維持が達成できるようになった．しかし，海洋汚染の問題から全面的に禁止され，1990年代以降さまざまな有機スズに代わる自己研磨塗料が開発され現在に至っている[1]．

これらの船底防汚塗料は，あくまで生物付着による摩擦抵抗（＝燃費）増加を抑制することが主目的であり，いかに長期間にわたり生物付着を防止するかにあった．今回紹介する低摩擦船底防汚塗料は，この自己研磨型船底防汚塗料をベースに，さらに低摩擦機能を付与した船底防汚塗料である．

2 高速遊泳能力をもつ海洋生物に学ぶ

海洋生物が高速で泳ぐことは早くから知られ，イルカなどの哺乳類，マグロやカジキなどの魚類は，進化の過程でより速く，より効率的に少ないエネルギーで遊泳する方法を獲得してきた[2, 3]．

マグロなどの大型の魚類の瞬間的な速度は，時速100 kmを超えるともいわれている．このように高速で海水中を遊泳するためには，これら魚類の流線型の体型や，筋肉の生理的なメカニズムが大きく関与しているが，さらに体表の表面に存在する物質が，摩擦抵抗を低減している可能性が示唆されている．この物質はヌルヌルしたヒドロゲルであり，このヒドロゲルを船底防汚塗料に応用すれば，摩擦抵抗を低減させる効果が期待できる．

3 摩擦抵抗を低減する船底防汚塗料の開発

通常，多糖類，タンパク質やポリアクリル酸（Na塩）のような，水を吸収し膨潤する物質はヒドロゲルとよばれる．船底防汚塗料では，（海）水の吸収は塗料中に含まれる防汚剤の溶出を増加させるため，長期間にわたる防汚剤の徐放には不適切であり，最

図1 入渠時の状態
（左上：生物付着した船底）

| Part II | 研究最前線 |

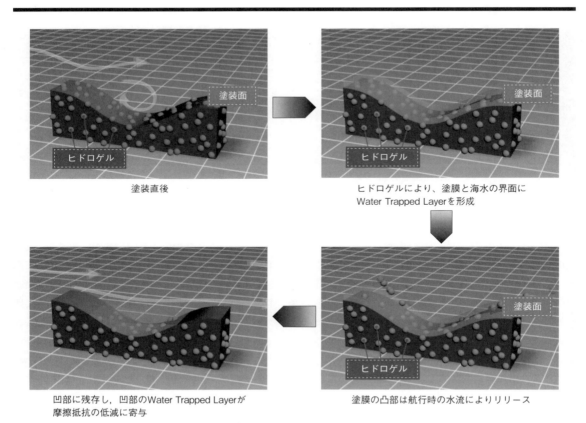

図2 ヒドロゲル技術を用いた低摩擦塗料の概念[カラー口絵参照]

小限の水を吸収し界面でのみヒドロゲルを形成する材料が必要になる．このタイプのヒドロゲルは塗膜表面に存在する水を捕捉する層(water trapped layer)を形成し，塗膜面の表面粗さを減少させ，水との摩擦抵抗を減少させると考えられる(図2)．

このような観点から種々の材料を検討した結果，現行の自己研磨船底防汚塗料の本来の機能を保持したまま，低摩擦効果を発現するヒドロゲルを組み込んだのが低摩擦船底防汚塗料(商品名：LF-Sea)であり[4]，このヒドロゲル機能を強化した塗料がA-LF-Sea(advance-LF-sea)である．ここでは，神戸大学の練習船：深江丸(449 t)での検討事例を示す．特定区間(航路 16.0 海里)で，プロペラ回転数，プロペラピッチ角を一定にしたときの燃料消費量と速力を計測した．この計測を年間に約 20 回実施し，平均値から，速力補正をしたときの燃費消費量を求めて各塗料種で比較した．この結果，LF-Sea は SPC に比べ 4% 以上の燃費低減，新型低摩擦塗料(A-LF-Sea)は 7～8%(対 SPC 比)の燃費低減を示し(表1)，これはヒドロゲルによる低摩擦効果であると考えている．

LF-Sea は 2008 年，A-LF-Sea は 2013 年に市場導入し，現在，2000 隻以上の船舶に塗装されている．

4 おわりに

地球温暖化の問題は，温室効果ガス(Greenhouse Gas, GHG)の排出抑制と合わせて，現在，国連などの舞台で盛んに議論されている．国際海運における GHG の排出規制についても国際海事機構(IMO)において議論され，2030 年には約

+ COLUMN +

★いま一番気になっている研究者

Haeshin Lee
(韓国・KAIST 教授)

2007 年，韓国・KAIST の Haeshin Lee 教授（当時，アメリカ・ノースウェスタン大学所属）はイガイに含まれる接着タンパク質の組成から着想を得て，さまざまな基材に成膜可能なドーパミンを用いた画期的なコーティング手法を開発し，Science に発表した〔Science, 318, 426 (2007)〕．また，同年 7 月には，ヤモリの脚裏構造とイガイの接着機能を模倣し，ドライ/ウエットな環境下でも繰り返し接着可能な接着材料を開発し，Nature に発表している〔表紙論文として掲載，Nature, 448, 338

(2007)〕．Lee 教授は基礎研究だけにとどまらず，実用的な研究開発にも力を注いでいる．その一例として，Lee 教授は，通常，イガイから 1 g の接着物質を得るためには約 1 万匹を必要とするところを，化学合成により，1 回あたり 1.5 L の量産に成功している．また，最近では，注射針にポリドーパミンを被覆することで，血管等の止血性を格段に改善する手法を開発している〔Nature Material, 16, 147 (2017)〕．

Lee 教授は，その斬新で画期的な研究成果により，アメリカ航空宇宙局発明者賞(2008 年, NASA Inventor Award)をはじめ，数多くの賞を受賞している韓国屈指のバイオミメティクスの若手研究者である．

表 1　深江丸での実証実験

船底防汚塗料	実験回数	試験期間	平均速力（年平均）	燃料消費量（特定区間）	速度補正(12.4 ノット)	燃料削減率
			ノット	リッター	リッター	％
従来型（SPC）	24	2010.2 − 2011.1	12.41	242.0	242.0	基準
LF-Sea	19	2011.2 − 2012.1	12.51	235.2	231.5	4.4％
A-LF-Sea	19	2012.2 − 2013.1	12.49	226.7	223.8	7.5％

20%，2050 年には約 35%の CO_2 排出量削減の目標値が設定されている[5]．

そのため，各分野での技術的な課題克服の取組みも活発で，船舶からの GHG の削減に貢献する新たな技術が開発されている．

LF-Sea は第 7 回エコプロダクツ大賞審査委員長特別賞(2010 年)，A-LFC は Seatrade Asia Award 2014 の Technical Innovation Award を受賞した．

低摩擦船底防汚塗料の技術は，GHG の削減に貢献し，地球温暖化防止への寄与と新造船の省エネ設計の一つの有効な手段として発展していくものと考

えている．

◆ 文　献 ◆

[1] 山盛直樹，『表面化学』，27 (11)，669 (2006)．

[2] 小濱泰昭，パリティ，17 (10)，39 (2002)．

[3] 永井實，『イルカに学ぶ流体力学』，オーム社 (1999)．

[4] 山盛直樹ほか，TECHNO-COSMOS，22，30 (2009)．

[5] 国土交通省 Press Release, http://www.mlit.go.jp/report/press/kaiji06_hh_000037.html (accessed 2011.7.19)．

トピックス③

モルフォチョウに学ぶ構造発色繊維と構造発色フィルム

広瀬 治子
(帝人株式会社構造解析センター)

はじめに

自然界に学ぶモノづくりの一つとして,モルフォチョウの発色の仕組みについて学び,それを模倣して,繊維やフィルムなどのモノづくりへの製品化を行っている.

1 モルフォチョウの翅(はね)の構造

オスのモルフォチョウの翅表面には,約50 μm(幅)×約200 μm(長)×約4 μm(厚)の鱗粉があり,その表面は,リッジとラメラの積層構造からなる.ラメラは屈折率1.4～1.5,厚さ70～80 nm のタンパク層と,屈折率1.0,140～160 nm 厚の空気の層との17層構造を呈している(図1).またこの構造は下部が540 nm で上部が50 nm であり,外からの光が下部まで到達しやすい構造になっている[1].

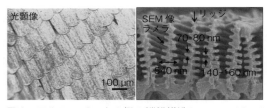

図1 モルフォチョウの翅の鱗粉構造 [カラー口絵参照]

2 構造発色のメカニズム

複数の波が重なることで,新たな波形ができたり,打ち消しあったりすることを干渉といい,波が強めあう干渉と弱めあう干渉がある.光が屈折率の高い薄膜を通るとき,ある波長の光は強めあい,ある波長の光は弱めあう干渉が生じて眼に入射される.この時,図2に示した多層膜干渉理論から,反射波長λ(眼に入る色)と,反射率R(眼に入る光の強度)は以下の式で表される.

$$\lambda = 2(n_1 d_1 \cos\theta_1 + n_2 d_2 \cos\theta_2) \quad (1)$$
$$R = (n_1 - n_2)^2 / (n_1 + n_2)^2 \quad (2)$$
(n:屈折率 d:層厚 θ:屈折角)

干渉発色効果は $n_1 d_1 = n_2 d_2 = \lambda/4$ の時最大となり,2種類のポリマーの屈折率差が大きいほど発色強度は強くなる[2, 3].

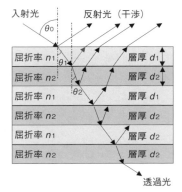

図2 多層膜干渉理論

モルフォチョウの翅は,タンパク層と空気層からなる多層構造であり,この周期構造によって生じる光学干渉の反射光ピーク波長は約430 nm であることから,青い光を反射することになる.

3 構造発色繊維「モルフォテックス®」の開発

構造発色のメカニズムの解明から,屈折率の異なる2種類のポリマーを張り合わせることで発色させることが可能であると予測されるが,安定した色の再現,ナノレベルで層構造をコントロールすることが大きな課題であった.ポリマーの選択として,2種類のポリマーの屈折率差が大きいこと,2種類のポリマーが界面で剥離しないこと,繊維に加工しやすいこと,繊維として耐久性があり強伸度をもつことなどの条件を満たすポリマーとして,高屈折率のPET(ポリエチレンテレフタラート)と低屈折率の

ナイロンを選択した．

しかし，PET とナイロンの屈折率差はわずか 0.05 で，モルフォチョウの屈折率差 0.5 には大きく及ばず，積層数を 61 層にして繊維断面を扁平にし，層厚を 70 nm～100 nm にコントロールすることで発色させることに成功した（図 3）．

また層厚を変えることで青・緑・赤の色調をつくり，引張強度を 3～4 cN/dtex，150℃での乾熱収縮率を 4% 以下にすることで，発色品質の安定化を実現した．そのほか口金の設計，直接延伸方式の確立により，スケールアップして生産に至った[4]．

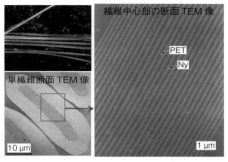

図 3 モルフォテックス®

4 構造発色フィルム「テイジン® テトロン® フィルム MLF」の開発

自動車や電子・電気機器の外装材には，軽量で複雑な三次元形状成型が容易な高分子が多く用いられているが，近年では差別化を図るために，その意匠性の向上が求められている．そこでモルフォチョウの発色メカニズムを模倣して，屈折率の異なる二種類の樹脂を 100 nm 以下の層厚で，数百層交互に積層し，多層膜干渉効果による構造発色をもつ超多層フィルムを開発した（図 4）．

二種類のポリエステル樹脂は，それぞれ別の押出機で溶融され，溶融状態で積層された樹脂はシート状に押し出された後，クエンチドラムで急冷される．その後 Tg 以上の温度で縦・横に逐次 2 軸延伸され，オーブン内で熱固定される．

層厚を変えることで，青・緑・赤の反射色をつく

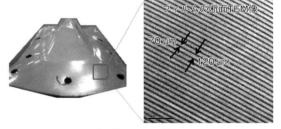

図 4 テイジン® テトロン® フィルム MLF

り出している．光反射率は，二種類の樹脂の屈折率差が大きいほど，あるいは積層する層数が多いほど高くなり，見た目の色は濃く，深みのあるフィルムにすることができる．さらに，このフィルムに印刷を組み合わせたり，インサート成型によって部位による厚さを変化させることで，場所による色合いが変化し，キラキラと光って見える特異な意匠を表現することができる[5]．

5 用途開発と今後

構造発色繊維や超多層フィルムの色は，光沢をもち，見る角度によって色が変わり，構造発色のため退色がなく，染色しないので環境にやさしい色であることが特徴である．これらの特徴を生かして，長繊維は，衣料・鞄や靴・インテリア資材へ，短繊維は，自動車の塗装・化粧品へ，超多層フィルムは，自動車車体の外装・自動車のエンブレムや内装材・貼合紙・ラベル・パソコンの外面カバーへの応用が展開されている．

今後，偽造防止カードなどへの展開，紫外光や赤外光など特定の波長を選択して透過または反射する光学フィルムの開発も期待されている．

◆ 文 献 ◆

[1] 広瀬治子，高分子，60 (5), 298 (2011).
[2] H.Tabata, et al., *Optical Review* (3), 2, 139 (1996).
[3] J.A.Radford, et al., *Polym.Eng.Sci.*, 13 (13), 216 (1973).
[4] 特許公報 2890984 号.
[5] 小山松淳，『プラスチックスエージ』，54 (2011).

| Part II | 研究最前線 |

+ COLUMN +

★いま一番気になっている研究拠点

CEEBIOS：フランスにおけるバイオミメティクスのセンターオブエクセレンス（卓越拠点）

齋藤　彰

（大阪大学大学院工学研究科）

　バイオミメティクス先進国フランスでは，独創的活動が際立つ．その象徴が産学官コンソーシアム CEEBIOS（Centre Européen d'Excellence en Biomimétisme de Senlis：サンリス・バイオミメティクス欧州卓越拠点）である[1]．サンリス市はパリ近郊に位置し，古代ローマ以来の古都であるが「バイオミメティクスシティ」の役を担い，市がフランス陸軍跡地 10 ha を供し，2012 年に CEEBIOS が発足した．協力者は政府・地方行政府，金融公庫・財団，政令産業拠点，多業種の企業群，環境エージェント，メディア，国立博物館など多岐にわたり，おのおのがバイオミメティクスと試料・研究・開発・製品などで関わる．そして豊かな自然を背景に，次世代の若者へ教育（中高＋大学）・企業研修など相互交流を通じ，親も含めた幅広い啓発を行う．その原動力は「持続可能性」のための環境・エネルギー・生物多様性への強い意識にある．ゆえに対象は個別のモノを超え，建築・都市・農業まで，生物系を総合システムで見る独自の感覚があり，目が離せない．

[1] http://ceebios.com

▲図・CEEBIOS の中央棟

CSJ Current Review

Part III

役に立つ
情報・データ

A P P E N D I X

Part III **3** 役に立つ情報・データ

この分野を発展させた
革 新 論 文 39

1 昆虫における振動コミュニケーションの発見

T. Ichikawa, S. Ishii, "Maing Signals of the Brown Planthopper, *Nilaparvata Lugens* Stål (Homoptera: Delphacidae): Vibration of the Substrate," *Appl. Entomol. Zool.*, **9**, 196 (1974).

京都大学の市川・石井は，イネの害虫であるトビイロウンカ（体長約 5 mm）が，基質を伝わる振動をコミュニケーションに利用することを発見した．当時，昆虫において音によるコミュニケーションの知見しかなく，さらに機器類の制約が大きかったところを，レコード針を用いて振動測定を行うなど創意工夫された研究手法が用いられた．トビイロウンカをはじめウンカ類の

雄は，イネの上で腹部を動かして振動を発生させ，雌に伝える．すると雌はその信号に反応して別の振動を発するため，これらの振動により雄は雌に定位し，交尾に至る．この雌雄間のコミュニケーションのほか，ライバルとなる雄どうしで用いられる振動や，他種のウンカとのコミュニケーションについても著者らは他の論文で報告している．

2 合成二分子膜

T. Kunitake, Y. Okahata, "A Totally Synthetic Bilayer Membrane," *J. Am. Chem. Soc.*, **99**, 3860 (1977).

1977 年に國武らによって，界面化学的には帯電防止効果をもつ柔軟剤としてリンスに添加されている単純な化学構造のジアルキルジメチルアンモニウム塩が，複雑な化学構造をもつリン脂質と同様に生体膜類似の二分子膜構造を形成することが報告された．1980 年代に

なり，表面科学の分野では主流であった気液界面単分子膜やそれを積層した Langmuir–Blodgett 膜（LB 膜）とともに，機能性有機薄膜としてセンサーやフォトニクス，エレクトロニクスなどを支える材料として応用しようとする試みが始まった．

3 増殖制御における細胞のかたちの役割

J. Folkman, A. Moscona, "Role of Cell Shape in Growth Control," *Nature*, **273**, 345 (1978).

細胞のかたちは分化を経た細胞の種類や周囲環境との相互作用によって顕著に変化し，その機能調節に関係することが古くから経験的定性的に知られていた．では，実際に細胞のかたちは定量的に細胞機能を変調するパラメーターとなり得るだろうか？この問題に対して著者らは，細胞培養液の液性因子環境は固定したまま，培養基材上に細胞不活性な親水性高分子のコーティング量を変えることで，細胞の伸展度すなわち細

胞形態を系統的に変えたうえで，それらの各条件における DNA 合成活性すなわち増殖活性を調べた．その結果，細胞が伸展し扁平になるほど，DNA 合成活性が上昇することを明らかにした．本論文は，細胞変形に伴う細胞の応力状態変化が生物学的代謝反応とカップリングすることを明示した点で，メカノバイオロジー研究の源泉の一つと言える重要な仕事である．

APPENDIX

❹ メチルメタクリル酸のプラズマ開始重合

Y. Osada, A. T. Bell, M. Shen, "Plasma-Initiated Polymerization of Methyl Methacrylate," *J. Polym. Sci., Polym. Lett. Ed.*, 16, 309 (1978).

1978 年にカリフォルニア大学の長田らによって，プラズマ重合により汎用性ポリマーである PMMA が合成された．以前のプラズマ重合では，気相のモノマーをプラズマ照射によりラジカル化し，基板上で重合反応を起こさせていたが，この論文では，液状のモノマーに直接プラズマ照射し，ラジカルを発生させることで重合を開始した．重合開始点となるラジカルを発生させる手法としてプラズマ照射が用いられている最初の論文であり，新規なプラズマ重合法として新しい化学構造の形成メカニズムの基礎となった．その後，プラズマ照射による架橋反応への応用がなされている．

❺ 凍結した水性懸濁液

J. Dubochet, J. -J. Chang, R. Freeman, J. Lepault, A. W. McDowall, "Frozen Aqueous Suspensions," Ultramicroscopy, 10, 55 (1982).

1982 年に欧州分子生物学研究所の J. Dubocher 氏らによって，液体窒素で −190 度まで冷やしたエタンに浸漬することで，結晶化していない「ガラス状の水」を生成することに成功し，走査型電子顕微鏡で観察できることが報告された．ガラス状の水性懸濁液中の微粒子は，コントラストが低いが観察可能で，粒径などの測定も可能であった．これまで，絶乾状態でしか電子顕微鏡観察はできないとされてきた常識を覆す新たな手法で，この業績により 2017 年に Richard Henderson 氏と Joachim Franc 氏とともにノーベル化学賞を受賞している．

❻ 構造色をもつチョウの鱗粉の微細構造とその形成過程：格子と膜

H. Ghiradella, "Structure and Development of Iridescent Butterfly Scales: Lattice and Laminae," *J. Morphology*, 202, 69 (1989).

1989 年 Ghiradella はチョウの鱗粉内部の微細構造の形成過程に関する研究論文を発表した．蛹になった時点を基準として，いくつかのタイミングで鱗粉形成細胞を固定し，電子顕微鏡を用いて微細構造を観察したのである．その結果，滑面小胞体が周期的な膜構造をもつことがわかった．その構造は，後に分泌されるクチクラのテンプレートとして働き，最後に残る微細構造の原型であると考えられている．構造色を生み出す構造の形成過程を議論するうえでは，必ずといってよいほど引用される重要な研究論文である．

❼ コオロギの鳴音を検知するヤドリバエの鼓膜器官

D. Robert, J. Amoroso, R. R. Hoy, "The Evolutionary Convergence of Hearing in a Parasitoid Fly and Its Cricket Host," *Science*, 258, 1135 (1992).

コオロギに寄生するヤドリバエの 1 種（*Ormia ochracea*）が，約 5 kHz のコオロギの鳴音を検知する鼓膜器官を胸部にもっていることを神経生理・組織学的手法によって初めて示したアメリカ・コーネル大学の Robert らによる論文．この鼓膜器官は，ハエに典型的な触角の音受容器（ジョンストン器官）ではなく，系統的に離れたコオロギの脚にある鼓膜器官に類似しており，寄生という特殊な生態からこのような収斂進化が起こったと考察している．ヤドリバエの左右の鼓膜は蝶番につながった構造をとっているため，左右で受容される音の差異が強調されて，音の方向性が検知できる．この鼓膜器官をモデルとして，一連の音源定位センサー開発研究が行われた．

| Part III | 役に立つ情報・データ |

A P P E N D I X

8 数十万年の間に，シート状の光受容細胞が，精巧な眼に進化できる

D. E. Nilsson, S. Pelger, "A Pessimistic Estimate of the Time Required for an Eye to Evolve," *Proc. R. Soc. Lond. B*, **256**, 53 (1994).

光受容細胞が体表に出現したと考えると，初めはシート状だっただろう．眼は，光の入射方向を弁別でき，対象物の方向がある程度わかるものだと定義すると，M. Land（2005）がいったように，プラナリアなどに見られる杯状眼が最も初期型の構造だっただろう．シート状だった光感受細胞の集まりが，シートの中央部分を少しずつ窪ませて，空間分解能が上がるようになり，各世代で必ず解像度がよくなる進化をするとして，1

世代1年としてコンピュータ・シミュレーションすると，数十万年で高度なカメラ眼にまで進化すると彼らは報告した．ヒトはおよそ20万年前にアフリカで誕生したといわれている．組織だった多細胞が誕生し多様化を開始した5.4億年前のカンブリア紀からの歴史に比較して，ごく短い期間に，単純なシートから精巧な構造まで改変されるという本論文は，C. ダーウィンの悩みを解決したともいえる．

9 クエリーレスポンスモデルに基づく検索の問題点

I. Campbell, "Applying Ostensive Functionalism in the Place of Descriptive Proceduralism : The Query is Dead," *British of the Workshop on Information Retrieval and Human Computer Interaction*, University of Glasgow (1996).

情報検索は，ユーザーが入力した質問（クエリ）に適合する文書をデータベースから探索し提示することで行われる．この方法は，クエリ-レスポンスモデルとよばれ，現在の検索サービスの多くに採用されている．本論文は，ユーザーが望む文書を表す適切なクエリを入力できなければ，クエリ-レスポンスモデルに基づく

検索は，その効果を発揮できないという問題点を指摘している．この問題点を解決するため，可視化に基づいてユーザー自身に望む文書を発見させる新たな方法の必要性を提起している．ただし，本論文は，文書情報検索を対象としており，画像や映像などの非構造化データに対する解決策は示されていない．

10 光イニファーター法に基づく表面開始グラフト共重合による分子構築と表面設計

Y. Nakayama, T. Matsuda, "Surface Macromolecular Architectural Designs Using Photo-Graft Copolymerization Based on Photochemistry of Benzyl *N,N*-Diethyldithiocarbamate," *Macromolecules*, **29**, 8622 (1996).

この論文が発表された1996年に，Hawkerらが表面開始重合にニトロキシラジカル重合を組み合わせることでグラフト密度の高いポリマーブラシが得られることを初めて報告し，それ以後さまざまな制御重合法により濃厚ポリマーブラシが合成されるようになった．本論文では，光イニファーター法という制御ラジカル重合を用いたポリマーブラシの合成法を述べているが，筆者の松田らが医用材料の研究者であることもあり，ポ

リマーブラシのバイオインターフェースへの応用を意図した内容を含んでいる．ポリエチレンテレフタレートという樹脂表面にフォトマスクを介してアクリルアミド類やアクリル酸の光イニファーター重合を行うことでマイクロパターン化した親水性ポリマーブラシを調製し，位置選択的に細胞培養を実現した先駆的な論文である．

11 ハスの葉の超撥水性，自己洗浄機能（ロータス効果）

W. Barthlott, C. Neinhuis, "Purity of the Sacred Lotus, or Escape from Contamination in Biological Surfaces," *Planta*, **202**, 1 (1997).

1997年，ドイツ，ボン大学のBarthlottらは，撥水性を示すさまざまな植物の葉の表面（平滑／凸凹）について調べ，プラントワックスによって形成される突起構造と表面機能（超撥水性，汚染粒子の付着減少）との相互依存性が，多くの植物の葉の表面で観察される自己洗

浄機能の根本要素であることを初めて見いだした．とくにハスの葉表面で観察される，超撥水性による自己洗浄効果を "Lotus-effect（ロータス効果）" と名付けた．この研究をきっかけに超撥水性に関する研究が世界的に広まった．

APPENDIX

⑫ 世界初の超撥油性表面の作製技術

K. Tsujii, T. Yamamoto, T. Onda, S. Shibuichi, "Super Oil-Repellent Surfaces," *Angew. Chem. Int. Ed. Engl.*, **36**, 1011 (1997).

1997 年，日本，花王の Tsujii らは，菜種油(表面張力：35 dyn/cm)の静的接触角が 150° を超える超撥油表面の作製に世界で初めて成功した．彼らは陽極酸化したアルミニウムを，fluorinated monoalkylphosphate ($CF_3(CF_2)9OP(=O)(OH)_2$)のエタノール溶液に浸漬して表面処理した．得られた表面の撥油性はプローブ液体の表面張力に依存し，表面張力が小さくなるに従い低下し，オクタン(表面張力：23 dyn/cm)では静的接触角は 120° まで減少した．

⑬ 植物に揮発成分の放出を誘導する昆虫由来エリシターの同定

H. T. Alborn, T. C. J. Turlings, T. H. Jones, G. Stenhagen, J. H. Loughrin, J. H. Tumlinson, "An Elicitor of Plant Volatiles from Beet Armyworm Oral Secretion," *Science*, **276**, 945 (1997).

チョウ目幼虫シロイチモジヨトウに食害されたトウモロコシが特有の揮発成分を放出し，寄生バチがその匂いを利用して寄主を発見する．いわゆる植物の間接防御反応は，1990 年 Turlings らによって Science 誌に発表された．その 7 年後，米国農務省研究所 CMAVE の Alborn らは，シロイチモジヨトウの吐き出し液から，トウモロコシに特有の揮発成分の放出を誘導する物質として，N-(17-hydroxylinolenoyl)-L-glutamine を同定した．実際に食害を受けてトウモロコシが放出する成分を，昆虫の吐き出し液中の成分でミミックできる報告に非常に驚いた．植物の間接防御反応を議論する際には必ず引用されるだけでなく，世界に強いインパクトを与えた論文である．

⑭ 構造色と光スイッチ説

A. Parker, "Colour in Burgess Shale Animals and the Effect of Light on Evolution in the Cambrian," *Proc. R. Soc. Lond. B*, **265**, 967 (1998).

オーストラリア博物館職員だった A. Parker が，バージェス頁岩の動物群の化石に構造色が保存されていることを報告している．この構造色が色の始まりで，それによって引き起こされた「食う-食われるの関係」が，眼の進化に大きな役割を果たしたことが短く言及されており，この考え方が，後の 2003 年に彼が本として世に示した "In the Blink of an Eye" で「眼の誕生こそがカンブリア紀の大進化を引き起こした」という主張に繋がっている．外界を識別するためには，眼だけでなく多様な感覚器が役割を果たしていることは明白だが，視覚性動物である人間にとっては，わかりやすい表現だ．ここで重要なことは，生存戦略としての感覚器の進化が，その動物を取り巻く環境と強い関連をもっていることに注目することである．

⑮ モルフォチョウの鱗粉 1 枚における干渉と回折の定量化

P. Vukusic, J. R. Sambles, C. R. Lawrence, R. J. Wootton, "Quantified Interference and Diffraction in Single *Morpho* Butterfly Scales," *Proc. R. Soc. Lond. B*, **266**, 1403 (1999).

1999 年 Vukusic らは，青いモルフォチョウの翅から鱗粉 1 枚を取り出して，定量的な光学特性の評価を行った．光が透過した側には明瞭な回折スポットが観測されたため，鱗粉は回折格子のように働いているように見えた．ところが，青色の反射光は，幅広い角度範囲に帯状に広がることを発見した．青色の波長選択性からは多層膜構造を連想するが，鏡のような平坦な構造では，反射の角度広がりを説明することができない．これが，モルフォチョウの構造色の仕組みに関するミステリーであり，その後の研究の火付け役となった論文である．

| Part III | 役に立つ情報・データ |

A P P E N D I X

⑯ 高滑落性表面の作製技術

W. Chen, A. Y. Fadeev, M. C. Hsieh, D. Öner, J. Youngblood, T. J. McCarthy, "Ultrahydrophobic and Ultralyophobic Surfaces: Some Comments and Examples," *Langmuir*, 15, 3395 (1999).

1999 年，アメリカ，マサチューセッツ州立大学の McCarthy らは，液滴の動き（滑落性）を制御するには 静的接触角を大きくするのではなく，動的接触角（前進/後退接触角），とくに前進/後退接触角の差である ヒステリスを制御することが重要であると指摘した．

表面に固定化した有機官能基の駆動性を上げる（Liquid-like な状態にする）ことにより，液滴の三相（固体-液体-気体）接触線が移動する際のエネルギーバリアが小さくなり，ヒステリスが減少し，滑落性が向上することを実験的に検証した．

⑰ 画像検索に顕在する問題点"セマンティック・ギャップ"

A. W. M. Smeulders, M. Worring, S. Santini, A. Gupta, R. Jain, "Content-Based Image Retrieval at the End of the Early Years," *IEEE Transactions on Pattern Analysis and Machine Intelligence*, 22, 1349 (2000).

本論文は，画像などの非構造化データを対象とした検索に際して，セマンティック・ギャップという問題が避けられないことを示している．セマンティック・ギャップは，非構造化データから算出される画像特徴とユーザーのデータに対する解釈の間に存在する隔たりと定義される．セマンティック・ギャップを解決す

るため，ユーザーとコンピュータのインタラクションを繰り返すことで，望むデータを獲得可能とする新たな検索の重要性が示されている．また，画像特徴に加えて関連するテキスト特徴など異なる種類の特徴を統合的に解析する，新たな手法が必要になると提起されている．

⑱ 夜行性の動物は，夜間でも色の識別ができる

A. Kelber, A. Balkenius, E. J. Warrant, "Scotopic Colour Vision in Nocturnal Hawkmoths," *Nature*, 419, 922 (2002).

ヒト錐体細胞は薄明環境下では感度が悪いので，夜間には明暗だけを弁別できる桿体細胞を用いる．そのために，ヒトでは夜間は色弁別ができない．しかし，色弁別能はより強い環境情報として利用できるので，生存のために有利である．彼らは，夜行性のベニスズメガ（*Deilephila elpenor* L.）を用いて，色紙とショ糖溶液

との連合学習を行った．その結果，0.0001 cd m-2 という暗所において，学習した色を見分けることを明らかにし，また暗所でも色の恒常性をもつことを示した．彼らの研究結果から，蛾の一つの視細胞は，数個の光量子によって視覚的な興奮を引き起こしているといえる．

⑲ オパール型コロイド結晶によるチューナブル構造色材料

H. Fudouzi, Y. Xia, "Colloidal Crystals with Tunable Colors and Their Use as Photonic Papers," *Langmuir*, 19, 9653 (2003).

自己組織化プロセスで最密充填と一軸に配向したコロイド結晶薄膜を形成し，その構造色を膨潤によって可逆変化する構造色材料を報告した．最密充填したポリスチレン粒子が三次元規則構造を形成し粒子間にはシリコーンエラストマーで充填し，シリコーンオイルで

膨潤することで紫から赤まで構造色を変化する．また，論文中で魚の虹色素胞で構造色変化に着目している．藤井・大島はルリスズメダイ（*Chrysiptera cyanea*）の構造色変化の仕組みを解明した．その類似性については本文の 5 章図 5-8 で指摘している．

APPENDIX

⑳ 生体適合性ポリマーの表面グラフトによる人工関節の長寿命化

T. Moro, Y. Takatori, K. Ishihara, T. Konno, Y. Takigawa, T. Matsushita, U. Chung, K. Nakamura, H. Kawaguchi, "Surface Grafting of Artificial Joints with a Biocompatible Polymer for Preventing Periprosthetic Osteolysis," *Nature Materials*, **3**, 829 (2004).

細胞膜を構成するリン脂質の極性基であるホスホリルコリンを側鎖に結合したポリメタクリル酸エステル (PMPC)は，1990年に石原らによって初めて合成された双性イオン型ポリマーであり，きわめて優れた生体適合性や血液適合性を示す超親水性ポリマーであることが知られている．茂呂らは人工関節の摺動部にあた

るポリエチレン製ライナーの表面にPMPCをグラフトすると，優れた潤滑性を示すことを本論文で報告している．さらに，人工関節の弛みの主因となるポリエチレンの摩耗粉の産生を抑制できるため，人工関節の長寿命化に大きく寄与することが期待されている．

㉑ 性フェロモン受容体の発見

T. Sakurai, T. Nakagawa, H. Mitsuno, H. Mori, Y. Endo, S. Tanoue, Y. Yasukochi, K. Touhara, T. Nishioka, "Identification and Functional Characterization of a Sex Pheromone Receptor in the Silkmoth *Bombyx mori*," *Proc. Natl. Acad. Sci. USA*, **101**, 16653 (2004).

カイコガ(*Bombyx mori*)を用いて，生物で初めて性フェロモン受容体を同定した論文である．櫻井らは，ディファレンシャルスクリーニング法により，オス特異的に発現する嗅覚受容体遺伝子(*Bombyx mori* olfactory receptor 1；*BmOR1*)を単離した．*BmOR1*遺伝子は，性染色体上に位置し，*in situ*ハイブリダイゼーションによりフェロモン受容に特化した毛状感覚子内の嗅覚受容細胞で発現することを突きとめた．これらの状況証拠に加えて，BmOR1とBmGαqを共発

現させたアフリカツメガエル卵母細胞がカイコガ性フェロモン成分であるボンビコールに特異的に応答すること，BmOR1を組換えたバキュロウイルス感染メスの触角がボンビコールに電気的応答を示すことから，BmOR1がボンビコールの受容体であることを明らかにした．1904年にアンリ・ファーブルによりメスの匂いに誘引するオスに関する記述がされて以来100年，初めて生物の性フェロモン受容体が同定された．

㉒ 嗅覚受容体を介した昆虫性フェロモンシグナルの伝達機構

T. Nakagawa, T. Sakurai, T. Nishioka, K. Touhara, "Insect Sex-Pheromone Signals Mediated by Specific Combinations of Olfactory Receptors," *Science*, **307**, 1638 (2005).

昆虫の性フェロモンや匂いの情報が，嗅覚受容体とともに昆虫に特異な嗅覚受容体Or83bファミリー（のちに嗅覚受容体共受容体(Olfactory receptor co-receptor；Orco)と命名）によって，シグナル伝達されることを明らかにした論文である．昆虫の嗅覚受容体として単離されたOr83bファミリーは，さまざまな昆虫種に広く存在し，高い配列保存性をもつ．仲川らは，カイコガの性フェロモン受容体やキイロショウジョウバエの嗅覚受容体を，Or83bファミリーとともにアフリカツメガエル卵母細胞で共発現させることで，非選

択的なカチオンチャネルの活性を誘導することを見いだした．後に，佐藤らによって昆虫の嗅覚受容体がイオンチャネルとして機能することを証明した論文[Sato et al., 2008, Nature]に先立って，昆虫の嗅覚受容細胞におけるOr83bファミリーの機能を示唆した重要な論文である．また，本論文では，カイコガの性フェロモンの副産物であるボンビカールの受容体を同定し，フェロモン成分の識別が受容体のリガンド特異性によることを明らかにした．

| Part Ⅲ | 役に立つ情報・データ |

A P P E N D I X

㉓ アリは仲間と敵の匂いを化学感覚器で識別する

M. Ozaki, A. Wada-Katsumata, K. Fujikawa, M. Iwasaki, F. Yokohari, Y. Satoji, T. Nisimura, R. Yamaoka, "Ant Nestmate and Non-Nestmate Fiscrimination by a Chemosensory Sensillum," *Science*, **309**, 311 (2005).

社会性昆虫であるアリが，巣仲間と非巣仲間の匂いを化学感覚器である触角で識別できることを示した．アリが巣仲間を識別する際には，各巣に特異的な炭化水素混合物ブレンド比を利用している．尾崎らはさまざまな巣から抽出した体表炭化水素に対する触角の神経応答を記録し，触角に存在するある特定の毛状感覚子が非巣仲間の体表炭化水素には神経応答を示すが，巣仲間の体表炭化水素には応答を示さないことを明らかにした．これまで匂い混合物を用いた巣仲間の識別には，触角からの嗅覚入力情報を脳内のテンプレートと照合して巣仲間か否かを判断していると考えられていたが，脳を必要とせずに感覚器（センサー）だけで行えることを明らかにした重要な論文である．

㉔ マトリックス弾性は幹細胞の分化系統を方向づける

A. J. Engler, S. Sen, H. L. Sweeney, D. E. Discher, "Matrix Elasticity Directs Stem Cell Lineage Specification," *Cell*, **126**, 677 (2006).

生体内において幹細胞は，幹細胞ニッシェとよばれる特有の細胞外環境において生存と機能を維持し，増殖と分化の制御を受けているものと考えられている．骨髄性間葉系幹細胞は，通常骨髄間質中のニッシェにおいてその幹細胞性を維持され，何らかの刺激により誘導されて骨髄外に移動して血中を循環し，炎症部位や傷害組織などにごくわずか生着し，その場に必要な細胞へと分化しつつ組織の修復再生に関わることが知られているが，そのような組織の物理的環境自体がこの幹細胞の分化に与える影響については不明であった．筆者は弾性率を系統的に変えたハイドロゲル上で間葉系幹細胞を培養し，DNAマイクロアレイを用いた遺伝子発現の網羅的解析を行って，この幹細胞の系統決定が弾性率依存的に起こることを明らかにした．幹細胞のメカノバイオロジー研究を開拓したエポックメイキングな論文の一つである．

㉕ 食害を受けた植物が放出する揮発成分の生合成に関わる遺伝子の同定

C. Schnee, T. G. Köllner, M. Held, T. C. J. Turlings, J. Gershenzon, J. Degenhardt, "The Products of a Single Maize Sesquiterpene Synthase form a Volatile Defense Signal that Attracts Natural Enemies of Maize Herbivores," *Proc. Natl. Acad. Sci. USA.*, **103**, 1129 (2006).

チョウ目幼虫に食害されたトウモロコシから放出される特徴的な揮発成分は，(E)-β-farnesene や(E)-α-bergamotene などのセスキテルペン類を中心とする混合物である．寄生バチによる寄主発見には，その混合物の比率が重要な鍵となる．しかし，その混合物の比率を制御する植物側の生合成機構はまったく未知であった．このような状況で，本論文はトウモロコシのテルペン類の生合成酵素 TPS10 をシロイヌナズナに発現させると，食害時にトウモロコシから放出されるセスキテルペン類の組成を完全に再現できることを報告した．したがって，セスキテルペン類の各成分がそれぞれ独立して生合成されているのではなく，一つのテルペン生合成酵素により，一定の比率で生合成されていることになる．本論文により，酵素の表面上でのカルボカチオンの安定性が放出される揮発成分の組成を制御している可能性が示唆された．

㉖ 円偏光を弁別できるシャコ

T.-H. Chiou, S. Kleinlogel, T. Cronin, R. Caldwell, B. Loeffler, A. Siddiqi, A. Goldizen, J. Marshall, "Circular Polarization Vision in a Stomatopod Crustacean," Curr. Biol., 18, 429 (2008).

甲殻類のシャコの複眼は多様な機能をもっている．スペクトル帯域の異なる多種類の視細胞を備えているだけでなく，円偏光も受容できる．この円偏光の情報は，同種のシャコの尾部のクチクラが円偏光を反射することから，同種間コミュニケーションに使われていることが示唆されている．マイクロビライが直線偏光を受容できるので，小さな視細胞をその直線偏光受容視細胞の上に置くことで実効的に 1/4 波長板を置くことになり，円偏光受容を達成している．

A P P E N D I X

㉗ 昆虫の嗅覚受容体は匂い物質によって開口するイオンチャネルである

K. Sato, M. Pellegrino, T. Nakagawa, T. Nakagawa, L. B. Vosshall, K. Touhara, "Insect Olfactory Receptors are Heteromeric Ligand-Gated Ion Channels," *Nature*, 452, 1002 (2008).

昆虫の嗅覚受容体が，Gタンパク質共役型受容体として機能する哺乳類の嗅覚受容体とは異なり，Or83bファミリーとヘテロ複合体を形成し，匂い物質によって開口するリガンド作動性イオンチャネルとして機能することを初めて明らかにした論文である．佐藤らは，Or83bファミリーとともに，キイロショウジョウバエやハマダラカの嗅覚受容体を培養細胞で再構築し，パッチクランプ法により匂い物質に対するイオンチャネルの活性を計測した．PLC阻害効果，cAMP量計測，およびGDP-βS添加試験の結果に基づき，嗅覚受容体-Or83b複合体は，Gタンパク質による2次情報伝達物質を介した経路とは独立して働くことを明らかにした．また，outside-outパッチクランプ法により，嗅覚受容体-Or83b複合体が匂い物質によって直接作動するイオンチャネルとして機能することを明らかにした．

㉘ ガ類の性フェロモン受容体の機能同定と分子進化学的解析

H. Mitsuno, T. Sakurai, M. Murai, T. Yasuda, S. Kugimiya, R. Ozawa, H. Toyohara, J. Takabayashi, H. Miyoshi, T. Nishioka, "Identification of Receptors of Main Sex-Pheromone Components of Three Lepidopteran Species," *Eur. J. Neurosci.*, 28, 893 (2008).

異なる科に属する3種類のガ類から，それぞれ性フェロモンの主成分に応答する受容体を特定した論文である．光野らは，3種類のガ類（*Plutella xylostella*, *Mythimna separata*, *Diaphania indica*）を用いてオス触角で特異的に発現する受容体遺伝子を単離し，*in situ*ハイブリダイゼーションにより毛状感覚子内の性フェロモン受容細胞で発現していることを示した．また，アフリカツメガエル卵母細胞を用いた電気生理学的手法により，これらの受容体が性フェロモンの主成分に選択的に応答する受容体であることを突きとめた．さらに，分子系統樹解析の結果，これらの受容体が昆虫の嗅覚受容体の中で一つのクラスターに分類されることを明らかにし，ガ類の性フェロモン受容体が同一の祖先型嗅覚受容体から進化してきた可能性を示唆した．複数種のガ類で性フェロモン受容体が明らかになったことで，初めて性フェロモン受容体の分子進化について言及した．

㉙ アマゾンツリーボアの表面微細構造と摩擦特性

R. A. Berthe, G. Westhoff, H. Bleckmann, S. N. Gorb, "Surface Structure and frictional Properties of the Skin of the Amazon Tree Boa Corallus Hortulanus (Squamata, Boidae)," *Journal of Comparative Physiology A-Neuroethology Sensory Neural and Behavioral Physiology*, 195, 311 (2009).

ヘビ体表面の摩擦力を測定した研究．古くからヘビの摩擦力については低そうだと考えられていたが，実際には測定されてこなかった．本論文では電子顕微鏡による観察でヘビ体表には微細な構造があり，さらにさまざまな凹凸（紙やすり）を利用して摩擦力を測定することで，部位や摩擦方向によって摩擦力に差があることを明らかにした．当該論文には続きがあり，ヘビ体表面をさまざまな手法で詳細に解析することにより，体表には潤滑層として働く分子層が形成していることも明らかにされている．これらの成果を元に低摩擦材料の開発も行われているなど，生物と摩擦，微細構造の関係を詳細に解析した代表的な論文．

| Part III | 役に立つ情報・データ |

APPENDIX

⑳ 六角形パターン表面の乾燥及び湿潤状態における摩擦特性

M. Varenberg, S. N. Gorb, "Hexagonal Surface Micropattern for Dry and Wet Friction," *Adv. Mater.*, **21**, 483 (2009).

キリギリスの脚先に形成したパッド構造の摩擦特性を解明した研究。昆虫の脚先にある吸着毛であるセタについては非常に着目され，さまざまな研究者が研究しているが，パッド構造についてはそれほど着目されてこなかった。当該研究では生物の観察と人工的な微細構造形成技術を組み合せることで生物機能を解明しており，最新技術を利用した生物機能解明研究の代表的な例となった。また，得られた結果は人工的に開発されてきたタイヤのトレッド表面のパターンと通じるところがあり，あらゆる路面状況下で安定に摩擦力を発生させるための一つの解が示されたのではないかと考えられる。

㉛ ジブロックコポリマーによる頭足類のチューナブル構造色の摸倣

J. J. Walish, Y. Kang, R. A. Mickiewicz, E. L. Thomas, "Tunable Full-Color Pixels: Bioinspired Electrochemically Tunable Block Copolymer Full Color Pixels," *Adv. Mater.*, **21**, 3037 (2009).

論文中でケンサキイカ（*Loligo pealeii*）のラメラ構造とその構造色が周期変化で変色する高分子電解質ジブロックコポリマー（ポリスチレン–ポリビニルピリジン）材料を比較している。ポリビニルピリジンを溶媒で膨潤すると赤色になる。電圧を 5 V 印加で緑色，10 V で青色へ変色する。生物と周期構造変化の仕組みは異なるが電圧で高分子電解質層の厚さを変えることで構造色が変色する。

㉜ メカノトランスダクションにおける YAP/TAZ の役割

S. Dupont, L. Morsut, M. Aragona, E. Enzo, S. Giulitti, M. Cordenonsi, F. Zanconato, J. L. Digabel, M. Forcato, S. Bicciato, N. Elvassore, S. Piccolo, "Role of YAP/TAZ in Mechanotransduction," *Nature*, **474**, 179 (2011).

細胞のかたちの制御や周囲力学場との相互作用調節が，細胞の増殖や分化の生物学的代謝反応自体に影響する知見が報告されると，多くの研究者は「力学的信号がいかにして生物学信号へと転換されるか」というメカノトランスダクションのメカニズムに強い関心をもつようになった。この信号転換は細胞の内部で行われる以上，関与する因子として特定の遺伝子およびタンパク質が存在するはずである。この論文は，YAP およびTAZ という Hippo シグナリングにおいて知られていた転写副因子がこのようなメカノトランスダクションに関わることを明らかにしたものである。マトリックスの弾性率や，細胞のかたち自体が YAP/TAZ の細胞内部での局在，すなわち核内外での分布を変化させることを特定し，転写副因子として直接核内での代謝反応の活性制御に関与することを示した。力学と生物学をつなぐ代謝反応制御因子を特定した重要論文である。

㉝ 透明超撥液表面の作製技術

X. Deng, L. Mammen, H.-J. Butt, D. Vollmer, "Candle Soot as a Template for a Transparent Robust Superamphiphobic Coating," *Science*, **335**, 67 (2012).

2012 年，ドイツ，マックスプランク研究所の Vollmer らは，ロウソクのすすを利用した透明超撥液表面の作製技術を開発した。ガラス基板に堆積したロウソクのすすを鋳型にして，化学吸着法（CVD 法）によりガラス成分を吸着させた後，加熱処理（すすの除去とガラス成分の架橋）と有機フッ素化合物の蒸気による表面処理を順次行うことにより，透明性，機械的強度，滑落性に優れた超撥液表面を作製することに成功した。

APPENDIX

34 コレステリック液晶ポリマーによる甲虫外皮の金属光沢の模倣

A. Matranga, S. Baig, J. Boland, C. Newton, T. Taphouse, G. Wells, S. Kitson, "Biomimetic Reflectors Fabricated Using Self-Organising, Self-Aligning Liquid Crystal Polymers," *Adv. Mater.*, 25, 520 (2013).

本文5章の図5-5(a)の仕組みを2枚のピッチの異なる液晶シート層を半波長層で積層することで金属光沢を再現している。論文ではプラチナコガネ(*Chrysina resplendens*)と作製したポリマーシートの比較した写真を掲載している。非常に類似した金属光沢を示して

いる。これまで共押出多層キャストによる勾配をもった多層膜による金属光沢を有する(本文表5-1下段)構造色材料が製造されている。一方、本論文では液晶ポリマーが自己配向及び自己組織化によってナノ構造が形成される。

35 表面の化学処理を必要としない超撥液表面の作製技術

T. L. Liu, C. J. Kim, "Turning a Surface Superrepellent Even to Completely Wetting Liquids," *Science*, 346, 1096 (2014).

表面の化学処理(低表面自由エネルギー化)を施すことなく、表面微細構造だけでさまざまな液体がころころと転がり落ちる超撥液性表面を実現した初めての事例である。2014年、アメリカ、UCLAのLiuらはトビムシの表皮に似た構造、"Doubly re-entrant structures(2重の凹構造)"をSiO2/Siのリアクティブイオンエッチングにより作製した。得られた表面はSiO2(親水性)で

あるにもかかわらず、パーフルオロヘキサン(表面張力:10 dyn/cm)に対して超撥液性(前進/後退接触角=153.8 ± 2.2°/133.0 ± 5.4°)と優れた滑落性(滑落角:< 4°)を示した。この表面特性は1100 ℃の熱処理後も劣化しなかった。また、この微細構造表面にタングステンやパリレンを被覆した場合でも同様の超撥液性を示した。

36 一光量子をヒトも検出できる

J. N. Tinsley, M. I. Molodtsov, R. Prevedel, D. Wartmann, J. Espigule´-Pons, M. Lauwers, A. Vaziri, "Direct Detection of a Single Photon by Humans," Nat. Commun., 7, 12172 (2016).

シリア型視細胞であるヒトの桿体細胞において高い感度があることは、70年間の研究の歴史の中で示されてきていたが、一光量子反応であることの確証は得られなかった。眼に入った光は、角膜表面での反射や、眼球内での散乱などが起こることから、確率的に一光量子反応だろうとされてきたのである。しかし、この論文は、角膜に届いた一光量子が検出できることを直接的に報告しているだけでなく、先に光量子が到達して

いると、次の光量子の検出能が高まることを示している。Lillywhiteが1977年に昆虫のバッタの視細胞がbumpsとよばれる離散した脱分極応答が一光量子で導出されており、その後も多くのbumpsの報告がある。これで、前口動物も後口動物も、視物質が一光量子で異性化され、電気応答に変わっていることがわかったことになる。

37 気づきを生み出すバイオミメティクス画像検索

M. Haseyama, T. Ogawa, S. Takahashi, S. Nomura, M. Shimomura, "Biomimetics Image Retrieval Platform," *IEICE Transactions on Information and Systems*, E100-D, 1563 (2017).

著者(長谷山)らは、先に述べた「クエリーレスポンスモデルに基づく検索の問題点」および「画像検索におけるセマンティック・ギャップ」を解決するため、発想支援型検索を提案してきた。発想支援型検索は、画像の類似性に基づき、自動で類似画像を近傍に配置し、大量の画像を一度に見られるように可視化することで、ユーザーが適切なクエリを入力できない場合でも、望む画像を効率的に見つけ出すための発想支援を可能と

する。本論文は、発想支援型検索に基づき実現されるバイオミメティクス画像検索を提案している。バイオミメティクス画像検索は、大量の生物画像からモノづくりに役立つ情報を見つける新しい仕組みであり、画像の類似性によって生物と材料というまったく別のものを関連付けできる。これは、これまで困難とされてきた異分野連携を実現可能とする一つの方法である。

| Part Ⅲ | 役に立つ情報・データ |

A P P E N D I X

38 アリで多様化した嗅覚受容体は体表炭化水素を受容する

G. Pask, J. Slone, J. Millar, P. Das, J. Moreira, X. Zhou, J. Bello, S. Berger, R. Bonasio, C. Desplan, D. Reinberg, J. Liebig, L. Zwiebel, A Ray, "Specialized Odorant Receptors in Social Insects that Detect Cuticular Hydrocarbon Cues and Candidate Pheromones," *Nat. Commun.*, **8**, 297（2017）.

昆虫の組織的な社会を築くうえで重要な体表炭化水素の受容体を初めて明らかにした論文である．アリの嗅覚受容体をモデル昆虫であるキイロショウジョウバエの嗅覚感覚子に発現させ，電気生理実験を行うことで炭化水素受容体の探索を行った結果，社会性昆虫で特異的に多様化している嗅覚受容体サブファミリーがそ

れぞれ特定の構造を持った炭化水素に強く応答することを示した．また，そのうち一つの受容体が女王フェロモンに強く応答した．炭化水素混合物による情報伝達が複数の特殊化した受容体の組合せによって行われている可能性を明示した．

39 匂い感覚がアリの社会を形成する

W. Trible, L. Olivos-Cisneros, S. McKenzie, J Saragosti, N. Chang, B. Matthews, P. Oxley, D. Kronauer, "Orco Mutagenesis Causes Loss of Antennal Lobe Glomeruli and Impaired Social Behavior in Ants," *Cell*, **170**, 727（2017）.

遺伝子組換えアリを世界で初めて作成し，匂い感覚が社会的な生活を構築するうえで重要であることを証明した論文である．CRISPR/CAS9技術を用いてすべての嗅覚神経に発現している嗅覚受容体共受容体（Orco）をノックアウトした結果，アリに見られる分業や巣の

形成などさまざまな社会行動が失われ，社会としての繁殖能力も著しく低下することを示した．さらに驚くべきことに，orco遺伝子をノックアウトすると嗅覚神経や嗅覚受容の一次中枢である触角葉の形成が阻害されてしまうことも発見している．

APPENDIX

Part Ⅲ 🔲 役に立つ情報・データ

覚えておきたい ★ 関連最重要用語

応力状態

対象の物体に対して外力（荷重）が負荷されたとき，その外力に抵抗して物体の内部には内力が発生する．単位面積あたりの内力を応力といい，物体内部の応力が発生している状態を応力状態とよぶ．

害虫防除

害虫による被害を予測して，害虫の発生を制御すること．これまでは化学農薬（殺虫剤）が主流であったが，殺虫剤抵抗性の出現や環境負荷の問題点から，天敵生物そして光や音を用いた物理的防除などの新たな技術が求められている．

クエリ

検索サービスを利用して情報を獲得する際に入力するキーワードや質問画像．現状の検索サービスは，大量のデータのなかから，クエリに合致する情報を提示する方式を採用している．

弦音器官

空気を伝わる音や基質を伝わる振動を受容する，昆虫に特異的な感覚器．音を受容する鼓膜器官や，振動を受容する腿節内弦音器官などがあり，胸部や脚などに存在する．コミュニケーションや捕食回避など，生存にとって必須な器官である．

原子間力顕微鏡

"光てこ"の原理を使い原子レベルの凹凸を感知可能な顕微鏡．二次元に走査するため表面の三次元形状を取得することができる．表面形状と同時に材質の摩擦力や位相，凝着力，導電性なども測定できる．

構造色

ヒトは可視光（波長：380 nm～750 nm）を色として知覚する．色素による光吸収あるいは発光などエネルギーの変化を伴わず，物理的なナノ構造による屈折率変化に起因する可視光の干渉，回折，屈折，反射，散乱によって生じる色．

視物質

眼の中の視細胞の脂質二重膜に含まれる，光を受容するタンパク質である．視物質は，発色団とオプシンタンパク質からなり，発色団は光を吸収することで，11-*cis* 型から all-*trans* 型に光異性化する．視物質が吸収する波長帯域は，発色団とオプシンの種類によって決まる．アミノ酸配列の違いによって多様なオプシンが知られている．一方，発色団は，レチナール，3-デヒドロレチナール，3-ヒドロキシレチナール，4-ヒドロキシレチナールの存在が知られている．

シミ目

最も原始的な特徴をもった昆虫類であり，成長過程で翅を一切もたない無翅類．無変態で卵から孵化した幼虫は成虫とほぼ同じ形でそのまま脱皮を繰り返し成虫となる．ほとんどが腐食性で，紙や乾物を食害するため害虫とされている．

生体適合性

ある材料を装着あるいは移植した際に，生きた体に異物として認識され，排除されることなく馴染む性質，またはその度合いを意味する表現．人工の臓器・血管・骨・皮膚などについて用いられることが多い．

静的接触角

液滴を水平な固体表面上に着滴すると，液滴が一定の形を保つ場合がある．液滴の表面は曲面になるが，固体表面との交点である端点において，固体と液滴は一定の角度（接触角）をなす．ほぼ静止した状態での接触角という意味で，静的接触角という．

接触角ヒステリシス

接触角ヒステリシスとは，革新論文 16 で言及の前進接触角と後退接触角の差．この値が小さいと，液滴の三相（固体-液体-気体）接触線が移動する際のエネルギーバリアが小さくなるため滑落性が向上する．

ソフトマター（ソフトマテリアル）

高分子，液晶，両親媒性分子（界面活性剤，ブロックコポリマー），コロイド，エマルションなど柔らかい物質群で，サイズは 1 nm～1 μm の範囲にある．エントロピー効果による自己組織化により多様な秩序構造を形成する．

多層膜構造

屈折率の異なる物質を積層した構造のこと．光学薄膜とよばれることもある．誘電体多層膜鏡，ダイクロイックフィルターなどさまざまな光学部品に多層膜構造が利用されている．

デュロタクシス

接着系細胞が基材表面上の硬領域を指向して移動する性質．外的刺激やさまざまな誘導因子の強度勾配に応

| Part Ⅲ | 役に立つ情報・データ |

A P P E N D I X

答する細胞の指向性運動の一種であり，機械的接触走性とよばれる．

動的接触角
静的状態とは反対に，液滴が固体表面上で動いている時に形成される接触角を，動的接触角という．通常，前進接触角と後退接触角で表される．

バイオミメティクス画像検索
大量の生物画像を活用することで，従来のクエリ検索の限界を超え，モノづくりの発想を支援する新しい仕組み．発想支援型検索に基づき，生物や材料の走査型電子顕微鏡画像を可視化し，生物や材料の表面構造の共通性を発見可能とする検索を実現することで，モノづくりに役立つ生物の情報を入手する．

発想支援型検索
ユーザーに望む情報の入手のための気付きを与える検索．画像の類似性に基づき，自動で類似画像を近傍に配置し，大量の画像を一度に見られるように可視化する．この可視化により，ユーザーが適切なクエリを入力できなくとも，大量の画像全体を俯瞰し，望む画像を効率的に見付け出すことができる．

フォトニック結晶
通常の結晶が原子あるいは分子が周期的に並んだ物質を表すように，光の波長サイズで構造が周期的になっている物質のことをフォトニック結晶とよんでいる．光の存在できない周波数帯域（フォトニックバンドギャップ）が存在する場合があり，さまざまな応用が考えられている．

プラズマ重合
有機分子をプラズマ照射により活性させ，付加反応，再結合反応などの複雑な反応を繰り返して，基板上に重合体薄膜を堆積させる重合．

偏光弁別能
主に昆虫などの節足動物の複眼で，直線偏光の弁別能があることが知られている．ノーベル賞受賞者の K. von Frisch はミツバチの行動学的研究から，天空の偏光パターンをミツバチが弁別してえさ場と巣の方向を計算していることを発見した．複眼の視細胞を形成している棒状の脂質膜であるマイクロビライ上に視物質が配列することで，マイクロビライの長軸方向が短軸方向に比して偏光の受容能が高いことから，一つの視細胞がもつマイクロビライの方向が一定であれば，視細胞が偏光感度をもつことになる．

ボロノイ分割
平面上に多数の点があるとき，平面をどの点に最も近いかという関係で分割したもの．

面内配向
表面と水平方向の規則構造を面内配向という．一方，表面と垂直方向の規則構造を面外配向という．

ラブドーム
複眼は，多数の個眼から形成されている．一つの個眼は，角膜と円錐晶体，視細胞と，光の入射方向から順番に並んでいる．一つの個眼には，種によって異なるが，通常8個程度の視細胞が含まれ，一つの視細胞は多数のマイクロビライをもつ．このマイクロビラの脂質二重膜に視物質が含まれ，一つの視細胞のマイクロビライの集まりをラブドメアという．一つの個眼の中で，それぞれの視細胞のラブドメアが形成している集まりを，ラブドームという．

鱗片
昆虫がもつクチクラでつくられている鱗状の構造物．鱗粉ともよばれている．昆虫の剛毛が変化したもので，表面の微細な構造によって構造色などを呈色することが良く知られている．脱皮により生え変わる．

ロータス効果
ハスの葉は，表面の微細構造と化学的特性によりきわめて水をよくはじく．ハスの葉表面では，水滴は表面張力によって丸くなり，滑落していく際に付着した泥や異物などをからみ取りながら転がり落ちることで表面を自己洗浄している．このハスの葉のもつ超撥水性による自己洗浄機能を，ロータス効果とよぶ．

APPENDIX

Part III 役に立つ情報・データ

知っておくと便利！関連情報

❶ おもな本書執筆者のウェブサイト (所属は2018年3月現在)

石井　大佑
名古屋工業大学生命・物質工学科
http://www.lme.nitech.ac.jp/

井須　紀文
株式会社LIXIL
http://www.lixil.co.jp/

魚津　吉弘
三菱ケミカル株式会社
http://www.mitsubishichem-hd.co.jp/

木戸秋　悟
九州大学先導物質化学研究所
http://www.cm.kyushu-u.ac.jp/mbbmc_imce_new/

國武　豊喜
九州大学大学院高等研究院
http://ias.kyushu-u.ac.jp/

小林　元康
工学院大学先進工学部
http://www.ns.kogakuin.ac.jp/~wwa1069/index.html

齋藤　彰
大阪大学大学院工学研究科
http://www-ss.prec.eng.osaka-u.ac.jp/html/member/stuff/saito.html

下村　政嗣
千歳科学技術大学理工学部
https://www.chitose.ac.jp/course/teacher/bio/shimomura.html

高梨　琢磨
森林総合研究所森林研究部門
http://www.ffpri.affrc.go.jp/research/2forest/09forentom/index.html

長谷山　美紀
北海道大学大学院情報科学研究科
https://www-lmd.ist.hokudai.ac.jp/

針山　孝彦
浜松医科大学総合人間科学・生物学
http://www.hama-med.ac.jp/about-us/disclosure-info/educator/18240770.html
http://www2.hama-med.ac.jp/w1d/biology/hariyama/hariyama.html

平井　悠司
千歳科学技術大学理工学部
https://www.chitose.ac.jp/course/teacher/bio/hirai.html

広瀬　治子
帝人株式会社　構造解析センター
https://www.teijin.co.jp/

不動寺　浩
物質・材料研究機構機能性材料研究拠点
http://www.nims.go.jp/research/group/softopal/

北條　賢
関西学院大学大学院理工学研究科
http://sci-tech.ksc.kwansei.ac.jp/ja/

細田　奈麻絵
物質・材料研究機構構造材料研究拠点
http://www.nims.go.jp/idg/Interconnec_Design_Group/Welcome.html

穂積　篤
産業技術総合研究所構造材料研究部門
https://unit.aist.go.jp/smri/ja/group/asichem.html

光野　秀文
東京大学先端科学技術研究センター
http://www.brain.rcast.u-tokyo.ac.jp/

森　直樹
京都大学大学院農学研究科
http://www.chemeco.kais.kyoto-u.ac.jp/index.html

山内　健
新潟大学工学部
http://www.eng.niigata-u.ac.jp/~yamauchi/

山盛　直樹
日本ペイントマリン株式会社
【和文】
A-LF-Sea　http://www.nippe-marine.co.jp/products/a_lf_sea/index.html
LF-Sea　http://www.nippe-marine.co.jp/products/lf_sea/index.html
上記を含む他の製品も紹介
http://www.nippe-marine.co.jp/products/

165

APPENDIX

【英文】
A-LF-Sea　http://www.nipponpaint-marine.com/en/products/a_lf_sea/index.html
LF-Sea　http://www.nipponpaint-marine.com/en/products/lf_sea/index.html

吉岡　伸也
東京理科大学理工学部
http://www.yoshioka-lab.com/index.html

2 読んでおきたい洋書・専門書

[1] "Introduction to Information Retrieval," ed. by C. D. Manning, P. Raghavan, H. Schütze, Cambridge University Press（2008）.
[2] "Visual Complexity: Mapping Patterns of Information," ed. by M. Lima, Princeton Architectural Press（2011）.
[3] 下村政嗣 編著，高分子学会 バイオミメティクス研究会 編，『トコトンやさしいバイオミメティクスの本（今日からモノ知りシリーズ）』，日刊工業新聞社（2016）.
[4] 文部科学省 科学研究費新学術領域「生物規範工学」高分子学会，バイオミメティクス研究会，エアロアクアバイオメカニズム学会 監修，『生物模倣技術と新材料・新製品開発への応用』，技術情報協会（2014）.
[5] A. Parker, "In the Blink of an Eye: How Vision Kick-Started the Big Bang of Evolution, 2nd edition," Natural History Museum（2017）.
[6] A. Fein, E. Z. Szuts, "Photoreceptors: Their Role in Vision," Cambridge University Press（1982）.
[7] S. Exner, "The Physiology of the Compound Eyes of Insects and Crustaceans: A Study," ed. by R. C. Hardie, Springer-Verlag Berlin Heidelberg（1989）.
[8] "Invertebrate Vision," ed. by E. Warrant, D.-E. Nilsson, Cambridge University Press（2006）.
[9] "Polymer Brushes: Synthesis, Characterization and Applications,"ed by R. C. Advincula, W. J. Brittain, K. C. Caster, J. Rühe, Wiley-VCH（2004）.

3 有用HPおよびデータベース

バイオミメティクス推進協議会
http://www.biomimetics.or.jp/

バイオミメティクス・データベース
https://www-lmd.ist.hokudai.ac.jp/future/biomimetics/

電子情報通信学会
http://www.ieice.org/jpn/index.html/

映像情報メディア学会
http://www.ite.or.jp/

発想支援型検索ポータルサイト
https://www-lmd.ist.hokudai.ac.jp/bmir_portal/

構造色研究会
http://www.syoshi-lab.sakura.ne.jp/

ネイチャーテック研究会のすごい自然のショールーム
http://nature-sr.com/index.php?Page=1

日本化学会
http://www.chemistry.or.jp/

高分子学会
http://main.spsj.or.jp/

APPENDIX

④ 関連の動画

本文に関連する動画の二次元バーコードで紹介します．スマートフォンなどでかざしてご覧ください．

Part Ⅱ

タマムシが老朽化したインフラの発見を容易に!?
https://www.youtube.com/watch?time_continue=46&v=d_GjM1zvRjg

See what we cannot see -Hints of our life learnt from creatures by Takahiko Hariyama TEDxHamamatsu
https://www.youtube.com/watch?v=-CEukakNrB4&t=11s

エコ・フロンティア〜自然に学ぶ科学技術　（1）フナムシの脚に学ぶナノ材料開発
https://www.youtube.com/watch?v=_fk0ge47Ujg

エコ・フロンティア〜自然に学ぶ科学技術（10）カタツムリの殻に学ぶ汚れないタイル
https://www.youtube.com/watch?v=ZgBtlzuJCMg

Nano-Suit Protects Bugs From Space-Like Vacuums
http://www.sciencemag.org/news/2013/04/nano-suit-protects-bugs-space-vacuums

索　引

●欧文

AFM	50
Amonton=Coulomb	48
Atomic Force Microscope	50
Carothers, Wallace	22
CEEBIOS	150
Durotaxis	136
FBG	79
GHG 排出抑制	146
LiquiGlide™	97
Mestral, George de	22
PDMS	98
Poly(vinyl alcohol)	52
Polystyrene	52
PSt	52
PVA	52
Schmitt, Otto	20
Self-Lubricating Gel	98
SEM	40〜44
Slippery Liquid−Infused Porous Surface	97
SLIPS™	97
SLUG	98
water trapped layer	146

●あ

圧子	50
アモントン＝クーロン	48
イガイ	60
イガイ	103
色弁別能	126
インサート成型	149
インテグリン	139
インバースオパール構造	77
ウツボカズラ	56
円偏光	76
応力緩和	140
応力状態	137
応力状態制御	135
奥行き知覚	132, 133
音	119
オパール	77
オプシン	126
音響センシング	118
オントロジー	46

●か

化学感覚タンパク質	114
革新的デバイス開発	41
カタツムリ	56, 59, 142
幹細胞分化制御	137

干渉	66
桿体細胞	128
カンチレバー	50
カンブリア紀	125, 126
間葉凝縮	138
間葉系幹細胞	137
基材牽引力	140
嗅覚受容体	112
旧口動物	127
凝着	48
キリギリス	49
クエリ	38〜42
屈折率	149
グラフトポリマー	57
グラフト密度	58
弦音器官	119
原子移動ラジカル重合	58, 59
原子間力顕微鏡	50
建築	150
光学フィルム	149
後口動物	127
構造色	50, 64, 72, 73, 75
構造発色	148
——繊維	148
——フィルム	149
行動	119
高品質保持培養	138
高分子電解質	57
光量子	126, 127
コラーゲン	57
コラーゲン繊維	56
コレステリック液晶	76
コレステリック相	75
コロイド結晶	77, 79
昆虫	104, 119
コンドロイチン硫酸	56, 57

●さ

細胞内部応力	137
サスティナブル	134
サブセルラー・サイズ構造	40, 42
サンリス	150
自己研磨型船底防汚塗料	145
自己修復型撥液材料	95
自己組織化	73, 80, 96
持続可能	142, 150
視物質	126
視物質発光団	126, 130
紙魚（シミ）	49
ジャイロイド構造	70, 77, 80

社会性昆虫	113
受容器	119
潤滑	56
上皮—間葉相互作用	138
食虫植物	55, 106
シリア	127
新口動物	127
新材料開発	41
真実接触面積	48
親水性	142
錐体細胞	128
水中接着	104
スティック・スリップ	49
生活環境	134
生体適合性	92
静的接触角	96
性フェロモン	112
——受容体	112
生物規範工学	136
生物多様性	150
生物模倣	72
セイヨウシミ	49
セタ	49
接着機能	104
接着斑	139
前口動物	127
センサー	120
走査型電子顕微鏡	38, 40, 50

●た

ダイヤモンド構造	77, 80
多機能性	88
多成分匂いブレンド比	113
多層膜干渉	72, 75
——理論	148
多層膜構造	66, 73
探針	50
弾性マイクロパターニング	136
弾性流体潤滑理論	62
地球温暖化防止	146
超撥液材料	96
超撥水材料	96
超撥油材料	96
直線偏光	126
ツタ	103
テイジン®テトロン®フィルム MLF	149
低摩擦船底防汚塗料	145
ディンプル	48
テントウムシ	104
転落角	97
動圧流体潤滑	57
瞳孔	127
動摩擦係数	61

ドーパミン	60
都市	150
ドジョウ	57
トポロジカルゲル	140
トライボロジー	47

●な

ナノインプリント	84
ナノセルロース	77
軟骨	56, 57
ニッチ	134
ヌタウナギ	57
燃費低減	146

●は

バイオ TRIZ	46
バイオミネラリゼーション	142
バイオミメティクス	39, 54
バイオミメティクス画像検索	38〜44
バイオミメティクス製品	46
ハイディンガーのブラシ	130
ハイドロプレーニング現象	49
発光団	126
発想支援型検索	38, 40
ハムシ	104
反射光	83
汎用元素	96
ヒアルロン酸	56, 57
光異性化	127
光スイッチ説	126
光ナノインプリント	85
光量調節	128
微小球プローブ	50
非着	104
ヒドロゲル	145
ヒドロシリル化反応	98
表面開始重合	55
表面改質	55
表面グラフトポリマー	55
ピンぼけ	132, 133
——の量	133
フェイルセーフ	54
フェロモン	113
フェロモンブレンド	112
フォトニック結晶	65, 79
プラズマ重合	89
ブラッグ回折	77
フルバンドギャップ	79
ブロックコポリマー	74, 75
プロテオグリカン	56
ヘビ	48
防汚	142
ポーラスアルミナ	84

169

索　引

ホスホリルコリン基	59
ポリジメチルシロキサン	98
ポリスチレン	52
ポリビニルアルコール	52
ポリマーブラシ	57, 60
ボロノイ多角形	129
ボロノイ分割	129, 130

●ま

マイクロビライ	127, 128, 130, 131
摩擦	48, 55, 56, 60
摩擦係数	60
摩擦磨耗試験機	50
マダラシミ	50
摩耗	48
ミクロ相分離構造	74
水潤滑	55, 57
溝構造	50
ムコ多糖	57
メカノセンサー	53
メカノトランスダクション	139
メカノバイオミメティクス	135, 136
メカノバイオロジー	140

面内配向性	93
モスアイ	128
モルフォチョウ	50, 148
モルフォテックス®	148

●や

ヤモリ	104
陽極酸化	84

●ら

ラブドーム	128, 131
ラメラ構造	73〜75
離漿	97
リソグラフィ	48
流体潤滑	57
量子収率	127
両親媒性分子	74
鱗片	50
ロール to ロール	87
ロール金型	84
ロドプシン	126
ロバストネス	54, 129

◆執筆者紹介◆

(敬称略, 50音順)

石井 大佑 (いしい だいすけ)
名古屋工業大学大学院工学研究科准教授 (工学博士)
1978年 東京都生まれ
2006年 東京工業大学大学院総合理工学研究科博士後期課程修了

〈研究テーマ〉「生物模倣による水の動きを制御可能な表面に関する研究」

小林 元康 (こばやし もとやす)
工学院大学先進工学部教授 (博士 (工学))
1971年 新潟県生まれ
2000年 東京工業大学大学院理工学研究科博士後期課程修了

〈研究テーマ〉「制御重合による高分子合成」「接着」「摩擦」「濡れ」「表面改質」

井須 紀文 (いす のりふみ)
株式会社LIXIL Technology Research本部 分析・評価室長 (博士 (工学))
1962年 石川県生まれ
1987年 東北大学大学院理学研究科修士課程修了

〈研究テーマ〉「CO_2排出80%削減を目指した環境技術」

齋藤 彰 (さいとう あきら)
大阪大学大学院工学研究科准教授 (博士 (工学))
1966年 東京都生まれ
1994年 東京大学大学院工学系研究科博士課程修了

〈研究テーマ〉「表面・界面におけるナノ構造の分析と制御」「構造色の応用」「X線とSTMの融合による原子スケール元素分析」

魚津 吉弘 (うおづ よしひろ)
三菱ケミカル株式会社鶴見研究所フェロー (博士 (工学))
1961年 京都府生まれ
2004年 東京農工大学大学院工学研究科博士課程修了

〈研究テーマ〉「研究企画・モスアイフィルムの研究開発」

下村 政嗣 (しもむら まさつぐ)
千歳科学技術大学理工学部教授 (博士 (工学))
1954年 福岡県生まれ
1980年 九州大学大学院工学研究科修士課程修了

〈研究テーマ〉「持続可能社会を実現するための生物模倣技術」

木戸秋 悟 (きどあき さとる)
九州大学先導物質化学研究所教授 (博士 (学術))
1968年 千葉県生まれ
1998年 名古屋大学大学院人間情報学研究科博士課程修了

〈研究テーマ〉「細胞操作材料・メカノバイオマテリアル」「分子集合系の非線形ダイナミクス」

高梨 琢磨 (たかなし たくま)
森林研究・整備機構森林総合研究所森林昆虫研究領域主任研究員 (博士 (農学))
1972年 神奈川県生まれ
2001年 東京大学大学院農学生命科学研究科博士課程修了
〈研究テーマ〉「昆虫 (カミキリムシ, ガ等) における音・振動情報の機能解明」「音・振動を用いた害虫防除への応用研究」

國武 豊喜 (くにたけ とよき)
九州大学大学院高等研究院特別主幹教授 (Ph.D)
1936年 福岡県生まれ
1963年 ペンシルバニア大学大学院博士課程修了

〈研究テーマ〉「合成二分子膜」「分子組織」「ナノ膜」

長谷山 美紀 (はせやま みき)
北海道大学大学院情報科学研究科教授 (博士 (工学))
1963年 北海道生まれ
1988年 北海道大学大学院工学研究科修士課程修了
〈研究テーマ〉「画像・音響・音楽・映像などのマルチメディア信号処理および次世代情報アクセスシステム」

栗原 和枝 (くりはら かずえ)
東北大学未来科学技術共同研究センター教授 (工学博士)
1951年 東京都生まれ
1979年 東京大学工学研究科博士課程修了

〈研究テーマ〉「物質科学のための表面力測定の開発」「分子組織化学」「材料科学に基づく摩擦技術の開発」

針山 孝彦 (はりやま たかひこ)
浜松医科大学総合人間科学・生物学教授, ナノスーツ開発研究部部長 (理学博士)
1952年 東京都生まれ
1989年 東北大学大学院医学研究科博士課程中途退学

〈研究テーマ〉「バイオミメティクス」「ナノスーツ」「視覚生理学」「光生物学」

執筆者紹介

平井 悠司（ひらい ゆうじ）
千歳科学技術大学理工学部専任講師〔博士（工学）〕
1983年　神奈川県生まれ
2010年　東北大学大学院工学研究科博士後期課程修了
〈研究テーマ〉「バイオミメティクス」「自己組織化微細構造材料開発」

平坂 雅男（ひらさか まさお）
高分子学会常務理事（工学博士）
1955年　東京都生まれ
1980年　早稲田大学大学院理工学研究科修士課程修了
〈研究テーマ〉「バイオミメティクス」「研究開発マネジメント」「電子顕微鏡による構造解析」

広瀬 治子（ひろせ はるこ）
帝人株式会社構造解析センター形態解析グループリーダー〔博士（医学）〕
1956年　岡山県生まれ
1979年　山口大学農学部獣医学科修了
〈研究テーマ〉「電子顕微鏡による生体組織・生体適合性材料の解析」

不動寺 浩（ふどうじ ひろし）
物質・材料研究機構機能性材料研究拠点グループリーダー〔博士（工学）〕
1967年　長崎県生まれ
1993年　九州工業大学大学院工学研究科博士前期課程修了
〈研究テーマ〉「コロイド結晶材料」

北條 賢（ほうじょう まさる）
関西学院大学理工学部准教授〔博士（学術）〕
1981年　栃木県生まれ
2009年　京都工芸繊維大学工芸科学研究科博士課程修了
〈研究テーマ〉「社会性昆虫のケミカルコミュニケーション」

細田 奈麻絵（ほそだ なおえ）
物質・材料研究機構構造材料研究拠点グループリーダー（理学博士）
　　　　埼玉県生まれ
　　　　Stuttgart大学（ドイツ）化学科博士課程修了
〈研究テーマ〉「可逆的インターコネクション」「バイオミメティクス」

穂積 篤（ほづみ あつし）
産業技術総合研究所構造材料研究部門研究グループ長〔博士（工学）〕
1967年　愛知県生まれ
1997年　名古屋大学大学院工学研究科博士後期課程修了
〈研究テーマ〉「固体表面の動的濡れ性制御技術」「機能性薄膜コーティング技術」「有機―無機複合材料の開発」

光野 秀文（みつの ひでふみ）
東京大学先端科学技術研究センター助教〔博士（農学）〕
1975年　京都府生まれ
2007年　京都大学大学院農学研究科博士後期課程研究指導認定退学
〈研究テーマ〉「昆虫の嗅覚受容機構の解明」「匂いバイオセンサの開発」

森 直樹（もり なおき）
京都大学大学院農学研究科教授（農学博士）
1961年　石川県生まれ
1996年　京都大学大学院農学研究科博士課程修了
〈研究テーマ〉「化学生態学」「生物間相互作用に関わるケミカルの動態」

山内 健（やまうち たけし）
新潟大学工学部教授〔博士（農学）〕
1964年　神奈川県生まれ
1994年　筑波大学大学院農学研究科博士課程修了
〈研究テーマ〉「生物規範材料の設計・開発」

山盛 直樹（やまもり なおき）
日本ペイントマリン株式会社常勤顧問（工学修士）
1952年　岐阜県生まれ
1979年　大阪大学大学院工学研究科修士課程修了
〈研究テーマ〉「機能性金属含有樹脂開発」「天然由来材料開発」

吉岡 伸也（よしおか しんや）
東京理科大学理工学部准教授〔博士（理学）〕
1971年　北海道生まれ
1998年　北海道大学大学院理学研究科博士課程修了
〈研究テーマ〉「生物の構造色」「バイオミメティクス」

CSJ Current Review **28**

持続可能性社会を拓くバイオミメティクス──生物学と工学が築く材料科学

2018 年 3 月 26 日　第 1 版第 1 刷　発行

編著者　公益社団法人日本化学会
発行者　曽　根　良　介
発行所　株式会社化学同人

検印廃止

JCOPY　〈(社)出版者著作権管理機構委託出版物〉
本書の無断複写は著作権法上での例外を除き禁じられて
います．複写される場合は，そのつど事前に，(社)出版者
著作権管理機構（電話 03-3513-6969，FAX 03-3513-
6979，e-mail: info@jcopy.or.jp）の許諾を得てください．

本書のコピー，スキャン，デジタル化などの無断複製は著
作権法上での例外を除き禁じられています．本書を代行
業者などの第三者に依頼してスキャンやデジタル化するこ
とは，たとえ個人や家庭内の利用でも著作権法違反です．

〒600-8074　京都市下京区仏光寺通柳馬場西入ル
編集部　TEL 075-352-3711　FAX 075-352-0371
営業部　TEL 075-352-3373　FAX 075-351-8301
振　替　01010-7-5702
E-mail　webmaster@kagakudojin.co.jp
URL　https://www.kagakudojin.co.jp

印刷・製本　日本ハイコム㈱

Printed in Japan © The Chemical Society of Japan 2018　無断転載・複製を禁ず　ISBN978-4-7598-1388-3
乱丁・落丁本は送料小社負担にてお取りかえいたします．